硕士研究生公共课教材

多元统计与SAS应用

（第二版）

肖枝洪　余家林　编著

U0250469

WUHAN UNIVERSITY PRESS
武汉大学出版社

图书在版编目(CIP)数据

多元统计与 SAS 应用/肖枝洪,余家林编著. —2 版. —武汉:武汉大学出版社,2013.9

硕士研究生公共课教材

ISBN 978-7-307-11781-5

Ⅰ.多…　Ⅱ.①肖…　②余…　Ⅲ.①多元分析:统计分析—研究生—教材　②统计分析—统计程序—研究生—教材　Ⅳ.①O212.4 ②C819

中国版本图书馆 CIP 数据核字(2013)第 222278 号

责任编辑:顾素萍　　责任校对:黄添生　　版式设计:马　佳

出版发行:**武汉大学出版社**　　(430072　武昌　珞珈山)

(电子邮件:cbs22@whu.edu.cn　网址:www.wdp.com.cn)

印刷:武汉中科兴业印务有限公司

开本:720×1000　1/16　印张:14.75　字数:260 千字　插页:1

版次:2008 年 1 月第 1 版　　2013 年 9 月第 2 版

2013 年 9 月第 2 版第 1 次印刷

ISBN 978-7-307-11781-5　　定价:28.00 元

第二版前言

  《多元统计与 SAS 应用》第一版自 2008 年发行以来，得到了许多读者的使用和赞扬，而且现已脱销。应广大读者的要求，我们在第一版的基础上进行修订后再出第二版。

  第二版与第一版相比，基本框架不变，只是在部分章节上做了微调。本次修订了我们在教学中发现以及读者反映出来的问题。

  感谢为本次修订提出宝贵意见的教师和读者。感谢武汉大学出版社的大力支持！

  由于作者水平有限，书中的错误和疏漏之处可能还是存在，敬请读者提出宝贵意见，以便进一步修订和改进！

肖枝洪

于重庆理工大学花溪校区

2013 年 7 月

第一版前言

多元统计是非数学专业硕士研究生教学计划中普遍开设的一门公共基础课，各学校各专业讲授的内容大体一致。随着硕士研究生入学水平与课题研究水平的提高，急需一本相适应的教材，既能加强理论基础、帮助研究生熟悉多元统计原理，又能介绍近代流行的统计分析软件，使研究生在处理试验数据的过程中摆脱复杂计算的困扰。

由我们合编的《多元统计及 SAS 应用》是近几年来硕士研究生优质课程立项研究的一项成果。作为非数学专业硕士研究生的教材，编入了多元线性回归、多元线性相关、多元非线性回归、回归的试验设计与分析、聚类分析、判别分析、主成分分析、因子分析及 SAS 的应用等内容。讲课及上机实习可控制在 60 课时以内。

在编写中，我们特别注意说明统计方法的实际背景，详细讲述用统计方法解决实际问题的思路，对于应用 Statistical Analysis System（简称 SAS）所得到的统计分析结果，则尽可能地与实际计算步骤一一对照，使初学者能够知其所以然。考虑到专业与课时设置的不同，本教材力求简明扼要，重点突出，通俗易懂，便于自学，例题与习题都在常识的范围之内。

教材中第一章、第二章、第三章由余家林编写，第四章、第五章、第六章由肖枝洪编写。本教材的出版得到华中农业大学研究生处及武汉大学出版社的大力支持，在此表示衷心的谢意。由于编者的水平所限，不妥之处难以避免，敬请读者和使用本教材的同行学友批评指正。

编　者

2007 年 10 月 9 日

目　　录

第一章

第二章

第三章

第四章

多元线性回归

多元线性回归是一元线性回归的发展,可用来研究因变量取值与自变量取值的内在联系,建立多元线性回归方程. 在讲述多元线性回归的计算及其应用之前,为了承上启下,在 1.1 节中对一元线性回归的计算及其应用作了回顾.熟悉这些内容的读者,不妨自 1.2 节开始读起.

1.1 一元线性回归

1.1.1 一元线性回归的概念

设自变量 x 的观测值 x_i 及因变量 y 对应的观测值 y_i 满足关系式

$$y_i = \beta_0 + \beta_1 x_i + \varepsilon_i, \quad i = 1, 2, \cdots, n,$$

式中,$\varepsilon_1, \varepsilon_2, \cdots, \varepsilon_n$ 是相互独立且都服从正态分布 $N(0, \sigma^2)$ 的随机变量.

根据最小二乘法,由 n 组观测值 (x_i, y_i) 确定参数 β_0 及 β_1 的估计值 b_0 及 b_1 后,所得到的估计式 $\hat{y} = b_0 + b_1 x$ 称为**一元线性回归方程**. 建立一元线性回归方程的过程以及对回归方程所作的显著性检验,称为**一元线性回归分析**或**一元线性回归**.

如果将 x_i 代入一元线性回归方程,记 $\hat{y}_i = b_0 + b_1 x_i$,则 $\hat{y}_i$ 与 y_i 之间的偏差平方和

$$Q = \sum_{i=1}^{n} (y_i - \hat{y}_i)^2 = \sum_{i=1}^{n} (y_i - b_0 - b_1 x_i)^2.$$

由 $\dfrac{\partial Q}{\partial b_0} = 0$ 及 $\dfrac{\partial Q}{\partial b_1} = 0$ 可得到方程组

$$\begin{cases} nb_0 + b_1 \sum_{i=1}^{n} x_i = \sum_{i=1}^{n} y_i, \\ b_0 \sum_{i=1}^{n} x_i + b_1 \sum_{i=1}^{n} x_i^2 = \sum_{i=1}^{n} x_i y_i. \end{cases}$$

解这个方程组，即可算出 b_0 及 b_1. 根据最小二乘法，b_0 及 b_1 的值使上述偏差平方和 Q 取最小值. 称这个方程组为**一元线性回归的正规方程组**，b_0 为**回归常数**或**截距**，b_1 为**回归系数**.

注：前面曾假设 $\varepsilon_1, \varepsilon_2, \cdots, \varepsilon_n$ 相互独立且都服从正态分布 $N(0, \sigma^2)$. 在建立回归方程的过程中，这两个假设都没有用到. 在对回归方程作显著性检验或进行区间预测时，将根据这两个假设导出检验统计量的分布.

1.1.2 一元线性回归参数的确定

由 n 组观测值 (x_i, y_i) 确定参数 β_0 及 β_1 的估计值 b_0 及 b_1 是一元线性回归的关键. 根据一元线性回归的正规方程组可以导出

$$b_1 = \frac{l_{xy}}{l_{xx}}, \quad b_0 = \overline{y} - b_1 \overline{x},$$

式中，$\overline{x} = \frac{1}{n} \sum_{i=1}^{n} x_i$，$\overline{y} = \frac{1}{n} \sum_{i=1}^{n} y_i$，

$$l_{xy} = \sum_{i=1}^{n} (x_i - \overline{x})(y_i - \overline{y}) = \sum_{i=1}^{n} x_i y_i - \frac{1}{n} \sum_{i=1}^{n} x_i \sum_{i=1}^{n} y_i,$$

$$l_{xx} = \sum_{i=1}^{n} (x_i - \overline{x})^2 = \sum_{i=1}^{n} x_i^2 - \frac{1}{n} \Big(\sum_{i=1}^{n} x_i \Big)^2.$$

称 l_{xy} 为 x 与 y 的**离均差乘积和**，l_{xx} 为 x 的**离均差平方和**.

记 $l_{yy} = \sum_{i=1}^{n} (y_i - \overline{y})^2 = \sum_{i=1}^{n} y_i^2 - \frac{1}{n} \Big(\sum_{i=1}^{n} y_i \Big)^2$，则 l_{yy} 为 y 的离均差平方和.

进一步，由正规方程组的第一个方程可以导出

$$\sum_{i=1}^{n} (b_0 + b_1 x_i) = \sum_{i=1}^{n} y_i \quad 及 \quad b_0 + b_1 \overline{x} = \overline{y}.$$

因此有结论：

① $\sum_{i=1}^{n} \hat{y}_i = \sum_{i=1}^{n} y_i$，$\frac{1}{n} \sum_{i=1}^{n} \hat{y}_i = \overline{y}$；

② 当 $x = \overline{x}$ 时，$\hat{y} = \overline{y}$.

这说明，将 x 的 n 个观测值 x_i 代入回归方程所得到的 n 个估计值 $\hat{y}_i$ 的平均值等于 $\overline{y}$，将 $\overline{x}$ 代入回归方程所得到的估计值 $\hat{y}$ 也等于 $\overline{y}$.

1.1.3 一元线性回归的矩阵表示

作一元线性回归时，自变量 x 及因变量 y 的观测值 x_i 及 y_i 所满足的关系式

$$y_i = \beta_0 + \beta_1 x_i + \varepsilon_i, \quad i = 1, 2, \cdots, n$$

又称为一元线性回归模型.

若记

$$\boldsymbol{y} = \begin{pmatrix} y_1 \\ y_2 \\ \vdots \\ y_n \end{pmatrix}, \quad \boldsymbol{X} = \begin{pmatrix} 1 & x_1 \\ 1 & x_2 \\ \vdots & \vdots \\ 1 & x_n \end{pmatrix}, \quad \boldsymbol{\beta} = \begin{pmatrix} \beta_0 \\ \beta_1 \end{pmatrix}, \quad \boldsymbol{\varepsilon} = \begin{pmatrix} \varepsilon_1 \\ \varepsilon_2 \\ \vdots \\ \varepsilon_n \end{pmatrix},$$

则上述模型的矩阵表示为 $\boldsymbol{y} = \boldsymbol{X}\boldsymbol{\beta} + \boldsymbol{\varepsilon}$，且

$$E(\boldsymbol{\varepsilon}) = \begin{pmatrix} E(\varepsilon_1) \\ E(\varepsilon_2) \\ \vdots \\ E(\varepsilon_n) \end{pmatrix} = \begin{pmatrix} 0 \\ 0 \\ \vdots \\ 0 \end{pmatrix} = \boldsymbol{0}, \quad \mathrm{Cov}(\boldsymbol{\varepsilon}) = \begin{pmatrix} \sigma^2 & 0 & \cdots & 0 \\ 0 & \sigma^2 & \cdots & 0 \\ \vdots & \vdots & & \vdots \\ 0 & 0 & \cdots & \sigma^2 \end{pmatrix} = \sigma^2 \boldsymbol{I}.$$

正规方程组的矩阵表示为

$$\begin{pmatrix} n & \sum_{i=1}^{n} x_i \\ \sum_{i=1}^{n} x_i & \sum_{i=1}^{n} x_i^2 \end{pmatrix} \begin{pmatrix} b_0 \\ b_1 \end{pmatrix} = \begin{pmatrix} \sum_{i=1}^{n} y_i \\ \sum_{i=1}^{n} x_i y_i \end{pmatrix},$$

其中

$$\begin{pmatrix} n & \sum_{i=1}^{n} x_i \\ \sum_{i=1}^{n} x_i & \sum_{i=1}^{n} x_i^2 \end{pmatrix} = \boldsymbol{X}'\boldsymbol{X}, \quad \begin{pmatrix} \sum_{i=1}^{n} y_i \\ \sum_{i=1}^{n} x_i y_i \end{pmatrix} = \boldsymbol{X}'\boldsymbol{y}.$$

若记 $\boldsymbol{b} = \begin{pmatrix} b_0 \\ b_1 \end{pmatrix}$，则正规方程组可进一步用矩阵表示为 $\boldsymbol{X}'\boldsymbol{X}\boldsymbol{b} = \boldsymbol{X}'\boldsymbol{y}$，当 $\boldsymbol{X}'\boldsymbol{X}$ 的逆矩阵存在时，正规方程组的解 $\boldsymbol{b} = (\boldsymbol{X}'\boldsymbol{X})^{-1}\boldsymbol{X}'\boldsymbol{y}$，式中，

$$(\boldsymbol{X}'\boldsymbol{X})^{-1} = \begin{pmatrix} \dfrac{\sum_{i=1}^{n} x_i^2}{n l_{xx}} & \dfrac{-\sum_{i=1}^{n} x_i}{n l_{xx}} \\ \dfrac{-\sum_{i=1}^{n} x_i}{n l_{xx}} & \dfrac{1}{l_{xx}} \end{pmatrix}.$$

3

在统计分析软件 SAS 的输出中，将正规方程组的增广矩阵

$$(\boldsymbol{X}'\boldsymbol{X}, \boldsymbol{X}'\boldsymbol{y}) \quad \text{或} \quad \begin{bmatrix} n & \sum\limits_{i=1}^{n} x_i & \sum\limits_{i=1}^{n} y_i \\ \sum\limits_{i=1}^{n} x_i & \sum\limits_{i=1}^{n} x_i^2 & \sum\limits_{i=1}^{n} x_i y_i \end{bmatrix}$$

表示为下列形式的加边增广矩阵：

$$\begin{bmatrix} \boldsymbol{X}'\boldsymbol{X} & \boldsymbol{X}'\boldsymbol{y} \\ \boldsymbol{y}'\boldsymbol{X} & \boldsymbol{y}'\boldsymbol{y} \end{bmatrix} \quad \text{或} \quad \begin{bmatrix} n & \sum\limits_{i=1}^{n} x_i & \sum\limits_{i=1}^{n} y_i \\ \sum\limits_{i=1}^{n} x_i & \sum\limits_{i=1}^{n} x_i^2 & \sum\limits_{i=1}^{n} x_i y_i \\ \sum\limits_{i=1}^{n} y_i & \sum\limits_{i=1}^{n} x_i y_i & \sum\limits_{i=1}^{n} y_i^2 \end{bmatrix},$$

将 $(\boldsymbol{X}'\boldsymbol{X})^{-1}$, $\boldsymbol{b} = (\boldsymbol{X}'\boldsymbol{X})^{-1}\boldsymbol{X}'\boldsymbol{y}$ 及 SSE (即剩余平方和，其定义见 1.1.4 节) 表示为矩阵

$$\begin{bmatrix} (\boldsymbol{X}'\boldsymbol{X})^{-1} & \boldsymbol{b} \\ \boldsymbol{b}' & \text{SSE} \end{bmatrix}.$$

1.1.4 回归方程的显著性检验

离均差平方和 $l_{yy} = \sum\limits_{i=1}^{n} (y_i - \overline{y})^2$ 表示 n 个观测值 y_i 之间的差异. 当各个 y_i 已知时，l_{yy} 是一个定值，作回归方程的显著性检验时，称它为**总平方和**，也记为 SST 或 SS_{tot}.

以下证明：$\text{SST} = \sum\limits_{i=1}^{n} (y_i - \hat{y}_i)^2 + \sum\limits_{i=1}^{n} (\hat{y}_i - \overline{y})^2$. 因为

$$\sum_{i=1}^{n} (y_i - \overline{y})^2 = \sum_{i} (y_i - \hat{y}_i + \hat{y}_i - \overline{y})^2$$

$$= \sum_{i=1}^{n} (y_i - \hat{y}_i)^2 + \sum_{i=1}^{n} (\hat{y}_i - \overline{y})^2$$

$$+ 2 \sum_{i=1}^{n} (y_i - \hat{y}_i)(\hat{y}_i - \overline{y})^2,$$

最后面的一项可写为

$$2\sum_{i=1}^{n}(y_i - b_0 - b_1 x_i)(b_0 + b_1 x_i - \overline{y})$$

$$= 2\sum_{i=1}^{n}(y_i - \overline{y} + b_1 \overline{x} - b_1 x_i)(\overline{y} - b_1 \overline{x} + b_1 x_i - \overline{y})$$

$$= 2b_1 \sum_{i=1}^{n}(y_i - \overline{y})(x_i - \overline{x}) - 2b_1^2 \sum_{i=1}^{n}(x_i - \overline{x})^2$$

$$= 2b_1(l_{xy} - b_1 l_{xx})$$

$$= 0,$$

因此,

$$\sum_{i=1}^{n}(y_i - \overline{y})^2 = \sum_{i=1}^{n}(y_i - \hat{y}_i)^2 + \sum_{i=1}^{n}(\hat{y}_i - \overline{y})^2.$$

式中, $\sum_{i=1}^{n}(y_i - \hat{y}_i)^2$ 是 y_i 与 $\hat{y}_i$ 之间的偏差平方和, 通过回归已经达到了最小值, 称 $\sum_{i=1}^{n}(y_i - \hat{y}_i)^2$ 为**剩余平方和**, 记为 SSE 或 SS_{res}.

而 $\sum_{i=1}^{n}(\hat{y}_i - \overline{y})^2$ 表示 n 个 $\hat{y}_i$ 之间的差异, 是将 x_i 代入回归方程得到 $\hat{y}_i$ 造成的, 称 $\sum_{i=1}^{n}(\hat{y}_i - \overline{y})^2$ 为**回归平方和**, 记为 SSR 或 SS_{reg}.

由等式 SST = SSE + SSR 可以对 SSR 的意义作下列分析:

如果 SSR 的数值较大, SSE 的数值便比较小, 说明回归的效果好. 如果 SSR 的数值较小, SSE 的数值便比较大, 说明回归的效果差.

根据对 $y_i = \beta_0 + \beta_1 x_i + \varepsilon_i$ 中的 ε_i 所作的两个假设可以证明:

当原假设 H_0 为 $\beta_1 = 0$ 并且 H_0 成立时,

$$\frac{SST}{\sigma^2} \sim \chi^2(n-1), \quad \frac{SSR}{\sigma^2} \sim \chi^2(1), \quad \frac{SSE}{\sigma^2} \sim \chi^2(n-2),$$

且 SSR 与 SSE 相互独立, $F = \dfrac{SSR/1}{SSE/(n-2)} \sim F(1, n-2)$, $\hat{\sigma}^2 = MSE = \dfrac{SSE}{n-2}$ 为 σ^2 的无偏估计量.

因此, 给出显著性水平 α, 将 F 与 $F_\alpha(1, n-2)$ 进行比较, 当 $F > F_\alpha$ 时放弃 H_0, 称回归方程显著; 否则接受 H_0, 称回归方程不显著.

注: 对回归方程作显著性检验的基本思想与方法类似于方差分析, 在 SAS 输出的结果中检验的过程与结果将用方差分析表来显示.

计算 SSR 及 SSE 的公式为

$$\text{SSR} = b_1 l_{xy}, \quad \text{SSE} = l_{yy} - \text{SSR}.$$

这里，

$$\text{SSR} = \sum_{i=1}^{n} (\hat{y}_i - \overline{y})^2 = \sum_{i=1}^{n} (b_0 + b_1 x_i - b_0 - b_1 \overline{x})^2$$
$$= b_1^2 \sum_{i=1}^{n} (x_i - \overline{x})^2 = b_1^2 l_{xx} = b_1 l_{xy}.$$

1.1.5 相关系数与决定系数

由 SSR,SSE 及 b_1 的计算公式可推出

$$\text{SSE} = l_{yy}\left(1 - b_1 \frac{l_{xy}}{l_{yy}}\right) = l_{yy}\left(1 - \frac{l_{xy}^2}{l_{xx} l_{yy}}\right).$$

若记 $r = \dfrac{l_{xy}}{\sqrt{l_{xx} l_{yy}}}$，则

$$\text{SSE} = l_{yy}(1 - r^2), \quad \text{SSR} = r^2 l_{yy}, \quad l_{xy} = r\sqrt{l_{xx} l_{yy}}.$$

因此，当 $|r|$ 大时，SSE 小，SSR 大，变量 x 与 y 的线性关系密切；当 $|r|$ 小时，SSE 大，SSR 小，变量 x 与 y 的线性关系不密切.

当 $r > 0$ 时，$b_1 > 0$，$\hat{y}$ 随 x 的增加而增加，x 与 y 的线性相关关系为正相关；当 $r < 0$ 时，$b_1 < 0$，$\hat{y}$ 随 x 的增加而减少，x 与 y 的线性相关关系为负相关.

称 r 为变量 x 与 y 的**相关系数**.

至于 r^2 也有很重要的实际意义. 根据

$$r^2 = \frac{l_{xy}^2}{l_{xx} l_{yy}} = \frac{b_1 l_{xy}}{l_{yy}} = \frac{\text{SSR}}{\text{SST}},$$

可以将 r^2 解释为 SSR 在 SST 中所占的比率，也就是 SST 中可以用线性关系来说明的部分在 SST 中所占的比率.

称 r^2 为变量 x 与 y 的**决定系数**.

对相关系数作显著性检验时，可以由

$$F = \frac{\text{SSR}}{\text{SSE}/(n-2)} = \frac{r^2}{(1-r^2)/(n-2)}$$

作 F 检验.

也可以先查相关系数检验专用的临界值，再将 $|r|$ 与临界值进行比较，然后作出 r 是否显著的结论.

$|r|$ 的临界值是将上述统计量变形为 $|r| = \sqrt{\dfrac{F}{F + (n-2)}}$ 后，将 F 检验的

临界值 $F_a(1,n-2)$ 代入计算的结果.2.1 节的表 2-1 中列出了 $|r|$ 的部分临界值.

1.1.6 一元线性回归方程的应用

1. 点预测

由 n 组观测值建立一元线性回归方程 $\hat{y}=b_0+b_1 x$ 后,给定 $x=x_0$,即可由回归方程求出 $y_0=\beta_0+\beta_1 x_0+\varepsilon_0$ 的点估计值 $\hat{y}_0=b_0+b_1 x_0$. 在应用学科中,称 $\hat{y}_0$ 为 y_0 的**点预测值**.

理论上已经证明:

当 $x=x_0$,$y=y_0$,$\hat{y}_0=b_0+b_1 x_0$ 时,
$$E(b_0)=\beta_0, \quad E(b_1)=\beta_1, \quad E(\hat{y}_0)=E(y_0),$$
且统计量
$$y_0-\hat{y}_0 \sim N\left(0,\sigma^2\left[1+\frac{1}{n}+\frac{(x_0-\overline{x})^2}{l_{xx}}\right]\right).$$

因此,当 n 比较大,x_0 与 $\overline{x}$ 比较接近时,$y_0-\hat{y}_0$ 的方差比较小,点预测的效果比较好.

2. 区间预测

统计量
$$t=\frac{y_0-\hat{y}_0}{\sqrt{\mathrm{MSE}\left[1+\frac{1}{n}+\frac{(x_0-\overline{x})^2}{l_{xx}}\right]}} \sim t(n-2),$$

由置信水平 $1-\alpha$ 确定 $P\{|t|<t_a(n-2)\}=1-\alpha$ 中的临界值 $t_a(n-2)$ 后,若记
$$\delta=t_a(n-2)\sqrt{\mathrm{MSE}\left[1+\frac{1}{n}+\frac{(x_0-\overline{x})^2}{l_{xx}}\right]},$$

则 $P\{|y_0-\hat{y}_0|<\delta\}=1-\alpha$,$(\hat{y}_0-\delta,\hat{y}_0+\delta)$ 便是 $x=x_0$ 时 y_0 的预测区间,而 δ 为预测区间的半径.

当 n 及 $t_a(n-2)$ 一定,$\overline{x}$ 及 SSE 也一定时,预测区间的大小由 $|x_0-\overline{x}|$ 决定,要得到比较精确的预测必须 x_0 与 $\overline{x}$ 比较接近,最好不要超出建立回归方程时 x 的取值范围.

当 $n\to+\infty$ 时,$l_{xx}\to+\infty$,$\delta\approx t_a(n-2)\sqrt{\mathrm{MSE}}$.

因此,若用回归方程进行预测,则当 n 比较小时,只能内插,不能外推;当 n 比较大时,既能内插,又能外推.

注：如果对两个随机变量 X 与 Y 作一元线性回归分析，只需满足下列条件，上述检验与预测方法仍然适用：

① 在给定 X_i 时，Y_i 的条件分布是正态分布，并且相互独立，其条件均值为 $\beta_0 + \beta_1 X_i$，条件方差为 σ^2；

② X_i 是独立随机变量，其概率分布不涉及参数 β_0, β_1 与 σ^2.

1.1.7 一元线性回归的实例

【例1.1】 棉花红铃虫第一代产卵高峰日百株卵量 x（粒）与百株累计卵量 y（粒）的 8 组观测数据如表 1-1（承蒙邝幸泉提供），试建立一元线性回归方程并作回归方程的显著性检验. 如果令 $x_0 = 20$，试求点预测值及置信水平 $\alpha = 95\%$ 的置信区间.

表 1-1　　　　　　　　　棉花红铃虫第一代卵量的观测数据

i	1	2	3	4	5	6	7	8
x_i	14.3	14.0	69.3	22.7	7.3	8.0	1.3	7.9
y_i	46.3	30.7	144.6	69.2	16.0	12.3	2.7	26.3

解　(1) 在表 1-2 中计算或用计算器的双变数统计运算程序算出 x 与 y 的平方和及乘积和

$$\sum_{i=1}^{8} x_i^2 = 5\,899.66, \quad \sum_{i=1}^{8} x_i = 144.8, \quad \overline{x} = 18.1,$$

$$\sum_{i=1}^{8} y_i^2 = 29\,890.25, \quad \sum_{i=1}^{8} y_i = 348.1, \quad \overline{y} = 43.512\,5,$$

$$\sum_{i=1}^{8} x_i y_i = 13\,109.99.$$

(2) 计算 x 与 y 的离均差平方和及离均差乘积和

$$l_{xx} = \sum_{i=1}^{8} x_i^2 - \frac{1}{n}\left(\sum_{i=1}^{8} x_i\right)^2 = 3\,278.78,$$

$$l_{xy} = \sum_{i=1}^{8} x_i y_i - \frac{1}{n}\sum_{i=1}^{8} x_i \sum_{i=1}^{8} y_i = 6\,809.38,$$

$$l_{yy} = \sum_{i=1}^{8} y_i^2 - \frac{1}{n}\left(\sum_{i=1}^{8} y_i\right)^2 = 14\,743.548\,75.$$

表 1-2			计算 x 与 y 的平方和及乘积和		
i	x_i	y_i	x_i^2	y_i^2	$x_i y_i$
1	14.3	46.3	204.49	2 143.69	662.09
2	14.0	30.7	196.00	942.49	429.80
3	69.3	144.6	4 802.49	20 909.16	10 020.78
4	22.7	69.2	515.29	4 788.64	1 570.84
5	7.3	16.0	53.29	256.00	116.80
6	8.0	12.3	64.00	151.29	98.40
7	1.3	2.7	1.69	7.29	3.51
8	7.9	26.3	62.41	691.69	207.77
$\sum\limits_{i=1}^{8}$	144.8	348.1	5 899.66	29 890.25	13 109.99

（3）计算回归系数与回归常数

$$b_1 = \frac{l_{xy}}{l_{xx}} = 2.076\,802\,957,$$

$$b_0 = \bar{y} - b_1 \bar{x} = 5.922\,366\,479,$$

所求的回归方程为

$$\hat{y} = 5.922\,4 + 2.076\,8\,x.$$

（4）作回归方程的显著性检验

$$\text{SST} = l_{yy} = 14\,743.548\,75,$$

$$\text{SSR} = b_1 l_{xy} = 14\,141.740\,52,$$

$$\text{SSE} = \text{SST} - \text{SSR} = 601.808\,23,$$

$$F = 140.99, \quad F_{0.01}(1,6) = 13.7,$$

$$F > F_{0.01}(1,6),$$

故当显著性水平 $\alpha = 0.01$ 时回归方程是显著的.

此回归方程及其显著性表明：棉花红铃虫第一代产卵高峰日百株卵量 x 与百株累计卵量 y 之间的线性关系极其显著. 回归系数 $b_1 > 0$ 表明：当 x 增加时，$\hat{y}$ 也跟随着增加，且 $\hat{y}$ 增加的速度约为 x 增加速度的 2.08 倍.

如果令 $x_0 = 20$，则点预测值

$$\hat{y}_0 = b_0 + b_1 x_0 = 5.922\,4 + 2.076\,8 \times 20$$

$$= 47.458\,4,$$

$$\delta = t_\alpha(n-2)\sqrt{\text{MSE}\left[1 + \frac{1}{n} + \frac{(x_0 - \bar{x})^2}{l_{xx}}\right]}$$

$$= 2.446\,91 \times \sqrt{\frac{601.808\,23}{8-2}\left[1 + \frac{1}{8} + \frac{(20-18.1)^2}{3\,278.78}\right]}$$

$$= 26.005\,2,$$

置信水平 $\alpha = 95\%$ 的置信区间为 $(21.453\,2, 73.463\,6)$.

1.1.8 应用 SAS 作一元线性回归

Statistical Analysis System 简称 SAS, 可用来分析数据和编写报告. 它是美国 SAS 研究所的产品, 在国际上被誉为标准软件. 它的显示管理系统有三个主要的窗口:

(1) 编辑窗口(PROGRAM EDITOR)是编辑程序和数据文件的地方.

(2) 日志窗口(LOG)是记录程序的运行情况并显示 ERROR 信息的地方.

(3) 输出窗口(OUTPUT)是程序运行结果暂时存放的地方.

进入 SAS 的显示管理系统后, 便出现供挑选的菜单, 用鼠标点击其中的 Window, 再点击所要进入的窗口名, 即可进入选定的窗口.

SAS 程序通常可划分为数据步与过程步:

(1) 输入待分析的数据, 建立 SAS 数据文件, 称为**数据步**.

(2) 调用 SAS 内部的批处理程序分析 SAS 数据文件中的数据, 称为**过程步**.

可以根据需要编写多个数据步或过程步, 但是每一个数据步都要以 DATA 语句开始, 每一个过程步都要以 PROC 语句开始, 程序的最后要以 RUN 语句结束.

提交程序可点击以"运行"为标志的按钮.

应用 SAS 作例 1.1 中一元线性回归的程序为

```
data ex;input x y @@;
cards;
14.3 46.3 14 30.7 69.3 144.6 22.7 69.2
7.3 16 8 12.3 1.3 2.7 7.9 26.3 20 .
```
(最后的一组数据 20 . 表示令 $x_0 = 20$, 准备要计算点预测值)
```
;
proc gplot;
plot y * x;(以 $x$ 为横坐标、$y$ 为纵坐标画散点图及回归方程所对应的回归直线)
symbol i = rl v = dot;
proc reg;model y = x;run;
```

10

在 SAS 的 OUTPUT 窗口，将输出以下几项主要的结果：

① 以 x 为横坐标、y 为纵坐标的散点图及回归方程所对应的回归直线，如图 1-1 所示.

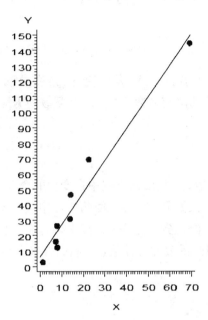

图 1-1　(x_i, y_i) 的散点图及回归直线

② 回归方程作显著性检验的方差分析表.

Model: MODEL1

Dependent Variable: Y

Analysis of Variance

Source	DF	Sum of Squares	Mean Square	F Value	Prob>F
Model	1	14141.74052	14141.74052	140.992	0.0001
Error	6	601.80823	100.30137		
C Total	7	14743.54875			

其中，C Total 表示 SST，Model 表示 SSR，Error 表示 SSE，Prob>F 表示回归方程的显著性：当 Prob>F 的值不大于 0.01 时，回归方程极显著；当 Prob>F 的值大于 0.01 但是不大于 0.05 时，回归方程显著；当 Prob>F 的值大于 0.05 时，回归方程不显著.

③ Root MSE，Dep Mean，C. V. ，R-square，Adj R-sq 的数值.

Root MSE	10.01506	R−square	0.9592
Dep Mean	43.51250	Adj R−sq	0.9524
C.V.	23.01651		

其中，$\text{MSE} = \dfrac{\text{SSE}}{n-2}$，$\text{Root MSE} = \sqrt{\text{MSE}}$，MSE 是 $\hat{\sigma}^2$，Root MSE 就是 $\hat{\sigma}$；Dep Mean 是因变量 y 的均值；C. V. 是因变量 y 的变异系数；R-square 是决定系数；Adj R-sq 是校正后的决定系数. 如果决定系数为 R^2，校正后的决定系数为 R^2_{Adj}，则

$$R^2_{\text{Adj}} = R^2 - \frac{p(1-R^2)}{n-p-1},$$

式中，n 是观测值的组数，p 是回归方程中自变量的个数.

如果有多个线性回归方程，在各个回归方程中包括不同的自变量组合，这时要比较线性回归方程的优劣，就要考虑校正后的决定系数.

④ 回归常数与回归系数的估计值，它们的标准差以及它们作显著性检验的结果.

Parameter Estimates

Variable	DF	Parameter Estimate	Standard Error	T for H0: Parameter=0	Prob>|T|
INTERCEP	1	5.922366	4.74969580	1.247	0.2589
X	1	2.076803	0.17490302	11.874	0.0001

其中，回归常数的标准差

$$s(b_0) = \sqrt{\text{MSE}\left(\frac{1}{n} + \frac{(\overline{x})^2}{l_{xx}}\right)}, \quad t(b_0) = \frac{b_0}{s(b_0)};$$

回归系数的标准差

$$s(b_1) = \sqrt{\text{MSE}\left(\frac{1}{l_{xx}}\right)}, \quad t(b_1) = \frac{b_1}{s(b_1)}.$$

作回归常数的显著性检验时，原假设 H_0 为 $\beta_0 = 0$；作回归系数的显著性检验时，原假设 H_0 为 $\beta_1 = 0$.

回归常数与回归系数的显著性以 Prob > |T| 表示：当 Prob > |T| 的值不大于 0.01 时，检验的结果为极显著；当 Prob > |T| 的值大于 0.01 但是不大于 0.05 时，检验的结果为显著；当 Prob > |T| 的值大于 0.05 时，检验的结果为不显著.

对于一元线性回归，回归系数与回归方程的显著性是一致的.

因为 $F = \dfrac{\text{SSR}/1}{\text{SSE}/(n-2)} \sim F(1,n-2)$，$t(b_1) = \dfrac{b_1}{s(b_1)} \sim t(n-2)$，

$$t^2(b_1) = \frac{b_1^2}{s^2(b_1)} = \frac{b_1 \dfrac{l_{xy}}{l_{xx}}}{\text{MSE}\left(\dfrac{1}{l_{xx}}\right)} = \frac{\text{SSR}}{\text{SSE}/(n-2)},$$

而 $F(1,n-2)$ 分布的上侧 α 分位数与 $t(n-2)$ 分布的双侧 α 分位数的平方相同.

如果将正规方程组的加边增广矩阵的逆矩阵记为

$$\begin{pmatrix} c_{00} & c_{01} & c_{02} \\ c_{10} & c_{11} & c_{12} \\ c_{20} & c_{21} & c_{22} \end{pmatrix},$$

则 $c_{00} = \dfrac{\sum\limits_{i=1}^{n} x_i^2}{n l_{xx}}$，$c_{11} = \dfrac{1}{l_{xx}}$，

$$s(b_0) = \sqrt{\text{MSE}\left(\frac{1}{n} + \frac{(\overline{x})^2}{l_{xx}}\right)} = \sqrt{\text{MSE}\left(\frac{l_{xx} + n(\overline{x})^2}{n l_{xx}}\right)}$$

$$= \sqrt{\text{MSE}\left(\frac{\sum\limits_{i=1}^{n} x_i^2}{n l_{xx}}\right)} = \sqrt{c_{00}\text{MSE}},$$

$$s(b_1) = \sqrt{\text{MSE}\left(\frac{1}{l_{xx}}\right)} = \sqrt{c_{11}\text{MSE}}.$$

由此可以导出 1.2 节中多元线性回归系数的标准差的计算方法.

如果要输出加边增广矩阵，$(\boldsymbol{X}'\boldsymbol{X})^{-1}$，$\boldsymbol{b} = (\boldsymbol{X}'\boldsymbol{X})^{-1}\boldsymbol{X}'\boldsymbol{y}$ 及 SSE，可在 proc reg；model y= x 后增加/xpx i.

SAS 输出的结果为

Model Crossproducts X'X X'Y Y'Y

XX	INTERCEP	X	Y
INTERCEP	8	144.8	348.1
X	144.8	5899.66	13109.99
Y	348.1	13109.99	29890.25

X'X Inverse，Parameter Estimates，and SSE

	INTERCEP	X	Y
INTERCEP	0.2249182623	-0.005520346	5.9223664747
X	-0.005520346	0.0003049915	2.0768029572
Y	5.9223664747	2.0768029572	601.80822932

如果要输出点预测值及预测区间，可在 proc reg；model y＝x 后增加/cli.
SAS 输出的结果为

Obs	Dep Var Y	Predict Value	Std Err Predict	Lower95% Predict	Upper95% Predict	Residual
1	46.3000	35.6206	3.603	9.5773	61.6640	10.6794
2	30.7000	34.9976	3.613	8.9459	61.0493	-4.2976
3	144.6	149.8	9.630	115.8	183.8	-5.2448
4	69.2000	53.0658	3.631	26.9988	79.1327	16.1342
5	16.0000	21.0830	4.013	-5.3172	47.4833	-5.0830
6	12.3000	22.5368	3.957	-3.8127	48.8863	-10.2368
7	2.7000	8.6222	4.601	-18.3464	35.5908	-5.9222
8	26.3000	22.3291	3.965	-4.0274	48.6856	3.9709
9	.	47.4584	3.556	21.4532	73.4636	.

Sum of Residuals	0
Sum of Squared Residuals	601.8082
Predicted Resid SS (Press)	5610.2160

其中，Obs 列是观测值的序号，Dep Var Y 列是 Y 的观测值，Predict Value 列是根据回归方程计算所得到的拟合值或预测值，Std Err Predict 列是预测值的标准差，后面的两列是置信水平为 95% 的置信区间，最后一列是观测值与预测值的差 $RESID_i = y_i - \hat{y}_i$，通常称为**残差**.

如果要计算预测值的标准差，可先计算所谓的"帽子矩阵"

$$H = X(X'X)^{-1}X'.$$

若 H 矩阵主对角线上的元素为 h_i，x_i 为 X 矩阵的第 i 行，则 $h_i = x_i(X'X)^{-1}x_i'$，预测值的标准差 $s(\hat{y}_0) = \sqrt{h_i\hat{\sigma}^2}$.

另外，定义第 i 个观测值的预测残差

$$PRESID_i = y_i - \hat{y}_i(i),$$

式中，$\hat{y}_i(i)$ 是删去第 i 个观测值后，根据剩下的 $n-1$ 组观测值建立线性回归方程并将 x_i 代入此回归方程所得到的第 i 个观测值的预测值，称 PRESS = $\sum_{i=1}^{n} PRESID_i^2$ 为**预测残差的平方和**.

在 SAS输出的最后一行中，Predicted Resid SS（Press）后面的数值就是预测残差的平方和. 一个好的回归方程，应该有较小的 Press.

如果要输出 $\text{PRESID}_i = y_i - \hat{y}_i(i)$，可在上述 SAS 程序的后面增加

output out= a press= presidi;

proc print;run;

SAS 输出的结果为

OBS	X	Y	PRESIDI
1	14.3	46.3	12.2667
2	14.0	30.7	-4.9405
3	69.3	144.6	-69.4832
4	22.7	69.2	18.5761
5	7.3	16.0	-6.0554
6	8.0	12.3	-12.1305
7	1.3	2.7	-7.5067
8	7.9	26.3	4.7089

§ 1.2　多元线性回归

1.2.1　多元线性回归的概念

设自变量 $x_1, x_2, \cdots, x_p$ 的观测值 $x_{i1}, x_{i2}, \cdots, x_{ip}$ 及因变量 y 对应的观测值 y_i 满足关系式

$$y_i = \beta_0 + \sum_{j=1}^{p} \beta_j x_{ij} + \varepsilon_i, \quad i = 1, 2, \cdots, n,$$

式中，$\varepsilon_1, \varepsilon_2, \cdots, \varepsilon_n$ 是相互独立且都服从正态分布 $N(0, \sigma^2)$ 的随机变量.

根据最小二乘法，由 n 组观测值 $(x_{i1}, x_{i2}, \cdots, x_{ip}, y_i)$ 确定参数 β_0 及 $\beta_1, \beta_2, \cdots, \beta_p$ 的估计值 b_0 及 $b_1, b_2, \cdots, b_p$ 后，所得到的估计式 $\hat{y} = b_0 + \sum_{j=1}^{p} b_j x_j$ 称为**多元线性回归方程**. 建立多元线性回归方程的过程以及对回归方程与回归系数所作的显著性检验，称为**多元线性回归分析**或**多元线性回归**.

如果将 $x_{i1}, x_{i2}, \cdots, x_{ip}$ 代入多元线性回归方程，记 $\hat{y}_i = b_0 + \sum_{j=1}^{p} b_j x_{ij}$，则 $\hat{y}_i$ 与 y_i 之间的偏差平方和

$$Q = \sum_{i=1}^{n} (y_i - \hat{y}_i)^2 = \sum_{i=1}^{n} \left(y_i - b_0 - \sum_{j=1}^{p} b_j x_{ij} \right)^2.$$

由 $\dfrac{\partial Q}{\partial b_0} = 0$ 及 $\dfrac{\partial Q}{\partial b_j} = 0 \, (j = 1, 2, \cdots, p)$ 可得到方程组

$$\begin{cases} nb_0 + b_1 \sum_{i=1}^{n} x_{i1} + b_2 \sum_{i=1}^{n} x_{i2} + \cdots + b_p \sum_{i=1}^{n} x_{ip} = \sum_{i=1}^{n} y_i, \\[2mm] b_0 \sum_{i=1}^{n} x_{i1} + b_1 \sum_{i=1}^{n} x_{i1}^2 + b_2 \sum_{i=1}^{n} x_{i1} x_{i2} + \cdots + b_p \sum_{i=1}^{n} x_{i1} x_{ip} = \sum_{i=1}^{n} x_{i1} y_i, \\[2mm] \cdots\cdots\cdots\cdots\cdots\cdots\cdots\cdots\cdots\cdots\cdots\cdots\cdots\cdots\cdots\cdots\cdots \\[2mm] b_0 \sum_{i=1}^{n} x_{ip} + b_1 \sum_{i=1}^{n} x_{ip} x_{i1} + b_2 \sum_{i=1}^{n} x_{ip} x_{i2} + \cdots + b_p \sum_{i=1}^{n} x_{ip}^2 = \sum_{i=1}^{n} x_{ip} y_i. \end{cases}$$

解这个方程组，即可算出 b_0 及各 $b_j (j = 1, 2, \cdots, p)$. 根据最小二乘法，它们的值使上述偏差平方和 Q 取最小值. 称这个方程组为**多元线性回归的正规方程组**, b_0 为回归常数或截距, 各 b_j 为回归系数.

若记 $\bar{x}_j = \dfrac{1}{n} \sum_{i=1}^{n} x_{ij} \, (j = 1, 2, \cdots, p)$, $\bar{y} = \dfrac{1}{n} \sum_{i=1}^{n} y_i$, 则由正规方程组的第一个方程可以导出

$$\sum_{i=1}^{n} \left(b_0 + \sum_{j=1}^{p} b_j x_{ij} \right) = \sum_{i=1}^{n} y_i \quad \text{及} \quad b_0 + \sum_{j=1}^{p} b_j \bar{x}_j = \bar{y}.$$

因此有结论:

① $\sum_{i=1}^{n} \hat{y}_i = \sum_{i=1}^{n} y_i, \dfrac{1}{n} \sum_{i=1}^{n} \hat{y}_i = \bar{y}$;

② 当 $x_j = \bar{x}_j, j = 1, 2, \cdots, p$ 时, $\hat{y} = \bar{y}$.

这说明, 将 $x_1, x_2, \cdots, x_p$ 的 n 组观测值 $x_{i1}, x_{i2}, \cdots, x_{ip}$ 代入回归方程所得到的 n 个估计值 $\hat{y}_i$ 的平均值等于 $\bar{y}$, 将 $\bar{x}_1, \bar{x}_2, \cdots, \bar{x}_p$ 代入回归方程所得到的估计值也等于 $\bar{y}$.

1.2.2　多元线性回归的矩阵表示

作多元线性回归时, 自变量 $x_1, x_2, \cdots, x_p$ 及因变量 y 的观测值 $x_{i1}, x_{i2}, \cdots, x_{ip}$ 及 y_i 所满足的关系式

$$y_i = \beta_0 + \sum_{j=1}^{p} \beta_j x_{ij} + \varepsilon_i, \quad i = 1, 2, \cdots, n$$

或

$$\begin{cases} y_1 = \beta_0 + \beta_1 x_{11} + \beta_2 x_{12} + \cdots + \beta_p x_{1p} + \varepsilon_1, \\ y_2 = \beta_0 + \beta_1 x_{21} + \beta_2 x_{22} + \cdots + \beta_p x_{2p} + \varepsilon_2, \\ \cdots\cdots\cdots\cdots\cdots\cdots\cdots\cdots\cdots\cdots\cdots\cdots\cdots\cdots\cdots \\ y_n = \beta_0 + \beta_1 x_{n1} + \beta_2 x_{n2} + \cdots + \beta_p x_{np} + \varepsilon_n \end{cases}$$

又称为**多元线性回归模型**.

若记

$$\boldsymbol{y} = \begin{pmatrix} y_1 \\ y_2 \\ \vdots \\ y_n \end{pmatrix}, \quad \boldsymbol{X} = \begin{pmatrix} 1 & x_{11} & x_{12} & \cdots & x_{1p} \\ 1 & x_{21} & x_{22} & \cdots & x_{2p} \\ \vdots & \vdots & \vdots & & \vdots \\ 1 & x_{n1} & x_{n2} & \cdots & x_{np} \end{pmatrix}, \quad \boldsymbol{\beta} = \begin{pmatrix} \beta_0 \\ \beta_1 \\ \vdots \\ \beta_p \end{pmatrix}, \quad \boldsymbol{\varepsilon} = \begin{pmatrix} \varepsilon_1 \\ \varepsilon_2 \\ \vdots \\ \varepsilon_n \end{pmatrix},$$

则上述模型的矩阵表示为

$$\boldsymbol{y} = \boldsymbol{X}\boldsymbol{\beta} + \boldsymbol{\varepsilon}.$$

若记正规方程组的系数矩阵为 $\boldsymbol{A}$，常数项矩阵为 $\boldsymbol{c}$，回归常数、系数矩阵为 $\boldsymbol{b}$，则

$$\boldsymbol{A} = \begin{pmatrix} n & \sum\limits_{i=1}^{n} x_{i1} & \sum\limits_{i=1}^{n} x_{i2} & \cdots & \sum\limits_{i=1}^{n} x_{ip} \\ \sum\limits_{i=1}^{n} x_{i1} & \sum\limits_{i=1}^{n} x_{i1}^2 & \sum\limits_{i=1}^{n} x_{i1} x_{i2} & \cdots & \sum\limits_{i=1}^{n} x_{i1} x_{ip} \\ \vdots & \vdots & \vdots & & \vdots \\ \sum\limits_{i=1}^{n} x_{ip} & \sum\limits_{i=1}^{n} x_{ip} x_{i1} & \sum\limits_{i=1}^{n} x_{ip} x_{i2} & \cdots & \sum\limits_{i=1}^{n} x_{ip}^2 \end{pmatrix} = \boldsymbol{X}'\boldsymbol{X},$$

$$\boldsymbol{c} = \begin{pmatrix} \sum\limits_{i=1}^{n} y_i \\ \sum\limits_{i=1}^{n} x_{i1} y_i \\ \vdots \\ \sum\limits_{i=1}^{n} x_{ip} y_i \end{pmatrix} = \boldsymbol{X}'\boldsymbol{y}, \quad \boldsymbol{b} = \begin{pmatrix} b_0 \\ b_1 \\ \vdots \\ b_p \end{pmatrix},$$

正规方程组的矩阵表示为 $\boldsymbol{A}\boldsymbol{b} = \boldsymbol{c}$ 或 $\boldsymbol{X}'\boldsymbol{X}\boldsymbol{b} = \boldsymbol{X}'\boldsymbol{y}$，当 $\boldsymbol{A}$ 的逆矩阵存在时，正规方程组的解

$$\boldsymbol{b} = \boldsymbol{A}^{-1}\boldsymbol{c} = (\boldsymbol{X}'\boldsymbol{X})^{-1}\boldsymbol{X}'\boldsymbol{y}.$$

下面证明:

(1) b 是多元线性回归模型中系数 $\boldsymbol{\beta}$ 的无偏估计量.

(2) $\sigma^2 \boldsymbol{A}^{-1}$ 是回归系数的协方差矩阵.

证 (1) 设 $\boldsymbol{y} = \boldsymbol{X}\boldsymbol{\beta} + \boldsymbol{\varepsilon}$, $\boldsymbol{\varepsilon}$ 中各 ε_i 都服从 $N(0, \sigma^2)$, 因此

$$E(\boldsymbol{\varepsilon}) = \boldsymbol{0},$$

$$E(\boldsymbol{y}) = E(\boldsymbol{X}\boldsymbol{\beta} + \boldsymbol{\varepsilon}) = \boldsymbol{X}\boldsymbol{\beta} + E(\boldsymbol{\varepsilon}) = \boldsymbol{X}\boldsymbol{\beta},$$

$$E(\boldsymbol{b}) = E((\boldsymbol{X}'\boldsymbol{X})^{-1}(\boldsymbol{X}'\boldsymbol{y})) = (\boldsymbol{X}'\boldsymbol{X})^{-1}\boldsymbol{X}'E(\boldsymbol{y})$$

$$= (\boldsymbol{X}'\boldsymbol{X})^{-1}\boldsymbol{X}'\boldsymbol{X}\boldsymbol{\beta} = \boldsymbol{\beta}.$$

(2) 由于 $E(\boldsymbol{y}) = \boldsymbol{X}\boldsymbol{\beta}$, $\boldsymbol{y} - E(\boldsymbol{y}) = \boldsymbol{\varepsilon}$, $\boldsymbol{\varepsilon}$ 中各 ε_i 相互独立且都服从 $N(0, \sigma^2)$, 因此 $E(\varepsilon_i) = 0$, $E(\varepsilon_i^2) = D(\varepsilon_i) = \sigma^2$, $i_1 \neq i_2$ 时,

$$E(\varepsilon_{i_1}\varepsilon_{i_2}) = \text{Cov}(\varepsilon_{i_1}, \varepsilon_{i_2}) = 0,$$

$$\text{E}(\boldsymbol{\varepsilon}\boldsymbol{\varepsilon}') = E\begin{pmatrix} \varepsilon_1^2 & \varepsilon_1\varepsilon_2 & \cdots & \varepsilon_1\varepsilon_n \\ \varepsilon_2\varepsilon_1 & \varepsilon_2^2 & \cdots & \varepsilon_2\varepsilon_n \\ \vdots & \vdots & & \vdots \\ \varepsilon_n\varepsilon_1 & \varepsilon_n\varepsilon_2 & \cdots & \varepsilon_n^2 \end{pmatrix} = \sigma^2 \boldsymbol{I}.$$

而

$$E\big((\boldsymbol{b} - E(\boldsymbol{b}))(\boldsymbol{b} - E(\boldsymbol{b}))'\big)$$

$$= E\big([(\boldsymbol{X}'\boldsymbol{X})^{-1}\boldsymbol{X}'\boldsymbol{y} - (\boldsymbol{X}'\boldsymbol{X})^{-1}\boldsymbol{X}'E(\boldsymbol{y})][(\boldsymbol{X}'\boldsymbol{X})^{-1}\boldsymbol{X}'\boldsymbol{y} - (\boldsymbol{X}'\boldsymbol{X})^{-1}\boldsymbol{X}'E(\boldsymbol{y})]'\big)$$

$$= E\big([(\boldsymbol{X}'\boldsymbol{X})^{-1}\boldsymbol{X}'(\boldsymbol{y} - E(\boldsymbol{y}))][(\boldsymbol{X}'\boldsymbol{X})^{-1}\boldsymbol{X}'(\boldsymbol{y} - E(\boldsymbol{y}))]'\big)$$

$$= E\big([(\boldsymbol{X}'\boldsymbol{X})^{-1}\boldsymbol{X}'\boldsymbol{\varepsilon}][(\boldsymbol{X}'\boldsymbol{X})^{-1}\boldsymbol{X}'\boldsymbol{\varepsilon}]'\big)$$

$$= E\big((\boldsymbol{X}'\boldsymbol{X})^{-1}\boldsymbol{X}'\boldsymbol{\varepsilon}\boldsymbol{\varepsilon}'\boldsymbol{X}(\boldsymbol{X}'\boldsymbol{X})^{-1}\big)$$

$$= (\boldsymbol{X}'\boldsymbol{X})^{-1}\boldsymbol{X}'E(\boldsymbol{\varepsilon}\boldsymbol{\varepsilon}')\boldsymbol{X}(\boldsymbol{X}'\boldsymbol{X})^{-1}$$

$$= \sigma^2 (\boldsymbol{X}'\boldsymbol{X})^{-1}$$

$$= \sigma^2 \boldsymbol{A}^{-1},$$

故

$$\sigma^2 \boldsymbol{A}^{-1} = E\big((\boldsymbol{b} - E(\boldsymbol{b}))(\boldsymbol{b} - E(\boldsymbol{b}))'\big)$$

$$= E\left[\begin{pmatrix} b_0 - E(b_0) \\ b_1 - E(b_1) \\ \vdots \\ b_p - E(b_p) \end{pmatrix}(b_0 - E(b_0), b_1 - E(b_1), \cdots, b_p - E(b_p))\right]$$

$$= \begin{pmatrix} D(b_0) & \mathrm{Cov}(b_0, b_1) & \cdots & \mathrm{Cov}(b_0, b_p) \\ \mathrm{Cov}(b_1, b_0) & D(b_1) & \cdots & \mathrm{Cov}(b_1, b_p) \\ \vdots & \vdots & & \vdots \\ \mathrm{Cov}(b_p, b_0) & \mathrm{Cov}(b_p, b_1) & \cdots & D(b_p) \end{pmatrix}.$$

这说明，

$$D(b_j) = \sigma^2 c_{jj}, \quad \mathrm{Cov}(b_{j_1}, b_{j_2}) = \sigma^2 c_{j_1 j_2},$$

式中，c_{jj} 为 $\boldsymbol{A}^{-1}$ 中第 j 行第 j 列的元素，$c_{j_1 j_2}$ 为 $\boldsymbol{A}^{-1}$ 中第 j_1 行第 j_2 列的元素，$j_1 \neq j_2$，$j_1, j_2 = 0, 1, 2, \cdots, p$.

1.2.3 回归方程的显著性检验

与一元线性回归方程相类似，多元线性回归方程的总平方和 SST 也可以分解为剩余平方和 SSE 加回归平方和 SSR，即

$$\mathrm{SST} = \mathrm{SSE} + \mathrm{SSR},$$

式中，

$$\mathrm{SST} = \sum_{i=1}^{n} (y_i - \overline{y})^2 = l_{yy},$$

$$\mathrm{SSR} = \sum_{i=1}^{n} (\hat{y}_i - \overline{y})^2 = \sum_{j=1}^{p} b_j l_{jy},$$

而 $l_{jy} = \sum_{i=1}^{n} (x_{ij} - \overline{x}_j)(y_i - \overline{y})$，$j = 1, 2, \cdots, p$，因此，

$$\mathrm{SSE} = l_{yy} - \mathrm{SSR}.$$

如果 SSR 的数值较大，SSE 的数值便比较小，说明回归的效果好. 如果 SSR 的数值较小，SSE 的数值便比较大，说明回归的效果差.

理论上已经证明：

当原假设 H_0 为 $\beta_1 = 0$，$\beta_2 = 0$，$\cdots$，$\beta_p = 0$ 并且 H_0 成立时，

$$\frac{\mathrm{SST}}{\sigma^2} \sim \chi^2(n-1), \quad \frac{\mathrm{SSR}}{\sigma^2} \sim \chi^2(p), \quad \frac{\mathrm{SSE}}{\sigma^2} \sim \chi^2(n-p-1),$$

且 SSR 与 SSE 相互独立，

$$F = \frac{\mathrm{SSR}/p}{\mathrm{SSE}/(n-p-1)} \sim F(p, n-p-1),$$

$\hat{\sigma}^2 = \mathrm{MSE} = \dfrac{\mathrm{SSE}}{n-p-1}$ 为 σ^2 的无偏估计量.

因此，给出显著性水平 α，即可进行回归方程的显著性检验.

1.2.4 回归系数的显著性检验

一个多元线性回归方程显著，并不表示方程中的每一个自变量 $x_j(j=1,2,\cdots,p)$ 对因变量 y 的影响都是重要的. 从直观上看，自变量 x_j 对因变量 y 的影响与回归系数 b_j 有关. 如果多元线性回归方程为 $\hat{y}=b_0+\sum\limits_{j=1}^{p}b_jx_j$，那么当 $|b_j|$ 大时，x_j 的一个单位对 $\hat{y}$ 的影响较大；当 $|b_j|$ 小时，x_j 的一个单位对 $\hat{y}$ 的影响较小. 但是，各 x_j 的单位可大可小，系数 $|b_j|$ 也会随着 x_j 的单位或大或小而有所变化. 因此，b_j 并不能唯一地决定自变量 x_j 的重要程度，必须寻找一个与 b_j 有关的统计量，以便对 x_j 的重要程度作出比较与检验.

由于 b_j 是随机变量 $y_1,y_2,\cdots,y_n$ 的线性函数，各 y_i 都服从正态分布，所以 b_j 也服从正态分布，且

$$E(b_j)=\beta_j, \quad D(b_j)=\sigma^2 c_{jj}, \quad \frac{b_j-\beta_j}{\sqrt{\sigma^2 c_{jj}}}\sim N(0,1),$$

式中，c_{jj} 是正规方程组的系数矩阵的逆矩阵中第 j 行第 j 列的元素.

还可以证明，b_j 与 SSE 相互独立.

当原假设 H_0 为 $\beta_j=0$ 并且 H_0 成立时，由 $\dfrac{\text{SSE}}{\sigma^2}$ 服从 $\chi^2(n-p-1)$ 分布推出

$$F_j=\frac{b_j^2/c_{jj}}{\text{SSE}/(n-p-1)}\sim F(1,n-p-1),$$

$$t_j=\frac{b_j/\sqrt{c_{jj}}}{\sqrt{\text{SSE}/(n-p-1)}}\sim t(n-p-1).$$

因此，给出显著性水平 α，即可进行回归常数 b_0 与回归系数 $b_j(j=1,2,\cdots,p)$ 的显著性检验，得到各个 b_j 是否显著的结论. 其中，F 检验的显著性以 Prob ＞F 表示，t 检验的显著性以 Prob＞|T| 表示，统计量的值 $F_j=t_j^2$，Prob＞F 的值与 Prob＞|T| 相等，对回归系数可选作 F 检验或 t 检验，检验的结果完全一致.

当 b_j 显著时，认为自变量 x_j 对因变量 y 的影响是重要的，否则，认为 x_j 对因变量 y 的影响是不重要的. 对于回归系数 b_j 不显著的自变量 x_j 可以剔出回归方程，使回归方程变得更为精干. 将 x_j 剔出回归方程后，有一个计算其他变量的新回归系数并建立新回归方程的计算公式. 不过，应用 SAS 时，根据剩余的变量直接建立回归方程将会更方便一些. 但是，如果在回归方程中有多个 b_j 不显著，则只能剔出其中最不显著的那一个 b_j 所对应的 x_j，也就是 $|t_j|$ 的值最小

或 $\text{Prob} > |\text{T}|$ 的值最大的那一个 b_j 所对应的 x_j. 因为回归系数之间的协方差与相关系数不一定为 0，剔出某一个 x_j 后，其他不显著的 b_j 有可能由不显著转化为显著.

注：在 SAS 中，将 $t_j = \dfrac{b_j / \sqrt{c_{jj}}}{\sqrt{\text{SSE}/(n-p-1)}}$ 改写为 $t_j = \dfrac{b_j}{\sqrt{c_{jj}\text{MSE}}}$，而 $s(b_j)$ $= \sqrt{c_{jj}\text{MSE}}$ 正是 b_j 的样本标准差，因此记

$$t_j = \frac{b_j}{s(b_j)}.$$

如果设 $\text{SSR}(x_1, x_2, \cdots, x_p)$ 与 $\text{SSE}(x_1, x_2, \cdots, x_p)$ 是 p 个自变量 x_1, $x_2, \cdots, x_p$ 与 y 的 p 元线性回归方程 $\hat{y} = b_0 + \sum\limits_{j=1}^{p} b_j x_j$ 的回归平方和与剩余平方和，$\text{SSR}(x_1, x_2, \cdots, x_{j-1}, x_{j+1}, \cdots, x_p)$ 与 $\text{SSE}(x_1, x_2, \cdots, x_{j-1}, x_{j+1}, \cdots, x_p)$ 是剔出自变量 x_j 以后，$p-1$ 个自变量 $x_1, x_2, \cdots, x_{j-1}, x_{j+1}, \cdots, x_p$ 与 y 的 $p-1$ 元线性回归方程 $\hat{y} = b_0^* + \sum\limits_{1 \leqslant k \leqslant p,\ k \neq j} b_k^* x_k$ 的回归平方和与剩余平方和，那么

$$\begin{aligned}
\text{SS}_j &= \text{SSR}(x_1, x_2, \cdots, x_p) - \text{SSR}(x_1, x_2, \cdots, x_{j-1}, x_{j+1}, \cdots, x_p) \\
&= \text{SSE}(x_1, x_2, \cdots, x_{j-1}, x_{j+1}, \cdots, x_p) - \text{SSE}(x_1, x_2, \cdots, x_p)
\end{aligned}$$

是剔出自变量 x_j 以后，回归平方和减少的数值，也是剩余平方和增加的数值，可用来衡量自变量 x_j 在 p 元线性回归方程 $\hat{y} = b_0 + \sum\limits_{j=1}^{p} b_j x_j$ 中所起作用的重要程度.

称 SS_j 为自变量 x_j 的**偏回归平方和**.

可以证明：

$$\text{SS}_j = \frac{b_j^2}{c_{jj}},\ j = 1, 2, \cdots, p, \quad F_j = \frac{\text{SS}_j}{\text{SSE}/(n-p-1)}.$$

因此，回归系数的显著性检验又称为**偏回归平方和的显著性检验**.

在这一节结束之前，将根据 SAS 计算的结果，对偏回归平方和的定义作直观的说明.

1.2.5 标准回归方程及其显著性检验

考虑到实际问题中的变量会有不同的量纲，为消除不同的量纲对回归方程的影响，在建立多元线性回归方程 $\hat{y} = b_0 + \sum\limits_{j=1}^{p} b_j x_j$ 之前，可先对自变量 x_j ($j = 1, 2, \cdots, p$) 和因变量 y 及 $\hat{y}$ 作"标准化"变换，设

$$x_j^* = \frac{x_j - \overline{x}_j}{\sqrt{l_{jj}}}, \quad j = 1, 2, \cdots, p, \quad y^* = \frac{y - \overline{y}}{\sqrt{l_{yy}}},$$

式中, $l_{jj} = \sum\limits_{i=1}^{n} (x_{ij} - \overline{x}_j)^2$, $j = 1, 2, \cdots, p$, $l_{yy} = \sum\limits_{i=1}^{n} (y_i - \overline{y})^2$.

经过上述"标准化"变换后,

$$\overline{x}_j^* = \frac{1}{n} \sum_{i=1}^{n} x_{ij}^* = \frac{1}{n} \sum_{i=1}^{n} \frac{x_{ij} - \overline{x}_j}{\sqrt{l_{jj}}} = 0, \quad j = 1, 2, \cdots, p,$$

$$\overline{y}^* = \frac{1}{n} \sum_{i=1}^{n} y_i^* = \frac{1}{n} \sum_{i=1}^{n} \frac{y_i - \overline{y}}{\sqrt{l_{yy}}} = 0.$$

如果所得到的回归方程记为 $\hat{y}^* = d_0 + \sum\limits_{j=1}^{p} d_j x_j^*$, 则

$$d_0 = \overline{y}^* - \sum_{j=1}^{p} d_j \overline{x}_j^* = 0.$$

称 $\hat{y}^* = \sum\limits_{j=1}^{p} d_j x_j^*$ 为标准回归方程, d_j 为标准回归系数.

由 $Q^* = \sum\limits_{i=1}^{n} (y_i^* - \hat{y}_i^*)^2 = \sum\limits_{i=1}^{n} \left(y_i^* - \sum\limits_{j=1}^{n} d_j x_{ij} \right)^2$ 对 d_j 求偏导数并令之等于零, 可推出

$$b_j = d_j \sqrt{\frac{l_{yy}}{l_{jj}}} = d_j \frac{s_y}{s_j}, \quad j = 1, 2, \cdots, p,$$

而

$$b_0 = \overline{y} - \sum_{j=1}^{p} d_j \sqrt{\frac{l_{yy}}{l_{jj}}} \overline{x}_j = \overline{y} - \sum_{j=1}^{p} d_j \frac{s_y}{s_j} \overline{x}_j,$$

式中, $s_j = \sqrt{\dfrac{l_{jj}}{n-1}}$ 是 x_j 的观测值的标准差, $s_y = \sqrt{\dfrac{l_{yy}}{n-1}}$ 是 y 的观测值的标准差.

因此, 由标准回归方程可以求多元线性回归方程.

反之, 由多元线性回归方程, 也可根据公式

$$d_j = b_j \sqrt{\frac{l_{jj}}{l_{yy}}} = b_j \frac{s_j}{s_y}, \quad j = 1, 2, \cdots, p,$$

求出标准回归系数并写出标准回归方程.

如果在标准回归方程的两边同除以 $\dfrac{1}{\sqrt{n-1}}$, 则有

$$\frac{\hat{y}^*}{\frac{1}{\sqrt{n-1}}} = \sum_{j=1}^{p} d_j \frac{x_j^*}{\frac{1}{\sqrt{n-1}}} \quad \text{或} \quad \frac{\hat{y}-\bar{y}}{\sqrt{\frac{l_{yy}}{n-1}}} = \sum_{j=1}^{p} d_j \frac{x_j-\bar{x}_j}{\sqrt{\frac{l_{jj}}{n-1}}}$$

或

$$\frac{\hat{y}-\bar{y}}{s_y} = \sum_{j=1}^{p} d_j \frac{x_j-\bar{x}_j}{s_j},$$

此式说明,固定其他的变量,当 $\dfrac{x_j-\bar{x}_j}{s_j}$ 增加的数值为 1 时,$\dfrac{\hat{y}-\bar{y}}{s_y}$ 改变的数值为 d_j. 或者说,当自变量 x_j 的值增加一个标准差单位时,因变量 y 的估计值将要改变的标准差单位数为标准回归系数 d_j.

以下推导标准回归方程的正规方程组:

根据由 $(x_{i1},x_{i2},\cdots,x_{ip},y_i)$ 建立回归方程 $\hat{y}=b_0+\sum_{j=1}^{p}b_jx_j$ 的正规方程组

$$\begin{cases} nb_0 + b_1\sum_{i=1}^{n}x_{i1} + b_2\sum_{i=1}^{n}x_{i2} + \cdots + b_p\sum_{i=1}^{n}x_{ip} = \sum_{i=1}^{n}y_i, \\ b_0\sum_{i=1}^{n}x_{i1} + b_1\sum_{i=1}^{n}x_{i1}^2 + b_2\sum_{i=1}^{n}x_{i1}x_{i2} + \cdots + b_p\sum_{i=1}^{n}x_{i1}x_{ip} = \sum_{i=1}^{n}x_{i1}y_i, \\ \cdots\cdots\cdots\cdots\cdots\cdots\cdots\cdots\cdots\cdots\cdots\cdots\cdots\cdots\cdots \\ b_0\sum_{i=1}^{n}x_{ip} + b_1\sum_{i=1}^{n}x_{ip}x_{i1} + b_2\sum_{i=1}^{n}x_{ip}x_{i2} + \cdots + b_p\sum_{i=1}^{n}x_{ip}^2 = \sum_{i=1}^{n}x_{ip}y_i, \end{cases}$$

建立标准回归方程 $\hat{y}^* = \sum_{j=1}^{p}d_jx_j^*$ 的正规方程组应该是

$$\begin{cases} d_1\sum_{i=1}^{n}x_{i1}^* + d_2\sum_{i=1}^{n}x_{i1}^* + \cdots + d_p\sum_{i=1}^{n}x_{ip}^* = \sum_{i=1}^{n}y_i^*, \\ d_1\sum_{i=1}^{n}x_{i1}^{*2} + d_2\sum_{i=1}^{n}x_{i1}^*x_{i2}^* + \cdots + d_p\sum_{i=1}^{n}x_{i1}^*x_{ip}^* = \sum_{i=1}^{n}x_{i1}^*y_i^*, \\ \cdots\cdots\cdots\cdots\cdots\cdots\cdots\cdots\cdots\cdots\cdots\cdots\cdots\cdots\cdots \\ d_1\sum_{i=1}^{n}x_{ip}^*x_{i1}^* + d_2\sum_{i=1}^{n}x_{ip}^*x_{i2}^* + \cdots + d_p\sum_{i=1}^{n}x_{ip}^{*2} = \sum_{i=1}^{n}x_{ip}^*y_i^*, \end{cases}$$

式中,各个 $\sum_{i=1}^{n}x_{ij}^* = 0$, $j=1,2,\cdots,p$, $\sum_{i=1}^{n}y_i^* = 0$.

由"标准化"变换的计算公式可以推出

$$\sum_{i=1}^{n}x_{ij}^{*2} = \sum_{i=1}^{n}\frac{(x_{ij}-\bar{x}_j)^2}{l_{jj}} = 1, \quad j=1,2,\cdots,p,$$

$$\sum_{i=1}^{n} x_{ij_1}^* x_{ij_2}^* = \sum_{i=1}^{n} \left[\frac{x_{ij_1} - \overline{x}_{j_1}}{\sqrt{l_{j_1 j_1}}} \right] \left[\frac{x_{ij_2} - \overline{x}_{j_2}}{\sqrt{l_{j_2 j_2}}} \right] = \frac{l_{j_1 j_2}}{\sqrt{l_{j_1 j_1} l_{j_2 j_2}}},$$

$$l_{j_1 j_2} = \sum_{i=1}^{n} (x_{ij_1} - \overline{x}_{j_1})(x_{ij_2} - \overline{x}_{j_2}), \quad j_1 \neq j_2,$$

$$l_{j_1 j_1} = \sum_{i=1}^{n} (x_{ij_1} - \overline{x}_{j_1})^2, \ l_{j_2 j_2} = \sum_{i=1}^{n} (x_{ij_2} - \overline{x}_{j_2})^2, \quad j_1, j_2 = 1, 2, \cdots, p,$$

$$\sum_{i=1}^{n} x_{ij}^* y_i^* = \sum_{i=1}^{n} \left(\frac{x_{ij} - \overline{x}_j}{\sqrt{l_{jj}}} \right) \left(\frac{y_i - \overline{y}}{\sqrt{l_{yy}}} \right) = \frac{l_{jy}}{\sqrt{l_{jj} l_{yy}}},$$

$$l_{jy} = \sum_{i=1}^{n} (x_{ij} - \overline{x}_j)(y_i - \overline{y}), \quad j = 1, 2, \cdots, p.$$

记

$$r_{j_1 j_2} = r_{j_2 j_1} = \frac{l_{j_1 j_2}}{\sqrt{l_{j_1 j_1} l_{j_2 j_2}}}, \quad j_1, j_2 = 1, 2, \cdots, p \text{ 且 } j_1 \neq j_2,$$

$$r_{jy} = \frac{l_{jy}}{\sqrt{l_{jj} l_{yy}}}, \quad j = 1, 2, \cdots, p,$$

称 $r_{j_1 j_2}$ 为变量 x_{j_1} 与 x_{j_2} 的相关系数, r_{jy} 为变量 x_j 与 y 的相关系数. 而 r_{jj} 为变量 x_j 与自身的相关系数且 $r_{jj} = 1$. 因此, 建立标准回归方程 $\hat{y}^* = \sum_{j=1}^{p} d_j x_j^*$ 的正规方程组为

$$\begin{cases} r_{11} d_1 + r_{12} d_2 + \cdots + r_{1p} d_p = r_{1y}, \\ r_{21} d_1 + r_{22} d_2 + \cdots + r_{2p} d_p = r_{2y}, \\ \cdots\cdots\cdots\cdots\cdots\cdots\cdots\cdots\cdots\cdots\cdots\cdots \\ r_{p1} d_1 + r_{p2} d_2 + \cdots + r_{pp} d_p = r_{py}. \end{cases}$$

解这个方程组, 即可算出各 $d_j (j = 1, 2, \cdots, p)$, 它们的值使偏差平方和

$$\widetilde{Q} = \sum_{i=1}^{n} (y_i^* - \hat{y}_i^*)^2 = \sum_{i=1}^{n} \left(\frac{y_i - \overline{y}}{\sqrt{l_{yy}}} - \frac{\hat{y}_i - \overline{y}}{\sqrt{l_{yy}}} \right)^2$$

$$= \sum_{i=1}^{n} \frac{(y_i - \hat{y}_i)^2}{l_{yy}}$$

最小, 当然使偏差平方和 $Q = \sum_{i=1}^{n} (y_i - \hat{y}_i)^2$ 最小. 称这个方程组为**多元线性回归的标准形式的正规方程组**.

作标准回归方程的显著性检验时,

$$\widetilde{\text{SST}} = \sum_{i=1}^{n} (y_i^* - \overline{y}^*)^2 = \sum_{i=1}^{n} y_i^{*2} = \sum_{i=1}^{n} \left(\frac{y_i - \overline{y}}{\sqrt{l_{yy}}}\right)^2 = 1,$$

$$\widetilde{\text{SSR}} = \sum_{i=1}^{n} (\hat{y}_i^* - \overline{y}^*)^2 = \sum_{i=1}^{n} \hat{y}_i^{*2} = \sum_{i=1}^{n} \left(\frac{\hat{y}_i - \overline{y}}{\sqrt{l_{yy}}}\right)^2 = \frac{\text{SSR}}{l_{yy}},$$

$$\widetilde{\text{SSE}} = \sum_{i=1}^{n} (y_i^* - \hat{y}_i^*)^2 = \sum_{i=1}^{n} \left(\frac{y_i - \overline{y}}{\sqrt{l_{yy}}} - \frac{\hat{y}_i - \overline{y}}{\sqrt{l_{yy}}}\right)^2$$

$$= \sum_{i=1}^{n} \left(\frac{y_i - \hat{y}_i}{\sqrt{l_{yy}}}\right)^2 = \frac{\text{SSE}}{l_{yy}},$$

式中，SSR，SSE 以及 $l_{yy} = \text{SST}$ 是多元线性回归的回归平方和、剩余平方和及总平方和. 因此，

$$F = \frac{\widetilde{\text{SSR}}/p}{\widetilde{\text{SSE}}/(n-p-1)} = \frac{\text{SSR}/p}{\text{SSE}/(n-p-1)} \sim F(p, n-p-1),$$

由 $\widetilde{\text{SSR}}$ 及 $\widetilde{\text{SSE}}$ 所算出的 F 值与由 SSR 及 SSE 所算出的 F 值相同，回归方程的显著性检验一致.

还可以证明：标准回归方程 $\hat{y}^* = \sum_{j=1}^{p} d_j x_j^*$ 及其对应的回归方程 $\hat{y} = b_0 + \sum_{j=1}^{p} b_j x_j$ 中，回归系数 d_j 与 b_j 的显著性检验也是一致的.

若记 $R^2 = \frac{\text{SSR}}{l_{yy}} = \frac{\text{SSR}}{\text{SST}}$，则 R^2 类似于一元线性回归中 r^2 的意义，可以解释为 SSR 在 SST 中所占的比率，也就是 SST 中可以用线性关系来说明的部分在 SST 中所占的比率，称 R^2 为变量 y 与 $x_1, x_2, \cdots, x_p$ 的**复决定系数**，称 $R = \sqrt{\frac{\text{SSR}}{\text{SST}}}$ 为变量 y 与 $x_1, x_2, \cdots, x_p$ 的**复相关系数**.

还可以证明：$R^2 = \sum_{j=1}^{p} d_j r_{jy}$.

这是因为

$$R^2 = \frac{\text{SSR}}{l_{yy}} = \sum_{j=1}^{p} \frac{b_j l_{jy}}{l_{yy}} = \sum_{j=1}^{p} \frac{d_j \sqrt{\frac{l_{yy}}{l_{jj}}} l_{jy}}{l_{yy}} = \sum_{j=1}^{p} \frac{d_j l_{jy}}{\sqrt{l_{jj} l_{yy}}} = \sum_{j=1}^{p} d_j r_{jy}.$$

此公式说明了复决定系数 R^2 与标准回归系数 d_j 及各个相关系数 r_{jy} 的内在联系，即 R^2 为各个 r_{jy} 的线性组合，$j = 1, 2, \cdots, p$，而线性组合的系数为相应的标准回归系数 d_j.

1.2.6 多元线性回归方程的应用

与一元线性回归方程类似,多元线性回归方程的应用也包括点预测和区间预测等内容.

当 $x_1 = x_{01}, x_2 = x_{02}, \cdots, x_p = x_{0p}, y = y_0, \hat{y}_0 = b_0 + \sum_{j=1}^{p} b_j x_{0j}$ 时,
$E(b_j) = \beta_j \ (j = 0, 1, 2, \cdots, p), E(\hat{y}_0) = E(y_0)$,且统计量

$$y_0 - \hat{y}_0 \sim N\left(0, \sigma^2 \left(1 + \frac{1}{n} + \sum_{k=1}^{p}\sum_{j=1}^{p} c_{kj}(x_{0k} - \bar{x}_k)(x_{0j} - \bar{x}_j)\right)\right),$$

式中,c_{kj} 为正规方程组的系数矩阵的逆矩阵中第 k 行第 j 列的元素. 因此,当 n 比较大,x_{01} 与 $\bar{x}_1$,x_{02} 与 $\bar{x}_2 \cdots\cdots x_{0p}$ 与 $\bar{x}_p$ 比较接近时,$y_0 - \hat{y}_0$ 的方差比较小,用 $\hat{y}_0$ 预测 y_0 的效果比较好.

作区间预测时,统计量

$$t = \frac{y_0 - \hat{y}_0}{\sqrt{\text{MSE}\left(1 + \frac{1}{n} + \sum_{k=1}^{p}\sum_{j=1}^{p} c_{kj}(x_{0k} - \bar{x}_k)(x_{0j} - \bar{x}_j)\right)}} \sim t(n - p - 1),$$

式中,$\text{MSE} = \dfrac{\text{SSE}}{n - p - 1}$. 由置信水平 $1 - \alpha$ 求出 $P\{|t| < t_\alpha(n - p - 1)\} = 1 - \alpha$ 中的临界值 $t_\alpha(n - p - 1)$ 后,若记

$$\delta = t_\alpha(n - p - 1)\sqrt{\text{MSE}\left(1 + \frac{1}{n} + \sum_{k=1}^{p}\sum_{j=1}^{p} c_{kj}(x_{0k} - \bar{x}_k)(x_{0j} - \bar{x}_j)\right)},$$

则 $P\{|y_0 - \hat{y}_0| < \delta\} = 1 - \alpha$,$(\hat{y}_0 - \delta, \hat{y}_0 + \delta)$ 便是 $x_1 = x_{01}, x_2 = x_{02}, \cdots,$ $x_p = x_{0p}$ 时 y_0 的预测区间,而 δ 为区间的半径.

当 n 比较大,x_{01} 与 $\bar{x}_1$,x_{02} 与 $\bar{x}_2 \cdots\cdots x_{0p}$ 与 $\bar{x}_p$ 比较接近时,

$$\delta \approx t_\alpha(n - p - 1)\sqrt{\text{MSE}}.$$

1.2.7 多元线性回归的实例

【例 1.2】 某品种水稻糙米含镉量 y(mg/kg)与地上部生物量 x_1(10 g/盆)及土壤含镉量 x_2(100 mg/kg)的 8 组观测值如表 1-3(引自苏英吾课程论文),试建立二元线性回归方程并作回归方程及回归系数的显著性检验,计算标准回归系数,建立标准回归方程. 如果令 $x_{01} = 5.4$,$x_{02} = 6.3$,试求点预测值及置信水平 $\alpha = 95\%$ 的置信区间.

表 1-3　　　　　　　　　某种水稻糙米含镉量的观测值

i	1	2	3	4	5	6	7	8
x_{i1}	1.37	11.34	9.67	0.76	17.67	15.91	15.74	5.41
x_{i2}	9.08	1.89	3.06	10.2	0.05	0.73	1.03	6.25
y_i	4.93	1.86	2.33	5.78	0.06	0.43	0.87	3.86

解　（1）在表 1-4 中计算 x_1, x_2 与 y 的平方和及乘积和或用计算器的双变数统计运算程序算出

$$\sum_{i=1}^{8} x_{i1}^2 = 1\,066.931\,7, \qquad \sum_{i=1}^{8} x_{i1} = 77.87, \qquad \overline{x}_1 = 9.733\,8,$$

$$\sum_{i=1}^{8} x_{i2}^2 = 240.080\,9, \qquad \sum_{i=1}^{8} x_{i2} = 32.29, \qquad \overline{x}_2 = 4.036\,3,$$

$$\sum_{i=1}^{8} y_i^2 = 82.446\,8, \qquad \sum_{i=1}^{8} y_i = 20.12, \qquad \overline{y} = 2.515,$$

$$\sum_{i=1}^{8} x_{i1} x_{i2} = 133.736\,9, \qquad \sum_{i=1}^{8} x_{i1} y_i = 97.248\,3,$$

$$\sum_{i=1}^{8} x_{i2} y_i = 139.703\,6.$$

表 1-4　　　　　　　　计算 x_1, x_2 与 y 的平方和及乘积和

i	x_{i1}	x_{i2}	y_i	x_{i1}^2	x_{i2}^2	y_i^2	$x_{i1}x_{i2}$	$x_{i1}y_i$	$x_{i2}y_i$
1	1.37	9.08	4.93	1.876 9	82.446 4	24.304 9	12.439 6	6.754 1	44.764 4
2	11.34	1.89	1.86	128.595 6	3.572 1	3.459 6	21.432 6	21.092 4	3.515 4
3	9.67	3.06	2.33	93.508 9	9.363 6	5.428 9	29.590 2	22.531 1	7.129 8
4	0.76	10.2	5.78	0.577 6	104.04	33.408 4	7.752	4.392 8	58.956
5	17.67	0.05	0.06	312.228 9	0.025	0.036	0.883 5	1.060 2	0.03
6	15.91	0.73	0.43	253.128 1	0.532 9	0.184 9	11.614 3	6.841 3	0.313 9
7	15.74	1.03	0.87	247.747 6	1.060 9	0.756 9	16.212 2	13.693 8	0.896 1
8	5.41	6.25	3.86	29.268 1	39.062 5	14.899 6	33.812 5	20.882 6	24.125
$\sum_{i=1}^{8}$	77.87	32.29	20.12	1 066.931 7	240.080 9	82.446 8	133.736 9	97.248 3	139.703 6

(2) 计算 x_1, x_2 与 y 的离均差平方和及离均差乘积和

$$l_{11} = \sum_{i=1}^{8} x_{i1}^2 - \frac{1}{n}\Big(\sum_{i=1}^{8} x_{i1}\Big)^2 = 308.9646,$$

$$l_{22} = \sum_{i=1}^{8} x_{i2}^2 - \frac{1}{n}\Big(\sum_{i=1}^{8} x_{i2}\Big)^2 = 109.7504,$$

$$l_{yy} = \sum_{i=1}^{8} y_i^2 - \frac{1}{n}\Big(\sum_{i=1}^{8} y_i\Big)^2 = 31.845,$$

$$l_{12} = l_{21} = \sum_{i=1}^{8} x_{i1} x_{i2} - \frac{1}{n}\sum_{i=1}^{8} x_{i1}\sum_{i=1}^{8} x_{i2} = -180.5659,$$

$$l_{1y} = \sum_{i=1}^{8} x_{i1} y_i - \frac{1}{n}\sum_{i=1}^{8} x_{i1}\sum_{i=1}^{8} y_i = -98.5948,$$

$$l_{2y} = \sum_{i=1}^{8} x_{i2} y_i - \frac{1}{n}\sum_{i=1}^{8} x_{i2}\sum_{i=1}^{8} y_i = 58.4943.$$

(3) 写出正规方程组

$$\begin{cases} 8b_0 + 77.87b_1 + 32.29b_2 = 20.12, \\ 77.87b_0 + 1\,066.9317\,b_1 + 133.7369\,b_2 = 97.2483, \\ 32.29b_0 + 133.7369\,b_1 + 240.0809\,b_2 = 139.7036. \end{cases}$$

解正规方程组得到正规方程组的系数矩阵的逆矩阵

$$\boldsymbol{A}^{-1} = (\boldsymbol{X}'\boldsymbol{X})^{-1}$$

$$= \begin{pmatrix} 22.823\,245\,7 & -1.377\,141\,6 & -2.302\,507\,0 \\ -1.377\,141\,6 & 0.084\,103\,6 & 0.138\,370\,7 \\ -2.302\,507\,0 & 0.138\,370\,7 & 0.236\,764\,7 \end{pmatrix}.$$

回归常数 $b_0 = 3.610506$,回归系数 $b_1 = -0.198281$,$b_2 = 0.206755$,所求的回归方程为

$$\hat{y} = 3.6105 - 0.1983\,x_1 + 0.2068\,x_2.$$

(4) 作回归方程的显著性检验

$$\text{SST} = l_{yy} = 31.8450,$$

$$\text{SSR} = b_1 l_{1y} + b_2 l_{2y} = 31.64346,$$

$$\text{SSE} = \text{SST} - \text{SSR} = 0.20154,$$

$$F = 392.516, \quad F_{0.01}(2,5) = 13.3, \quad F > F_{0.01}(2,5),$$

故当显著性水平 $\alpha = 0.01$ 时回归方程是显著的.

此回归方程及其显著性表明:地上部生物量 x_1,土壤中含镉量 x_2 与该品

种水稻糙米含镉量 y 之间的线性关系极其显著. 回归系数 $b_1 < 0$, $b_2 > 0$ 表明:
要减少该品种水稻糙米含镉量 y 的数值, 必须增加地上部生物量 x_1 的数值、减少土壤中含镉量 x_2 的数值.

（5）作回归系数的显著性检验

$$s(b_0) = \sqrt{c_{00}\mathrm{MSE}} = 0.959\,151, \quad t(b_0) = \frac{b_0}{s(b_0)} = 3.764,$$

$$s(b_1) = \sqrt{c_{11}\mathrm{MSE}} = 0.058\,224, \quad t(b_1) = \frac{b_1}{s(b_1)} = -3.405,$$

$$s(b_2) = \sqrt{c_{22}\mathrm{MSE}} = 0.097\,691, \quad t(b_2) = \frac{b_2}{s(b_2)} = 2.116,$$

$t_{0.05}(5) = 2.571$, 因此 b_0 与 b_1 显著, 尽管 $|b_2| > |b_1|$, 但是 b_2 不显著. 这一值得思索的结果说明, 比较 x_1 与 x_2 的重要性, 不能只看它们的回归系数绝对值的大小, 应该看它们的显著性. 如果计算出标准回归系数, 那么可以看标准回归系数绝对值的大小.

（6）计算标准回归系数并建立标准回归方程

$$d_1 = b_1\sqrt{\frac{l_{11}}{l_{yy}}} = -0.617\,611, \quad d_2 = b_2\sqrt{\frac{l_{22}}{l_{yy}}} = 0.383\,829,$$

标准回归方程为

$$\hat{y}^* = -0.617\,6\,x_1^* + 0.383\,8\,x_2^*.$$

如果令 $x_{01} = 5.4$, $x_{02} = 6.3$, 则点预测值

$$\hat{y}_0 = b_0 + b_1 x_{01} + b_2 x_{02} = 3.842\,345,$$

$$\delta = t_a(n-p-1)\sqrt{\mathrm{MSE}\left(1 + \frac{1}{n} + \sum_{k=1}^{p}\sum_{j=1}^{p} c_{kj}(x_{0k} - \overline{x}_k)(x_{0j} - \overline{x}_j)\right)},$$

$$\sum_{k=1}^{2}\sum_{j=1}^{2} c_{kj}(x_{0k} - \overline{x}_k)(x_{0j} - \overline{x}_j)$$

$$= 0.084\,103\,6 \times (5.4 - 9.733\,8)^2$$
$$\quad + 2 \times 0.138\,370\,7 \times (5.4 - 9.733\,8)(6.3 - 4.036\,3)$$
$$\quad + 0.236\,764\,7 \times (6.3 - 4.036\,3)^2$$
$$= 0.077\,930\,9,$$

$$\delta = 2.570\,58\sqrt{0.040\,308\left(1 + \frac{1}{8} + 0.077\,930\,9\right)}$$

$$= 0.566\,06,$$

置信水平 $\alpha = 95\%$ 的置信区间为 $(3.276\,3, 4.408\,4)$.

【例 1.3】 由某品种白猪三世代同胞的后腿比率 x_1%、背膘厚 x_2 cm、眼肌面积 x_3 cm^2 及瘦肉率 y %且在 $30 \sim 70$ 之间的 53 组观测值(引自杨金增课程论文)算出样本均值

$$\overline{x}_1 = 32.174\,2, \overline{x}_2 = 2.586\,8, \overline{x}_3 = 31.287\,2, \overline{y} = 60.764\,7,$$

样本标准差

$$s_1 = 1.276\,71, s_2 = 0.383\,33, s_3 = 4.016\,26, s_y = 2.165\,14,$$

相关系数如表 1-5,试建立三元线性回归方程并作回归方程及回归系数的显著性检验,计算标准回归系数并建立标准回归方程.

表 1-5   四变量的相关系数

变量名	x_1	x_2	x_3	y
x_1	1	$-0.488\,11$	0.178\,53	0.442\,1
x_2	$-0.488\,11$	1	-0.171	$-0.620\,16$
x_3	0.178\,53	-0.171	1	0.516\,25

解 (1) 写出建立标准回归方程的正规方程组

$$\begin{cases} d_1 - 0.488\,11\,d_2 + 0.178\,53\,d_3 = 0.442\,1, \\ -0.488\,11\,d_1 + d_2 - 0.171d_3 = -0.620\,16, \\ 0.178\,53\,d_1 - 0.171d_2 + d_3 = 0.516\,25, \end{cases}$$

解正规方程组得到标准回归系数 $d_1 = 0.131\,87, d_2 = -0.485\,74, d_3 = 0.409\,65$,所求的标准回归方程为

$$\hat{y}^* = 0.131\,87\,x_1^* - 0.485\,74\,x_2^* + 0.409\,65\,x_3^*.$$

(2) 计算回归系数并建立回归方程

$$b_1 = d_1 \frac{s_y}{s_1} = 0.223\,634, \quad b_2 = d_2 \frac{s_y}{s_2} = -2.743\,598,$$

$$b_3 = d_3 \frac{s_y}{s_3} = 0.220\,837, \quad b_0 = \overline{y} - \sum_{j=1}^{3} b_j \overline{x}_j = 53.757\,208,$$

所求的回归方程为

$$\hat{y} = 53.757\,2 + 0.223\,6\,x_1 - 2.743\,6\,x_2 + 0.220\,8\,x_3.$$

(3) 作回归方程的显著性检验

$$\text{SST} = 1, \quad \text{SSR} = R^2 = \sum_{j=1}^{3} d_j r_{jy} = 0.571\,0,$$

$$\text{SSE} = \text{SST} - \text{SSR} = 0.429\,0,$$

$$F = 21.74, \quad F_{0.01}(3,49) = 4.22, \quad F > F_{0.01}(3,49),$$

故当显著性水平 $\alpha = 0.01$ 时回归方程是显著的.

此回归方程及其显著性表明：后腿比率 x_1，背膘厚 x_2，眼肌面积 x_3 与该品种白猪的瘦肉率 y 之间的线性关系极其显著. 回归系数 $b_1 > 0$, $b_2 < 0$, $b_3 > 0$ 表明：要增加该品种白猪的瘦肉率 y 的数值，必须增加后腿比率 x_1 及眼肌面积 x_3 的数值、减少背膘厚 x_2 的数值.

（4）作回归系数的显著性检验

$$t(b_0) = \frac{b_0}{s(b_0)} = 7.850, \quad t(b_1) = \frac{b_1}{s(b_1)} = 1.223,$$

$$t(b_2) = \frac{b_2}{s(b_2)} = -4.509, \quad t(b_3) = \frac{b_3}{s(b_3)} = 4.287.$$

$$t_{0.05}(49) \approx 1.960, \quad t_{0.01}(49) \approx 2.576,$$

因此 b_0, b_2 与 b_3 极显著，尽管 $|b_1| > |b_3|$，但是 b_1 不显著. 这一结果又一次说明，比较自变量的重要性，不能只看它们的回归系数绝对值的大小，应该看它们的显著性. 如果计算出标准回归系数，那么可以看标准回归系数绝对值的大小.

1.2.8 应用 SAS 作多元线性回归

应用 SAS 作例 1.2 中二元线性回归的程序为

```
data ex;input x1 x2 y @@;
cards;
1.37 9.08 4.93 11.34 1.89 1.86
9.67 3.06 2.33 0.76 10.2 5.78
17.67 0.05 0.06 15.91 0.73 0.43
15.74 1.03 0.87 5.41 6.25 3.86
5.4 6.3 .
;
symbol i=rl v=star;
proc gplot;plot y * x1;（观察 y 与 x1 的线性关系）
proc reg;model y=x1;（建立一元线性回归方程）
proc gplot;plot y * x2;（观察 y 与 x2 的线性关系）
proc reg;model y=x2;（建立一元线性回归方程）
proc reg;model y=x1 x2/cli;run;
```

SAS 输出的结果为（图 1-2）

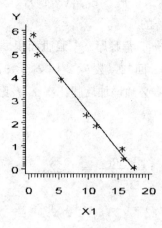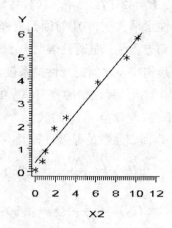

图 1-2　(x_{i1}, y_i) 与 (x_{i2}, y_i) 的散点图及回归直线

Model: MODEL1（y 与 x1 的线性回归）

Dependent Variable: Y

Analysis of Variance

Source	DF	Sum of Squares	Mean Square	F Value	Prob>F
Model	1	31.46291	31.46291	494.064	0.0001
Error	6	0.38209	0.06368		
C Total	7	31.84500			

Root MSE	0.25235	R−square	0.9880	
Dep Mean	2.51500	Adj R−sq	0.9860	
C.V.	10.03390			

Parameter Estimates

Variable	DF	Parameter Estimate	Standard Error	T for H0: Parameter=0	Prob>|T|
INTERCEP	1	5.621170	0.16579701	33.904	0.0001
X1	1	−0.319113	0.01435666	−22.228	0.0001

Model: MODEL1（y 与 x2 的线性回归）

Dependent Variable: Y

Analysis of Variance

Source	DF	Sum of Squares	Mean Square	F Value	Prob>F
Model	1	31.17599	31.17599	279.602	0.0001
Error	6	0.66901	0.11150		
C Total	7	31.84500			

Root MSE	0.33392	R−square	0.9790	
Dep Mean	2.51500	Adj R−sq	0.9755	
C.V.	13.27706			

Parameter Estimates

Variable	DF	Parameter Estimate	Standard Error	T for H0: Parameter=0	Prob>|T|
INTERCEP	1	0.363778	0.17461059	2.083	0.0824
X2	1	0.532975	0.03187401	16.721	0.0001

Model: MODEL1（y 与 x1, x2 的线性回归）

Dependent Variable: Y

Analysis of Variance

Source	DF	Sum of Squares	Mean Square	F Value	Prob>F
Model	2	31.64346	15.82173	392.516	0.0001
Error	5	0.20154	0.04031		
C Total	7	31.84500			

Root MSE	0.20077	R−square	0.9937	
Dep Mean	2.51500	Adj R−sq	0.9911	
C.V.	7.98289			

Parameter Estimates

Variable	DF	Parameter Estimate	Standard Error	T for H0: Parameter=0	Prob>|T|
INTERCEP	1	3.610506	0.95915070	3.764	0.0131
X1	1	−0.198281	0.05822444	−3.405	0.0191
X2	1	0.206755	0.09769147	2.116	0.0879

Obs	Dep Var Y	Predict Value	Std Err Predict	Lower95% Predict	Upper95% Predict	Residual
1	4.9300	5.2162	0.120	4.6150	5.8174	-0.2862
2	1.8600	1.7528	0.139	1.1252	2.3803	0.1072
3	2.3300	2.3258	0.122	1.7221	2.9295	0.00420
4	5.7800	5.5687	0.154	4.9188	6.2186	0.2113
5	0.0600	0.1172	0.132	-0.4998	0.7343	-0.0572
6	0.4300	0.6068	0.104	0.0251	1.1884	-0.1768
7	0.8700	0.7025	0.110	0.1137	1.2914	0.1675
8	3.8600	3.8300	0.092	3.2626	4.3974	0.0300
9	.	3.8423	0.090	3.2763	4.4084	.

Sum of Residuals   0
Sum of Squared Residuals   0.2015
Predicted Resid SS (Press)   0.6284

注：根据 SAS 输出的以上结果，可以计算二元回归方程中自变量 x_1 与 x_2 的偏回归平方和，计算作显著性检验的 F 统计量.

计算偏回归平方和时，先确定

$$\text{SSR}(x_1) = 31.462\,91, \quad \text{SSR}(x_2) = 31.175\,99,$$

$$\text{SSR}(x_1, x_2) = 31.643\,46,$$

$$b_1 = -0.198\,281, \quad c_{11} = 0.084\,103\,6,$$

$$b_2 = 0.206\,755, \quad c_{22} = 0.236\,764\,7.$$

然后按偏回归平方和的定义

$$\text{SS}_1 = \text{SSR}(x_1, x_2) - \text{SSR}(x_2) = 0.467\,47 \approx \frac{b_1^2}{c_{11}},$$

$$\text{SS}_2 = \text{SSR}(x_1, x_2) - \text{SSR}(x_1) = 0.180\,55 \approx \frac{b_2^2}{c_{22}}.$$

计算作显著性检验的 F 统计量时，先确定 $\text{MSE} = 0.040\,31$，然后按 F 统计量的定义

$$F_1 = \frac{\text{SS}_1}{\text{MSE}} = \frac{0.467\,47}{0.040\,31} = 11.596\,874 \approx t^2(b_1),$$

$$F_2 = \frac{\text{SS}_2}{\text{MSE}} = \frac{0.180\,55}{0.040\,31} = 4.479\,037 \approx t^2(b_2).$$

如果要输出标准回归系数，可在 proc reg;model y= x1 x2 后增加/stb.

SAS 输出的结果为

Standardized	Estimate
INTERCEP	0.00000000
X1	-0.61761157
X2	0.38382914

例 1.3 中没有观测值,只有相关系数,应用 SAS 作三元线性回归时,在 data ex 的后面增加(type=corr),说明数据文件是相关系数. 在数据文件中还增加了均值 mean 和 std,是提供计算回归系数的条件.

应用 SAS 作例 1.3 中三元线性回归的程序为

```
data ex(type= corr);input _TYPE_$ _NAME_$ x1-x3 y @@;
cards;
mean . 32.1742 2.5868 31.2872 60.7647
std . 1.27671 0.38333 4.01626 2.16514
n . 53 53 53 53
corr x1 1 -0.48811 0.17853 0.4421
corr x2 -0.48811 1 -0.171 -0.62016
corr x3 0.17853 -0.171 1 0.51625
corr y 0.4421 -0.62016 0.51625 1
;
proc reg;model y= x1-x3/stb;run;
```

SAS 输出的结果为

Model: MODEL1
Dependent Variable: Y
Analysis of Variance

Source	DF	Sum of Squares	Mean Square	F Value	Prob>F
Model	3	139.19541	46.39847	21.741	0.0001
Error	49	104.57182	2.13412		
C Total	52	243.76722			

Root MSE	1.46086	R-square	0.5710
Dep Mean	60.76470	Adj R-sq	0.5448
C.V.	2.40413		

Parameter Estimates

Variable	DF	Parameter Estimate	Standard Error	T for H0: Parameter=0	Prob>｜T｜	Standardized Estimate
INTERCEP	1	53.757208	6.84815419	7.850	0.0001	0.00000000
X1	1	0.223634	0.18292775	1.223	0.2274	0.13186966
X2	1	−2.743598	0.60842843	−4.509	0.0001	−0.48574379
X3	1	0.220837	0.05151102	4.287	0.0001	0.40964512

❧ 1.3　回归方程的比较，逐步回归及复共线性 ❧

1.3.1　回归方程比较的目的

根据自变量 $x_1, x_2, \cdots, x_p$ 与因变量 y 的观测值，用最小二乘法可以建立 p 元线性回归方程

$$\hat{y} = b_0 + \sum_{j=1}^{p} b_j x_j ,$$

并对回归方程及回归系数进行显著性检验. 如果回归方程不显著，那么在方程中一定包含有回归系数不显著的自变量，从其中最不显著的自变量开始，剔出一个或几个自变量就有可能得到显著的回归方程. 如果回归方程显著，那么这样的回归方程既可用来描述 $x_1, x_2, \cdots, x_p$ 与 y 取值的内在联系，又可用来计算点预测值及预测区间.

但是，像这样的回归方程可能不止一个，各个回归方程所包含的自变量个数可能不等，在自变量个数相等的回归方程中自变量的组合情形也可能不同. 为确定其中的哪一个回归方程最优，或者从其中的两个回归方程中选出一个更好的回归方程，就需要进行比较，需要提出比较的标准. 综观现有的研究成果，已经提出并得到认同的比较标准可以列出许多. 根据这些比较标准进行比较，大多数比较的结果是相同的，并且，无论按哪一个标准，比较某个样本观测值所建立的多个回归方程后，其中最优的那一个回归方程可称为"最优"的回归方程，它所包含的自变量组成的集合可称为最优的回归子集.

回归方程比较的目的，就是要建立"最优"的回归方程.

1.3.2　常用的比较标准

由 p 个自变量与因变量的 n 组观测值，用最小二乘法可以分别建立包含其

中一个自变量的一元回归方程，包含其中两个自变量的二元回归方程 …… 包含其中 $p-1$ 个自变量的 $p-1$ 元回归方程以及包含全部自变量的 p 元回归方程，其总个数为 2^p-1. 假设各个方程中自变量的个数为 p'，剩余平方和为 $\mathrm{SSE}(p')$，决定系数为 $R^2(p')$，并且称包含全部自变量的 p 元回归方程为**全方程**，它的剩余均方和为 $\mathrm{MSE}(p)$.

根据比较直观的想法，最优回归方程应该比较精干，所描述的 $x_1,x_2,\cdots,$ x_p 与 y 取值的内在联系比较符合实际，预测比较准确. 为确定其中的哪一个回归方程最优，或者从其中的两个回归方程中选出一个较好的回归方程，常用的比较标准有：

（1）剩余均方和

$$\hat{\sigma}^2(p') = \mathrm{MSE}(p') = \frac{\mathrm{SSE}(p')}{n-p'-1},$$

$\hat{\sigma}^2(p')$ 较小的回归方程较优.

（2）校正后的复决定系数

$$R^2_{\mathrm{Adj}} = R^2(p') - \frac{p'(1-R^2(p'))}{n-p'-1},$$

R^2_{Adj} 较大的回归方程较优.

（3）Akaike 信息量

$$\mathrm{AIC} = n\ln\frac{\mathrm{SSE}(p')}{n} + 2(p'+1),$$

AIC 的值较小的回归方程较优.

（4）Mallows 的 $C(p)$ 统计量

$$C(p) = \frac{\mathrm{SSE}(p')}{\mathrm{MSE}(p)} - [n-2(p'+1)],$$

$C(p)$ 的值较小并且与 p' 较接近的回归方程较优. 只是，$C(p)$ 中的字母 p 并无实际意义.

1.3.3　比较标准应用的实例

【例 1.4】　在农作物害虫发生趋势的预报研究中，所涉及的 4 个自变量及因变量的 16 组观测数据如表 1-6，试根据常用的比较标准确定最优回归子集并建立"最优"的回归方程.

解　根据以上观测数据，用最小二乘法所可能建立的线性回归方程如表 1-7 所示，全部回归子集以及它们的 $R^2,R^2_{\mathrm{Adj}},C(p)$，AIC，MSE 及 SSE 如表 1-8 所示，此两表都是应用 SAS 计算的结果.

表 1-6   **4 个自变量及因变量的观测数据**

i	x_{i1}	x_{i2}	x_{i3}	x_{i4}	y_i
1	9.20	2.73	1.47	1.14	1.16
2	9.10	3.73	1.82	0.83	1.15
3	8.60	4.88	1.83	2.13	1.84
4	10.23	3.97	1.59	1.35	1.36
5	5.60	3.73	1.84	1.82	0.86
6	5.37	4.24	1.87	1.35	0.90
7	6.13	3.15	1.99	1.65	0.12
8	8.20	4.65	1.62	4.57	0.90
9	8.80	4.38	1.54	2.07	1.93
10	7.60	3.86	1.60	2.42	1.10
11	9.70	4.38	1.69	1.52	1.40
12	8.37	5.10	1.81	2.28	1.76
13	12.17	4.90	1.73	1.58	1.64
14	10.27	3.73	1.61	1.20	1.47
15	8.90	4.47	1.88	0.80	0.92
16	8.23	5.28	1.73	3.07	1.50

表 1-7   **4 个自变量的回归子集及相应的回归系数与 R^2**

Number in Model	R−square	Intercept	X1	X2	X3	X4
			Parameter	Estimates		
1	0.34690070	−0.0593	0.1536	.	.	.
1	0.32485320	−0.3247	.	0.3752	.	.
1	0.19913782	3.7001	.	.	−1.4205	.
1	0.00328801	1.1984	.	.	.	0.0281
2	0.60594826	2.4090	.	0.4239	−1.7040	.
2	0.55380595	−1.1254	0.1277	0.3065	.	.
2	0.38192886	1.3377	0.1270	.	−0.6785	.
2	0.37901144	−0.4212	.	0.4551	.	−0.1285
2	0.37390639	−0.2773	0.1613	.	.	0.0818
2	0.20031190	3.7711	.	.	−1.4432	−0.0171
3	0.77738111	2.9122	.	0.5855	−2.1300	−0.2401
3	0.66121614	1.1987	0.0737	0.3709	−1.2378	.
3	0.56098911	−1.1148	0.1201	0.3413	.	−0.0494
3	0.39360263	0.9000	0.1378	.	−0.5398	0.0570
4	0.77751586	2.9966	−0.00451	0.5920	−2.1672	−0.2450

表 1-8 全部回归子集的 $R^2, R^2_{\mathrm{Adj}}, C(p), \mathrm{AIC}, \mathrm{MSE}$ 及 SSE

Number in Model	R−square	Adjusted R−square	C(p)	AIC	MSE	SSE	Variables in Model
1	0.34690070	0.30025075	20.29036	−28.60901	0.14889235	2.0844930	X1
1	0.32485320	0.27662843	21.38042	−28.07779	0.15391870	2.1548618	X2
1	0.19913782	0.14193338	27.59601	−25.34565	0.18257906	2.5561068	X3
1	0.00328801	−.06790570	37.27916	−21.84529	0.22722853	3.1811994	X4
2	0.60594826	0.54532492	9.48260	−34.69296	0.09674557	1.2576925	X2 X3
2	0.55380595	0.48516071	12.06060	−32.70461	0.10954729	1.4241148	X1 X2
2	0.38192886	0.28684100	20.55850	−27.49102	0.15174568	1.9726938	X1 X3
2	0.37901144	0.28347474	20.70275	−27.41567	0.15246195	1.9820053	X2 X4
2	0.37390639	0.27758429	20.95515	−27.28468	0.15371531	1.9982991	X1 X4
2	0.20031190	0.07728296	29.53796	−23.36913	0.19633535	2.5523595	X3 X4
3	0.77738111	0.72172639	3.00666	−41.82930	0.05921094	0.7105313	X2 X3 X4
3	0.66121614	0.57652018	8.75006	−35.11088	0.09010786	1.0812943	X1 X2 X3
3	0.56098911	0.45123639	13.70546	−30.96429	0.11676569	1.4011883	X1 X2 X4
3	0.39360263	0.24200329	21.98133	−25.79611	0.16128623	1.9354347	X1 X3 X4
4	0.77751586	0.69661254	5.00000	−39.83898	0.06455466	0.7101012	X1 X2 X3 X4

在表中进行比较后，确定 x_2, x_3, x_4 为最优回归子集，所建立的回归方程

$$\hat{y} = 2.9122 + 0.5855 x_2 - 2.1300 x_3 - 0.2401 x_4$$

为"最优"的回归方程. 它的 $R^2 = 0.77738111$, $\mathrm{MSE} = 0.05921094$, $\mathrm{SSE} = 0.7105313$,

$$R^2_{\mathrm{Adj}} = 0.77738111 - \frac{3(1 - 0.77738111)}{16 - 3 - 1} = 0.72172639,$$

$$C(p) = \frac{0.7105313}{0.06455466} - [16 - 2(3+1)] = 3.00666,$$

$$\mathrm{AIC} = 16 \ln \frac{0.7105313}{16} + 2(3+1) = -41.82930.$$

以下写出回归子集 x_1, x_2, x_3, x_4 所建立的回归方程

$$\hat{y} = 2.9966 - 0.0045 x_1 + 0.5920 x_2 - 2.1672 x_3 - 0.2450 x_4.$$

它的 $R^2 = 0.77751586$, $\mathrm{MSE} = 0.06455466$, $\mathrm{SSE} = 0.7101012$,

$$R^2_{\mathrm{Adj}} = 0.77751586 - \frac{4(1 - 0.77751586)}{16 - 4 - 1} = 0.69661254,$$

$$C(p) = \frac{0.7101012}{0.06455466} - [16 - 2(4+1)] \approx 5,$$

$$\mathrm{AIC} = 16 \ln \frac{0.7101012}{16} + 2(4+1) = -39.83898.$$

与"最优"的回归方程

$$\hat{y} = 2.912\ 2 + 0.585\ 5\ x_2 - 2.130\ 0\ x_3 - 0.240\ 1\ x_4$$

相比较,此方程的剩余均方和 MSE 较大,校正后的复决定系数较小,Akaike 信息量的值较大,Mallows 的 $C(p)$ 统计量的值较大并且与 p' 不太接近.

1.3.4 应用 SAS 求所有可能的回归方程并进行比较

应用 SAS 求例 1.4 中所有可能的回归方程并进行比较的程序为

```
data ex;input x1-x4 y @@;
cards;
9.2 2.73 1.47 1.14 1.16
9.1 3.73 1.82 0.83 1.15
8.6 4.88 1.83 2.13 1.84
10.23 3.97 1.59 1.35 1.36
5.6 3.73 1.84 1.82 0.86
5.37 4.24 1.87 1.35 0.9
6.13 3.15 1.99 1.65 0.12
8.2 4.65 1.62 4.57 0.9
8.8 4.38 1.54 2.07 1.93
7.6 3.86 1.6 2.42 1.1
9.7 4.38 1.69 1.52 1.4
8.37 5.1 1.81 2.28 1.76
12.17 4.9 1.73 1.58 1.64
10.27 3.73 1.61 1.2 1.47
8.9 4.47 1.88 0.8 0.92
8.23 5.28 1.7 3.07 1.5
;
proc reg;model y=x1-x4/selection= rsquare b;
model y=x1-x4/selection= rsquare adjrsq cp AIC MSE SSE;run;
```

SAS 输出的结果见表 1-7 与表 1-8,稍后将根据这一输出的结果作逐步回归计算.

1.3.5 逐步回归的基本思想

在自变量较多的情形下,求所有可能的回归方程实在是一件很费人力与物力的工作. 以下讲述的逐步回归,它是建立最优回归方程的方法之一,用来选择最优回归子集,被公认为高效. 它所建立的"最优"回归方程,包含了所有对因变量有显著影响的自变量而又不包含对因变量没有显著影响的自变量.

逐步回归确定最优回归子集采用引入与剔出相互交替的方法,而引入与剔出的根据就是自变量在回归方程中的偏回归平方和.

逐步回归的基本思想是:

(1) 从一个自变量开始,将自变量一个一个地引入回归方程,并且在每一次决定引入一个自变量时,这个自变量的偏回归平方和,经过检验应该是所有尚未引入回归方程的自变量中最为显著的那一个.

如果有自变量 $x_{j_1}, x_{j_2}, \cdots, x_{j_r}$ 及 $x_{j_{r+1}}$,那么当含有 $x_{j_1}, x_{j_2}, \cdots, x_{j_r}$ 的回归方程的回归平方和记为 $\mathrm{SSR}(x_{j_1}, x_{j_2}, \cdots, x_{j_r})$,剩余平方和记为 $\mathrm{SSE}(x_{j_1}, x_{j_2}, \cdots, x_{j_r})$,含有 $x_{j_1}, x_{j_2}, \cdots, x_{j_r}$ 及 $x_{j_{r+1}}$ 的回归方程的回归平方和记为 $\mathrm{SSR}(x_{j_1}, x_{j_2}, \cdots, x_{j_r}, x_{j_{r+1}})$,剩余平方和记为 $\mathrm{SSE}(x_{j_1}, x_{j_2}, \cdots, x_{j_r}, x_{j_{r+1}})$ 时,在含有 $x_{j_1}, x_{j_2}, \cdots, x_{j_r}$ 的回归方程中引入 $x_{j_{r+1}}$ 的偏回归平方和

$$\mathrm{SSR}(x_{j_{r+1}} \mid x_{j_1}, x_{j_2}, \cdots, x_{j_r})$$
$$= \mathrm{SSR}(x_{j_1}, x_{j_2}, \cdots, x_{j_r}, x_{j_{r+1}}) - \mathrm{SSR}(x_{j_1}, x_{j_2}, \cdots, x_{j_r})$$
$$= \mathrm{SSE}(x_{j_1}, x_{j_2}, \cdots, x_{j_r}) - \mathrm{SSE}(x_{j_1}, x_{j_2}, \cdots, x_{j_r}, x_{j_{r+1}}).$$

因此,在含有 $x_{j_1}, x_{j_2}, \cdots, x_{j_r}$ 的回归方程中引入 $x_{j_{r+1}}$ 的偏回归平方和,就是在含有 $x_{j_1}, x_{j_2}, \cdots, x_{j_r}$ 的回归方程中引入 $x_{j_{r+1}}$ 后回归平方和增加的数值,可用来衡量 $x_{j_{r+1}}$ 对因变量取值的影响.

(2) 在引入一个新的自变量、建立新的线性回归方程之后,接着对早先引入回归方程的自变量逐个进行检验,由偏回归平方和最小的自变量开始,将偏回归平方和经过检验不显著的自变量从回归方程中逐个地进行剔出.

如果仍然采用(1)中的记号 $\mathrm{SSR}(x_{j_1}, x_{j_2}, \cdots, x_{j_r})$, $\mathrm{SSE}(x_{j_1}, x_{j_2}, \cdots, x_{j_r})$, $\mathrm{SSR}(x_{j_1}, x_{j_2}, \cdots, x_{j_r}, x_{j_{r+1}})$, $\mathrm{SSE}(x_{j_1}, x_{j_2}, \cdots, x_{j_r}, x_{j_{r+1}})$,那么在含有 $x_{j_1}, x_{j_2}, \cdots, x_{j_r}, x_{j_{r+1}}$ 的回归方程中剔出 $x_{j_{r+1}}$ 的偏回归平方和

$$\mathrm{SSR}(x_{j_{r+1}} \mid x_{j_1}, x_{j_2}, \cdots, x_{j_r}, x_{j_{r+1}})$$
$$= \mathrm{SSR}(x_{j_1}, x_{j_2}, \cdots, x_{j_r}, x_{j_{r+1}}) - \mathrm{SSR}(x_{j_1}, x_{j_2}, \cdots, x_{j_r})$$
$$= \mathrm{SSE}(x_{j_1}, x_{j_2}, \cdots, x_{j_r}) - \mathrm{SSE}(x_{j_1}, x_{j_2}, \cdots, x_{j_r}, x_{j_{r+1}}).$$

因此,在含有 $x_{j_1}, x_{j_2}, \cdots, x_{j_r}, x_{j_{r+1}}$ 的回归方程中剔出 $x_{j_{r+1}}$ 的偏回归平方和,就是在含有 $x_{j_1}, x_{j_2}, \cdots, x_{j_r}, x_{j_{r+1}}$ 的回归方程中剔出 $x_{j_{r+1}}$ 后回归平方和减少的数值,可用来衡量 $x_{j_{r+1}}$ 对因变量取值的影响.

这里的符号 $\mathrm{SSR}(x_{j_{r+1}} \mid x_{j_1}, x_{j_2}, \cdots, x_{j_r}, x_{j_{r+1}})$ 与 $\mathrm{SSR}(x_{j_{r+1}} \mid x_{j_1}, x_{j_2}, \cdots,$

x_{j_r}）虽有区别，意义也不相同，但是两者的数值却是相等的.

（3）引入自变量与剔出自变量交替进行，直到再也不能引入新的自变量又不能从回归方程中剔出已经引入的自变量为止.

1.3.6　逐步回归的实例

在科学试验中，总是选择与因变量有内在联系的自变量进行观测. 由于所选的自变量个数不多，建立逐步回归方程时，引入一部分自变量、剩下另一部分自变量的实例经常可见，将某个自变量引入回归方程后又从回归方程中将它剔出的实例却难以遇到. 前面的例 1.4，取自编著者的研究记载. 尽管例中只有 4 个自变量，可是在建立逐步回归方程时，竟然在间隔几步后将第一次引入回归方程的自变量从回归方程中剔出，写出来十分有趣.

以下根据表 1-7 与表 1-8 中的数据进行逐步回归的计算.

（1）先引入一个自变量，考虑引入 x_1 或 x_2 或 x_3 或 x_4

因为 SST = 3.191 693 75，

$$\text{SSE}(x_1) = 2.084\ 493\ 0, \quad \text{SSE}(x_2) = 2.154\ 861\ 8,$$
$$\text{SSE}(x_3) = 2.556\ 106\ 8, \quad \text{SSE}(x_4) = 3.181\ 199\ 4,$$

所以 $\text{SSR}(x_1) = 1.107\ 200\ 75$，$F = 7.44$ 为最大，且 $F > F_{0.05}(1,14) = 4.60$，因此，应该引入自变量 x_1，所建立的回归方程为

$$\hat{y} = -0.059\ 3 + 0.153\ 6\ x_1.$$

（2）检验能否再引入一个自变量，考虑引入 x_2 或 x_3 或 x_4

因为

$$\text{SSE}(x_1) = 2.084\ 493\ 0, \quad \text{SSE}(x_1, x_2) = 1.424\ 114\ 8,$$
$$\text{SSE}(x_1, x_3) = 1.972\ 693\ 8, \quad \text{SSE}(x_1, x_4) = 1.998\ 299\ 1,$$

所以 $\text{SSR}(x_2 \mid x_1) = 0.660\ 378\ 2$，$F = 6.03$ 为最大，且 $F > F_{0.05}(1,13) = 4.67$，因此，应该引入自变量 x_2，所建立的回归方程为

$$\hat{y} = -1.125\ 4 + 0.127\ 7\ x_1 + 0.306\ 5\ x_2.$$

（3）检验自变量 x_2 引入后 x_1 是否应该剔出

肯定不会出现自变量 x_2 引入后 x_1 应该剔出的情况，作检验也无碍逐步回归的结果.

因为

$$\text{SSE}(x_2) = 2.154\ 861\ 8, \quad \text{SSE}(x_1, x_2) = 1.424\ 114\ 8,$$

所以 $\text{SSR}(x_1 \mid x_1, x_2) = 0.730\ 747\ 0$，$F = 6.67$，且 $F > F_{0.05}(1,13) = 4.67$，因此，不应该剔出自变量 x_1.

(4) 检验能否引入第三个自变量,考虑引入 x_3 或 x_4

因为

$$\text{SSE}(x_1,x_2) = 1.424\,114\,8,$$

$$\text{SSE}(x_1,x_2,x_3) = 1.081\,294\,3,$$

$$\text{SSE}(x_1,x_2,x_4) = 1.401\,188\,3,$$

所以 $\text{SSR}(x_3\,|\,x_1,x_2,x_3) = 0.342\,820\,5$,$F = 3.80$ 为最大,但是 $F < F_{0.05}(1,12) = 4.75$,因此,不应该引入自变量 x_3,逐步回归应该终止.

如果取显著性水平 $\alpha = 0.10$,则 $F > F_{0.10}(1,12) = 3.18$,因此,应该引入自变量 x_3,所建立的回归方程为

$$\hat{y} = 1.198\,7 + 0.073\,7\,x_1 + 0.370\,9\,x_2 - 1.237\,8\,x_3.$$

(5) 检验自变量 x_3 引入后 x_1,x_2 是否应该剔出

因为

$$\text{SSE}(x_1,x_3) = 1.972\,693\,8, \quad \text{SSE}(x_2,x_3) = 1.257\,692\,5,$$

$$\text{SSE}(x_1,x_2,x_3) = 1.081\,294\,3,$$

所以 $\text{SSR}(x_1\,|\,x_1,x_2,x_3) = 0.176\,398\,2$,$F = 1.96$ 为最小,且 $F < F_{0.10}(1,12) = 3.18$,因此,应该剔出自变量 x_1,所建立的回归方程为

$$\hat{y} = 2.409\,0 + 0.423\,9\,x_2 - 1.704\,0\,x_3.$$

(6) 检验自变量 x_1 剔出后 x_2 是否应该剔出

因为

$$\text{SSE}(x_3) = 2.556\,106\,8, \quad \text{SSE}(x_2,x_3) = 1.257\,692\,5,$$

所以 $\text{SSR}(x_2\,|\,x_2,x_3) = 1.298\,414\,3$,$F = 13.42$,且 $F > F_{0.10}(1,13) = 3.14$,因此,不应该剔出自变量 x_2.

(7) 检验能否再引入自变量,考虑引入 x_4

因为

$$\text{SSE}(x_2,x_3) = 1.257\,692\,5, \quad \text{SSE}(x_2,x_3,x_4) = 0.710\,531\,3,$$

所以 $\text{SSR}(x_4\,|\,x_2,x_3) = 0.547\,161\,2$,$F = 9.24$,且 $F > F_{0.10}(1,12) = 3.18$,因此,应该引入自变量 x_4,所建立的回归方程为

$$\hat{y} = 2.912\,2 + 0.585\,5\,x_2 - 2.130\,0\,x_3 - 0.240\,1\,x_4.$$

(8) 检验自变量 x_4 引入后 x_2,x_3 是否应该剔出

因为

$$\text{SSE}(x_3,x_4) = 2.552\,359\,5, \quad \text{SSE}(x_2,x_4) = 1.982\,005\,3,$$

$$\text{SSE}(x_2,x_3,x_4) = 0.710\,531\,3,$$

所以 $\text{SSR}(x_3\,|\,x_2,x_3,x_4) = 0.271\,474\,0$,$F = 21.47$ 为最小,且 $F > F_{0.10}(1,12) =$

3.18，因此，不应该剔出自变量 x_2 与 x_3，所求的最优回归子集为 x_2, x_3, x_4，"最优"回归方程为

$$\hat{y} = 2.912\,2 + 0.585\,5\,x_2 - 2.130\,0\,x_3 - 0.240\,1\,x_4.$$

如果在(4)中所取的显著性水平为 $\alpha = 0.05$，则最优回归子集为 x_1, x_2，"最优"回归方程为

$$\hat{y} = -1.125\,4 + 0.127\,7\,x_1 + 0.306\,5\,x_2.$$

根据判定标准，虽然在回归方程中 x_1 与 x_2 都是显著的，此方程却不是"最优"回归方程.

这说明，在建立逐步回归方程、决定自变量的引入与剔出时，并不一定要采用较小的 α 作为显著性水平. SAS 中 α 的默认值是 0.15.

1.3.7 应用 SAS 作逐步回归

应用 SAS 作例 1.4 中观测值数据的逐步回归，在第 4 段的程序后增加

proc reg;model y= x1- x4/selection= stepwise;run;

SAS 输出的结果为

Stepwise Procedure for Dependent Variable Y

Step 1 Variable X1 Entered R-square= 0.34690070 C(p)= 20.29035713

	DF	Sum of Squares	Mean Square	F	Prob>F
Regression	1	1.10720079	1.10720079	7.44	0.0164
Error	14	2.08449296	0.14889235		
Total	15	3.19169375			

Variable	Parameter Estimate	Standard Error	Type II Sum of Squares	F	Prob>F
INTERCEP	−0.05927479	0.48994427	0.00217931	0.01	0.9054
X1	0.15357512	0.05631756	1.10720079	7.44	0.0164

Bounds on condition number: 1,   1

Step 2 Variable X2 Entered R-square= 0.55380595 C(p)= 12.06060434

	DF	Sum of Squares	Mean Square	F	Prob>F
Regression	2	1.76757898	0.88378949	8.07	0.0053
Error	13	1.42411477	0.10954729		
Total	15	3.19169375			

Variable	Parameter Estimate	Standard Error	Type II Sum of Squares	F	Prob>F
INTERCEP	−1.12540233	0.60428741	0.37995325	3.47	0.0853
X1	0.12769926	0.04944310	0.73074704	6.67	0.0227
X2	0.30647990	0.12482640	0.66037819	6.03	0.0289

Bounds on condition number: 1.047597， 4.190389

- -

Step 3　Variable X3 Entered R−square=0.66121614 C(p)=8.75005892

	DF	Sum of Squares	Mean Square	F	Prob>F
Regression	3	2.11039942	0.70346647	7.81	0.0037
Error	12	1.08129433	0.09010786		
Total	15	3.19169375			

Variable	Parameter Estimate	Standard Error	Type II Sum of Squares	F	Prob>F
INTERCEP	1.19872931	1.31153813	0.07527367	0.84	0.3787
X1	0.07372530	0.05269275	0.17639814	1.96	0.1871
X2	0.37093310	0.11793446	0.89139946	9.89	0.0084
X3	−1.23777624	0.63458547	0.34282044	3.80	0.0749

Bounds on condition number: 1.446518， 11.97328

- -

Step 4　Variable X1 Removed R−square=0.60594826 C(p)=9.48259823

	DF	Sum of Squares	Mean Square	F	Prob>F
Regression	2	1.93400128	0.96700064	10.00	0.0024
Error	13	1.25769247	0.09674557		
Total	15	3.19169375			

Variable	Parameter Estimate	Standard Error	Type II Sum of Squares	F	Prob>F
INTERCEP	2.40899740	1.02151976	0.53803462	5.56	0.0347
X2	0.42394562	0.11572283	1.29841436	13.42	0.0029
X3	−1.70404585	0.55957669	0.89716935	9.27	0.0094

Bounds on condition number: 1.019507， 4.078027

- -

Step 5   Variable X4 Entered R−square= 0.77738111 C(p)= 3.00666229

	DF	Sum of Squares	Mean Square	F	Prob>F
Regression	3	2.48116243	0.82705414	13.97	0.0003
Error	12	0.71053132	0.05921094		
Total	15	3.19169375			

Variable	Parameter Estimate	Standard Error	Type II Sum of Squares	F	Prob>F
INTERCEP	2.91219859	0.81612097	0.75393669	12.73	0.0039
X2	0.58545660	0.10497144	1.84182820	31.11	0.0001
X3	−2.12998288	0.45964587	1.27147399	21.47	0.0006
X4	−0.24009148	0.07898054	0.54716115	9.24	0.0103

Bounds on condition number: 1.402597，   11.69156

- -

All variables left in the model are significant at the 0.1500 level.
No other variable met the 0.1500 significance level for entry into the model.

Summary of Stepwise Procedure for Dependent Variable Y

Step	Variable Entered	Removed	Number In	Partial R**2	Model R**2	C(p)	F	Prob>F
1	X1		1	0.3469	0.3469	20.2904	7.4363	0.0164
2	X2		2	0.2069	0.5538	12.0606	6.0282	0.0289
3	X3		3	0.1074	0.6612	8.7501	3.8046	0.0749
4		X1	2	0.0553	0.6059	9.4826	1.9576	0.1871
5	X4		3	0.1714	0.7774	3.0067	9.2409	0.0103

1.3.8　复共线性与逐步回归

在建立多元线性回归方程时，如果有某几个自变量的线性组合等于或者近似地等于 0，则称这几个自变量共线或近似地共线，称这样的线性回归有**复共线性**. 这时，自变量之间存在着比较密切的相关关系，如果建立回归方程，其正规方程组的系数矩阵 $X'X$ 的行列式的值等于或者近似地等于 0，就不能计算得出回归系数或者计算得出的回归系数方差增大、相应的回归方程不稳定、一些应该显著的回归系数出现不显著的异常现象，甚至某些回归系数的符号与实际意义相反.

根据标准化变换以后的矩阵 $\boldsymbol{X'X}$ 判定线性回归是否有复共线性以及哪一些自变量之间有共线关系的过程, 称为**共线性诊断**. 这是在建立线性回归方程时, 保证回归方程具有应用价值的关键.

在 SAS 中用作共线性诊断的指标有方差膨胀因子、特征值、条件指数和方差分解比. 下面是它们的含义以及用作共线性诊断的方法:

1. **方差膨胀因子**

在线性回归方程中回归系数 b_j 的方差 $D(b_j) = \sigma^2 c_{jj}$, c_{jj} 为 $\boldsymbol{X'X}$ 的逆矩阵 $(\boldsymbol{X'X})^{-1}$ 对角线上的第 j 个元素, $j = 1, 2, \cdots, p$. 好像 $D(b_j)$ 是在 σ^2 的基础上乘以 c_{jj} 后膨胀的结果, c_{jj} 也就被称为**方差膨胀因子**, 记为 VIF_j. 为说明方差膨胀因子用作共线性诊断的方法, 还需要引入某个自变量 x_j 与其他 $p-1$ 个自变量的复相关系数. 在 1.2 节中已经说明, 建立以 y 为因变量, $x_1, x_2, \cdots, x_p$ 为自变量的线性回归方程以后, y 与 $x_1, x_2, \cdots, x_p$ 的复相关系数 $R = \sqrt{\dfrac{\mathrm{SSR}}{\mathrm{SST}}}$. x_j 与其他 $p-1$ 个自变量的复相关系数也可以在建立以 x_j 为因变量, $x_1, x_2, \cdots, x_{j-1}, x_{j+1}, \cdots, x_p$ 为自变量的线性回归方程以后, 类似地进行计算. 为区别起见, x_j 与其他 $p-1$ 个自变量的复相关系数记为 $R_{j.}$, y 与 $x_1, x_2, \cdots, x_p$ 的复相关系数记为 $R_{y.}$.

根据在 2.1 节中将要讲述的计算公式 $R_{j.} = \sqrt{1 - \dfrac{1}{c_{jj}}}$, 可以推出

$$c_{jj} = \frac{1}{1 - R_{j.}^2}.$$

当 $R_{j.} = 0$ 时, $c_{jj} = 1$; 当 $R_{j.} \neq 0$ 时, $c_{jj} > 1$.

当 $R_{j.}$ 增加时, c_{jj} 也随之增加.

这说明, 当 x_j 与其他 $p-1$ 个自变量的相关不密切也就是不共线时, c_{jj} 的值较小; 当 x_j 与其他 $p-1$ 个自变量的相关密切也就是近似于共线时, c_{jj} 的值较大.

一般而言, 若 $\mathrm{VIF}_j > 10$, 则判定复共线性比较严重.

在有些学术论文或教材中, 又称 $\mathrm{TOL}_j = 1 - R_{j.}^2$ 为**容许度**, 它是方差膨胀因子的倒数.

以下根据例 1.4 中的数据并增加一个完全共线的变量 x5 = x2+x3+x4 后, 用 SAS 作线性回归时, "cards;" 前面的 SAS 程序为

data ex; input x1− x4 y @@; x5=x2+x3+x4;

"cards;" 后面的 SAS 程序为

proc reg;model y=x1−x5;run;

这时，$|\mathbf{X'X}|=0$，在 SAS 输出的结果中有：NOTE: Model is not full rank. Least-squares solutions for the parameters are not unique. Some statistics will be misleading. A reported DF of 0 or B means that the estimate is biased. The following parameters have been set to 0, since the variables are a linear combination of other variables as shown.

X5= +1.0000 * X2+1.0000 * X3+1.0000 * X4

如果根据例 1.4 中的数据并增加一个近似共线的变量 x5= int((x2+x3+x4) * 90)/90 后，用 SAS 作共线性诊断时，"cards;"前面的 SAS 程序为

data ex;input x1−x4 y @@;x5= int((x2+x3+x4) * 90)/90;

"cards;"后面的 SAS 程序为

proc reg corr data= ex;model y=x1−x4/vif collinoint;run;

注：int 是 SAS 函数，int ((x2+x3+x4) * 90)表示(x2+x3+x4) * 90 后取整数部分.

这时，$|\mathbf{X'X}|=0.704\,552\,8$，SAS 输出的结果中有

Correlation

CORR	X1	X2	X3	X4	X5	Y
X1	1.0000	0.2132	−0.4787	−0.1772	−0.0631	0.5890
X2	0.2132	1.0000	0.1383	0.4626	0.8211	0.5700
X3	−0.4787	0.1383	1.0000	−0.2037	0.0362	−0.4462
X4	−0.1772	0.4626	−0.2037	1.0000	0.8784	0.0573
X5	−0.0631	0.8211	0.0362	0.8784	1.0000	0.2756
Y	0.5890	0.5700	−0.4462	0.0573	0.2756	1.0000

Model: MODEL1

Dependent Variable: Y

Analysis of Variance

Source	DF	Sum of Squares	Mean Square	F Value	Prob>F
Model	5	2.55497	0.51099	8.025	0.0028
Error	10	0.63672	0.06367		
C Total	15	3.19169			

Root MSE	0.25233	R−square	0.8005
Dep Mean	1.25063	Adj R−sq	0.7008
C.V.	20.17663		

Parameter Estimates

Variable	DF	Parameter Estimate	Standard Error	T for H0: Parameter=0	Prob>|T|	Variance Inflation
INTERCEP	1	2.825101	1.33993802	2.108	0.0612	0.00000000
X1	1	0.026930	0.06220667	0.433	0.6743	2.85303410
X2	1	−27.000226	25.70335588	−1.050	0.3182	76420.715554
X3	1	−29.732358	25.68615891	−1.158	0.2740	3263.9886334
X4	1	−27.815369	25.68281556	−1.083	0.3042	137920.34212
X5	1	27.584569	25.69585752	1.074	0.3083	308365.56323

Collinearity Diagnostics(intercept adjusted)

Number	Eigenvalue	Condition Index	Var Prop X1	Var Prop X2	Var Prop X3	Var Prop X4	Var Prop X5
1	2.45588	1.00000	0.0000	0.0000	0.0000	0.0000	0.0000
2	1.48451	1.28621	0.1204	0.0000	0.0001	0.0000	0.0000
3	0.89498	1.65652	0.0867	0.0000	0.0001	0.0000	0.0000
4	0.16462	3.86241	0.5714	0.0000	0.0004	0.0000	0.0000
5	1.90127E−6	1137	0.2214	1.0000	0.9994	1.0000	1.0000

其中，Variance Inflation 就是方差膨胀因子，由 Variance Inflation 的数值判定变量 x_2, x_3, x_4, x_5 之间存在复共线性.

在 SAS 输出的结果中还有特征值（Eigenvalue）、条件指数和方差分解比，以下是它们的含义以及用作共线性诊断的方法.

2. 特征值和条件指数

求 $X'X$ 的特征值和特征向量，若有 r 个特征值近似等于 0，则线性回归中存在 r 个共线关系，且共线关系的系数向量就是近似等于 0 的特征值所对应的特征向量.

作复共线性判定时，称最大的特征值与每个特征值之比的平方根为**条件指数**，称最大的条件指数为 $X'X$ 或线性回归的**条件数**. 对于大的条件指数，相应的特征值较小，可由下面介绍的方差分解比来判定哪一些变量间有共线关系.

一般而言，条件指数在 10 与 30 之间为弱共线，在 30 与 100 之间为中等共线，大于 100 为严重共线.

3. 方差分解比

记 $X'X$ 的特征值为 $\lambda_1, \lambda_2, \cdots, \lambda_p$，对应的特征向量矩阵为

$$\begin{bmatrix} q_{11} & q_{12} & \cdots & q_{1p} \\ q_{21} & q_{22} & \cdots & q_{2p} \\ \vdots & \vdots & & \vdots \\ q_{p1} & q_{p2} & \cdots & q_{pp} \end{bmatrix}.$$

可以证明：$D(b_k) = \sigma^2 \sum\limits_{j=1}^{p} \dfrac{q_{kj}^2}{\lambda_j}$，称 $\sigma^2 \dfrac{q_{k1}^2}{\lambda_1}, \sigma^2 \dfrac{q_{k2}^2}{\lambda_2}, \cdots, \sigma^2 \dfrac{q_{kp}^2}{\lambda_p}$ 为**方差分解**.

记 $\varphi_{kj} = \dfrac{q_{kj}^2}{\lambda_j}$，$\varphi_k = \sum\limits_{j=1}^{p} \varphi_{kj} = \sum\limits_{j=1}^{p} \dfrac{q_{kj}^2}{\lambda_j}$，称 $\pi_{jk} = \dfrac{\varphi_{kj}}{\varphi_k} = \dfrac{q_{kj}^2}{\lambda_j} \bigg/ \sum\limits_{j=1}^{p} \dfrac{q_{kj}^2}{\lambda_j}$ 为**方差分解比**，

$$\begin{bmatrix} \pi_{11} & \pi_{12} & \cdots & \pi_{1p} \\ \pi_{21} & \pi_{22} & \cdots & \pi_{2p} \\ \vdots & \vdots & & \vdots \\ \pi_{p1} & \pi_{p2} & \cdots & \pi_{pp} \end{bmatrix}$$

为**方差分解比矩阵**.

一般而言，较大的条件指数所对应的方差分解比中，数值超过 0.5 的方差分解比所对应的变量近似地共线，进一步可通过辅助"回归"寻找它们的近似线性关系的表达式.

在前面所显示的 SAS 输出中，以下输出就是方差分解比矩阵：

Var Prop X1	Var Prop X2	Var Prop X3	Var Prop X4	Var Prop X5
0.0000	0.0000	0.0000	0.0000	0.0000
0.1204	0.0000	0.0001	0.0000	0.0000
0.0867	0.0000	0.0001	0.0000	0.0000
0.5714	0.0000	0.0004	0.0000	0.0000
0.2214	1.0000	0.9994	1.0000	1.0000

本例中，第五个条件指数超过 1 000，所对应的方差分解比中有 x_2 对应的数值 1.000 0，x_3 对应的数值 0.999 4，x_4 对应的数值 1.000 0，x_5 对应的数值 1.000 0 超过 0.5，因此 x_2, x_3, x_4, x_5 之间存在复共线性.

特别值得一提的是，在上述 SAS 程序后面增加 5 个变量作逐步回归的过程：

proc reg;model y = x1 − x5/selection = stepwise;run;

若不考虑 x_5，再增加对 x_1, x_2, x_3, x_4 作逐步回归的过程：

proc reg;model y = x1 − x4/selection = stepwise;run;

会得到相同的结果. 这说明: 逐步回归应该是在自变量之间存在复共线性的条件下建立"最优"回归方程的方法之一.

上机练习

1. 某种水泥在凝固时放出的热量 y (k/g) 与水泥中的 $3CaOAl_2O_3$ 的成分 x_1(%), $3CaOSiO_2$ 的成分 x_2(%), $4CaOAl_2O_3Fe_2O_3$ 的成分 x_3(%), $2CaOSiO_2$ 的成分 x_4(%) 的观测值如表 1-9 所示(引自参考文献[1]).

(1) 试用 SAS 建立建立以 y 为因变量,以 x_1 为自变量的一元线性回归方程并作回归方程的显著性检验.

(2) 令 $x_{01}=10$,试用 SAS 求点预测值及置信水平 $\alpha=95\%$ 的置信区间.

(3) 说明 SAS 输出的结果中各个主要数字的意义及算式.

(4) 试用 SAS 建立以 y 为因变量,以 x_2 或 x_3 或 x_4 为自变量的一元线性回归方程,对这些回归方程进行比较.

表 1-9

i	1	2	3	4	5	6	7	8	9	10	11	12	13
x_{i1}	7	1	11	11	7	11	3	1	2	21	1	11	10
x_{i2}	26	29	56	31	52	55	71	31	54	47	40	66	68
x_{i3}	6	15	8	8	6	9	17	22	18	4	23	9	8
x_{i4}	60	52	20	47	33	22	6	44	22	26	34	12	12
y_i	78.5	74.3	104.3	87.6	95.9	109.2	102.7	72.5	93.1	115.9	83.8	113.3	109.4

2. 根据第 1 题的数据,

(1) 试用 SAS 建立以 y 为因变量,以 x_1,x_2,x_3,x_4 为自变量的四元线性回归方程并作回归方程和回归系数的显著性检验;

(2) 令 $x_{01}=10$, $x_{02}=40$, $x_{03}=10$, $x_{04}=40$,试用 SAS 求点预测值及置信水平 $\alpha=95\%$ 的置信区间;

(3) 说明 SAS 输出的结果中各个主要数字的意义及算式;

(4) 试用 SAS 计算标准回归系数,建立标准回归方程.

3. 根据第 1 题的数据,

（1）试用 SAS 建立以 y 为因变量，以 x_1, x_2, x_3, x_4 为自变量的所有可能的回归方程，说明 SAS 输出的结果中各个主要数字的意义及算式；

（2）写出所有可能的回归方程并作回归方程的比较，说明比较的根据；

（3）试用 SAS 作逐步回归，逐步写出引入或剔出自变量的过程，说明 SAS 输出的结果中各个主要数字的意义及算式.

论 文 选 读

篇　　名	作者	刊　　名	年／期
1. 湖北省罗田县银杏种核特征的分析研究	赵西梅	种子	2007/03
2. 鸭蛋壳厚等级模型研究	熊利荣	农业机械学报	2006/04
3. 三峡库区纽荷尔脐橙园土壤营养状况及其对果实品质的影响	鲍江峰	中国土壤与肥料	2006/03
4. 四季柚净光合速率与生理生态因子间的关系	姜小文	中南林学院学报	2005/05
5. 化肥投入与蔬菜产出的边际分析	汪晓银	湖南农业大学学报	2004/04
6. 应用多元线性逐步回归分析法研究纽荷尔脐橙高接换种技术初探	周开兵	亚热带植物科学	2003/03
7. 鸭蛋蛋心颜色等级模型研究	文友先	农业工程学报	2001/06
8. 霉变豆粕氢氧化钾溶解度变化规律初探	丁斌鹰	粮食与饲料工业	2001/06
9. 稻谷的化学组成对吸湿裂纹的影响	程秋琼	Journal of Shanghai University	2000/S1
10. 杉木落针病发生与林分主要环境因子的相关分析	沈宝仙	华中农业大学学报	1996/01

第二章

多元线性相关

多个变量或者由多个变量划分所得的两组变量之间的线性相关关系,几乎普遍地存在于科学试验的一切领域之中. 本章将专门讲述多元线性相关的内容、线性相关系数的计算及其应用. 之所以取名为多元线性相关,是因为多个或两组变量之间没有线性相关关系时,还可能有非线性相关关系,不能一概地当做没有关系.

❧ 2.1 多个变量的线性相关 ❧

2.1.1 简单线性相关

在一个涉及多个变量 $x_1, x_2, \cdots, x_p$ 或者还有 y 的问题中,任意两个变量所取的值按照以下公式

$$r_{j_1 j_2} = r_{j_2 j_1} = \frac{l_{j_1 j_2}}{\sqrt{l_{j_1 j_1} l_{j_2 j_2}}}, \quad j_1, j_2 = 1, 2, \cdots, p \text{ 且 } j_1 \neq j_2$$

或

$$r_{jy} = \frac{l_{jy}}{\sqrt{l_{jj} l_{yy}}}, \quad j = 1, 2, \cdots, p$$

所算出的相关系数称为**简单相关系数**,$r_{j_1 j_2}$ 称为 x_{j_1} 与 x_{j_2} 的简单相关系数,r_{jy} 称为 x_j 与 y 的简单相关系数.

上述计算公式与 1.1 节中的计算公式 $r = \dfrac{l_{xy}}{\sqrt{l_{xx} l_{yy}}}$ 一致,对相关系数作显著性检验时,可以由 $F = \dfrac{r^2}{(1-r^2)/(n-2)}$ 作 F 检验.

若将上述统计量变形为 $|r| = \sqrt{\dfrac{F}{F+(n-2)}}$,将临界值 $F_\alpha(1, n-2)$ 代入计算 $|r|$ 的临界值,将 $|r|$ 与其临界值进行比较,也可作出 r 是否显著的结论.

$|r|$ 的临界值可从后面的表 2-1 中查出.

两个变量之间,用简单相关系数所表示的相关关系称为**简单线性相关**.

如果只了解变量 y 与 $x_1, x_2, \cdots, x_p$ 的简单相关关系,还不足以刻画出 y 与 $x_1, x_2, \cdots, x_p$ 之间的内在联系. 作为简单相关系数的发展,以下讲述复相关系数和偏相关系数.

2.1.2 复线性相关

在 1.2 节中已定义了复相关系数 $R = \sqrt{\dfrac{\text{SSR}}{\text{SST}}}$,它是变量 y 与 $x_1, x_2, \cdots, x_p$ 的线性组合的相关系数,可表示一个变量与多个变量之间的内在联系.

作显著性检验时,可先算出

$$F = \frac{R^2/p}{(1-R^2)/(n-p-1)} = \frac{\text{SSR}/p}{\text{SSE}/(n-p-1)}$$

后,与临界值 $F_a(p, n-p-1)$ 进行比较.

或者由 F 的计算公式中解出 $R = \sqrt{\dfrac{pF}{pF+n-p-1}}$ 后,将临界值 $F_a(p, n-p-1)$ 代入计算 R 的临界值,将 R 与其临界值进行比较,也可作出 R 是否显著的结论.

R 的临界值可从后面的表 2-1 中查出.

为了记号不发生混淆,变量 y 与 $x_1, x_2, \cdots, x_p$ 的复相关系数 R 也可记为 $R_{y\cdot}$ 或 $R_{y\cdot12\cdots p}$.

下面证明:复相关系数 $R_{y\cdot12\cdots p}$ 等于变量 y 与它的回归估计值 $\hat{y}$ 之间的简单相关系数,即 $R_{y\cdot12\cdots p} = r_{y\hat{y}}$.

证 设

$$\hat{y} = b_0 + \sum_{j=1}^{p} b_j x_j = \overline{y} + \sum_{j=1}^{p} b_j(x_j - \overline{x}_j),$$

$$\hat{y}_i = \overline{y} + \sum_{j=1}^{p} b_j(x_{ij} - \overline{x}_j),$$

此线性回归方程的 $\text{SSR} = \sum_{i=1}^{n}(\hat{y}_i - \overline{y})^2 = l_{\hat{y}\hat{y}}$. 又根据 SSR 的计算公式,

$$\text{SSR} = \sum_{j=1}^{p} b_j l_{jy} = \sum_{j=1}^{p} b_j\left(\sum_{i=1}^{n}(x_{ij} - \overline{x}_j)(y_i - \overline{y})\right)$$

$$= \sum_{i=1}^{n}\left(\sum_{j=1}^{p} b_j(x_{ij} - \overline{x}_j)(y_i - \overline{y})\right)$$

$$= \sum_{i=1}^{n} \left[(y_i - \overline{y}) \left(\sum_{j=1}^{p} b_j (x_{ij} - \overline{x}_j) \right) \right]$$

$$= \sum_{i=1}^{n} (y_i - \overline{y})(\hat{y}_i - \overline{y}) = l_{y\hat{y}},$$

因此，

$$R_{y \cdot 12 \cdots p} = \sqrt{\frac{\text{SSR}}{\text{SST}}} = \frac{\text{SSR}}{\sqrt{\text{SST} \cdot \text{SSR}}} = \frac{l_{y\hat{y}}}{\sqrt{l_{yy} l_{\hat{y}\hat{y}}}} = r_{y\hat{y}}.$$

在没有变量 y 的问题中，变量 $x_1, x_2, \cdots, x_p$ 中的某一个 x_j 与其他 $p-1$ 个变量的复相关系数 $R_j.$ 或 $R_{j \cdot 12 \cdots (j-1)(j+1) \cdots p}$ 也可类似地定义.

在这样的问题中，计算复相关系数，可先求矩阵

$$\begin{bmatrix} r_{11} & r_{12} & \cdots & r_{1p} \\ r_{21} & r_{22} & \cdots & r_{2p} \\ \vdots & \vdots & & \vdots \\ r_{p1} & r_{p2} & \cdots & r_{pp} \end{bmatrix}$$

的逆矩阵. 如果逆矩阵中第 j 行第 j 列的元素为 c_{jj}，那么，$R_j. = \sqrt{1 - \dfrac{1}{c_{jj}}}.$

作显著性检验时，可先算出 $F = \dfrac{R_j^2. /(p-1)}{(1 - R_j^2.)/(n-p)}$ 后同临界值 $F_\alpha(p-1,$ $n-p)$ 进行比较，也可直接将 $R_j.$ 与临界值进行比较.

一个变量与多个变量之间用复相关系数所表示的相关关系称为**复线性相关**.

2.1.3 偏线性相关

在涉及多个变量的问题中，任意两个变量都可能存在着程度不同的线性相关关系. 某两个变量变化取值时，其他的变量也在变化取值，并且任意两个变量变化所取的值，都可能受到其他变量变化取值的影响.

因此，两个变量之间的简单相关系数往往不能反映这两个变量之间真实的线性相关关系，有必要在其他变量都保持不变的情况下计算某两个变量的相关系数；并且，为了与简单相关系数有所区别，在其他变量都保持不变的情况下，某两个变量的相关系数称为**偏相关系数**.

这里所说的"保持不变"，含义是用统计学的方法消去其他变量变化取值的影响. 编著者推荐，在多个变量分别以 $x_1, x_2, \cdots, x_p$ 表示的问题中，定义其中的变量 x_{j_1} 与 x_{j_2} 的偏相关系数等于变量 $x_{j_1} - \hat{x}_{j_1}$ 与 $x_{j_2} - \hat{x}_{j_2}$ 的简单相关系数，而 $\hat{x}_{j_1}$ 及 $\hat{x}_{j_2}$ 分别是由 x_{j_1} 及 x_{j_2} 关于其他变量的线性回归方程所得的回归估计值.

变量 x_{j_1} 与 x_{j_2} 的偏相关系数可表示为 $r_{j_1 j_2 \cdot}$ 或 $r_{j_1 j_2 \cdot 12 \cdots (j_1-1)(j_1+1) \cdots (j_2-1)(j_2+1) \cdots p}$，式中，$j_1 < j_2$.

根据上述定义，可以证明偏相关系数

$$r_{j_1 j_2 \cdot} = \frac{-c_{j_1 j_2}}{\sqrt{c_{j_1 j_1} c_{j_2 j_2}}},$$

式中，$c_{j_1 j_2}$ 与 $c_{j_1 j_1}$ 及 $c_{j_2 j_2}$ 分别是矩阵

$$\begin{pmatrix} r_{11} & r_{12} & \cdots & r_{1p} \\ r_{21} & r_{22} & \cdots & r_{2p} \\ \vdots & \vdots & & \vdots \\ r_{p1} & r_{p2} & \cdots & r_{pp} \end{pmatrix}$$

的逆矩阵中第 j_1 行第 j_2 列与第 j_1 行第 j_1 列及第 j_2 行第 j_2 列的元素.

如果除 $x_1, x_2, \cdots, x_p$ 之外还有变量 y，则 x_j 与 y 的偏相关系数

$$r_{jy \cdot} = \frac{-c_{jy}}{\sqrt{c_{jj} c_{yy}}},$$

式中，c_{jy} 与 c_{jj} 及 c_{yy} 分别是矩阵

$$\begin{pmatrix} r_{11} & r_{12} & \cdots & r_{1p} & r_{1y} \\ r_{21} & r_{22} & \cdots & r_{2p} & r_{2y} \\ \vdots & \vdots & & \vdots & \vdots \\ r_{p1} & r_{p2} & \cdots & r_{pp} & r_{py} \\ r_{y1} & r_{y2} & \cdots & r_{yp} & r_{yy} \end{pmatrix}$$

的逆矩阵中第 j 行最后一列与第 j 行第 j 列及最后一行最后一列的元素.

为了消除对公式中负号的疑惑，下面证明三个变量分别以 x_1, x_2, x_3 表示的问题中 $r_{12 \cdot}$ 的计算公式

$$r_{12 \cdot} = \frac{-c_{12}}{\sqrt{c_{11} c_{22}}}.$$

证 设 x_1, x_2, x_3 的相关系数矩阵

$$R = \begin{pmatrix} r_{11} & r_{12} & r_{13} \\ r_{21} & r_{22} & r_{23} \\ r_{31} & r_{32} & r_{33} \end{pmatrix},$$

x_1 及 x_2 以 x_3 为自变量的回归方程

$$\hat{x}_1 = b_{10} + b_{13} x_3 \quad \text{或} \quad \hat{x}_1 = \overline{x}_1 + b_{13}(x_3 - \overline{x}_3),$$

$$\hat{x}_2 = b_{20} + b_{23} x_3 \quad \text{或} \quad \hat{x}_2 = \overline{x}_2 + b_{23}(x_3 - \overline{x}_3),$$

式中，$b_{13} = \dfrac{l_{13}}{l_{33}}$，$b_{23} = \dfrac{l_{23}}{l_{33}}$，

$$l_{j_1 j_2} = \sum_{i=1}^{n} (x_{ij_1} - \overline{x}_{j_1})(x_{ij_2} - \overline{x}_{j_2}), \quad j_1, j_2 = 1, 2, 3,$$

而 $x_1 - \hat{x}_1 = x_1 - \overline{x}_1 - b_{13}(x_3 - \overline{x}_3)$，均值为 0，$x_2 - \hat{x}_2 = x_2 - \overline{x}_2 - b_{23}(x_3 - \overline{x}_3)$，均值为 0，

$$\widetilde{l}_{11} = \sum_{i=1}^{n} (x_{i1} - \hat{x}_{i1})^2 = \sum_{i=1}^{n} \big[(x_{i1} - \overline{x}_1) - b_{13}(x_{i3} - \overline{x}_3)\big]^2$$

$$= l_{11} - 2b_{13}l_{13} + b_{13}^2 l_{33} = l_{11} - \frac{l_{13}^2}{l_{33}} = l_{11}(1 - r_{13}^2),$$

$$\widetilde{l}_{22} = \sum_{i=1}^{n} (x_{i2} - \hat{x}_{i2})^2 = \sum_{i=1}^{n} \big[(x_{i2} - \overline{x}_2) - b_{23}(x_{i3} - \overline{x}_3)\big]^2$$

$$= l_{22} - 2b_{23}l_{23} + b_{23}^2 l_{33} = l_{22} - \frac{l_{23}^2}{l_{33}} = l_{22}(1 - r_{23}^2),$$

$$\widetilde{l}_{12} = \sum_{i=1}^{n} (x_{i1} - \hat{x}_{i1})(x_{i2} - \hat{x}_{i2})$$

$$= \sum_{i=1}^{n} \big[(x_{i1} - \overline{x}_1) - b_{13}(x_{i3} - \overline{x}_3)\big]\big[(x_{i2} - \overline{x}_2) - b_{23}(x_{i3} - \overline{x}_3)\big]$$

$$= l_{12} - b_{13}l_{23} - b_{23}l_{13} + b_{13}b_{23}l_{33}$$

$$= l_{12} - \frac{l_{13}l_{23}}{l_{33}} = \sqrt{l_{11}l_{22}}(r_{12} - r_{13}r_{23}),$$

因此，$r_{12\cdot} = \dfrac{\widetilde{l}_{12}}{\sqrt{\widetilde{l}_{11}\,\widetilde{l}_{22}}} = \dfrac{r_{12} - r_{13}r_{23}}{\sqrt{(1 - r_{13}^2)(1 - r_{23}^2)}}$.

再由 R 的逆矩阵中的元素

$$c_{12} = \frac{-(r_{12} - r_{13}r_{23})}{|R|}, \quad c_{11} = \frac{1 - r_{13}^2}{|R|}, \quad c_{11} = \frac{1 - r_{23}^2}{|R|},$$

即可推出 $r_{12\cdot} = \dfrac{-c_{12}}{\sqrt{c_{11}c_{22}}}$.

偏相关系数 $r_{jy\cdot}$ 的显著性检验与多元线性回归方程 $\hat{y} = b_0 + \sum_{j=1}^{p} b_j x_j$ 中变量 x_j 的回归系数 b_j 的显著性检验一致.

因此，偏相关系数 $r_{jy\cdot}$ 作显著性检验时，可先算出

$$F = \frac{r_{jy\cdot}^2}{(1 - r_{jy\cdot}^2)/(n - p - 1)},$$

再同临界值 $F_\alpha(1,n-p-1)$ 进行比较，显著性检验的结果与多元线性回归方程 $\hat{y}=b_0+\sum\limits_{j=1}^p b_j x_j$ 中变量 x_j 的回归系数 b_j 作显著性检验的结果一致.

也可以由 F 的计算公式中解出 $|r_{jy}.|=\sqrt{\dfrac{F}{F+(n-p-1)}}$ 后，将临界值 $F_\alpha(1,n-p-1)$ 代入，编制出 $r_{jy}.$ 的临界值表.

因此，也可以对偏相关系数 $r_{jy}.$ 直接作显著性检验.

在多个变量分别以 $x_1,x_2,\cdots,x_p$ 表示的问题中，偏相关系数 $r_{j_1 j_2}.$ 作显著性检验的方法与上述一致，只是自由度应改为 $n-p$.

两个变量之间，用偏相关系数所表示的相关关系称为**偏线性相关**.

2.1.4 三种相关系数的临界值表

通常，简单相关系数、复相关系数及偏相关系数的临界值均可由表 2-1 中查出，此表是完整的临界值表的一部分.

表 2-1 　　　　　　　　　　相关系数的部分临界值

自由度	显著性水平	变量的个数 M			
		2	3	4	5
6	0.05	0.707	0.795	0.839	0.867
	0.01	0.834	0.886	0.911	0.927
7	0.05	0.666	0.758	0.807	0.838
	0.01	0.798	0.855	0.885	0.904
8	0.05	0.632	0.726	0.777	0.811
	0.01	0.765	0.827	0.860	0.882
9	0.05	0.602	0.697	0.750	0.786
	0.01	0.735	0.800	0.836	0.861
10	0.05	0.576	0.671	0.726	0.763
	0.01	0.708	0.776	0.814	0.840
11	0.05	0.553	0.648	0.703	0.741
	0.01	0.684	0.753	0.793	0.821
12	0.05	0.532	0.627	0.683	0.722
	0.01	0.661	0.732	0.773	0.802
13	0.05	0.514	0.608	0.664	0.703
	0.01	0.641	0.712	0.755	0.785

续表

自由度	显著性水平	变量的个数 M			
		2	3	4	5
14	0.05	0.497	0.590	0.646	0.686
	0.01	0.623	0.694	0.737	0.768
15	0.05	0.482	0.574	0.630	0.670
	0.01	0.606	0.677	0.721	0.752
16	0.05	0.468	0.559	0.615	0.655
	0.01	0.590	0.662	0.706	0.733

在有 M 个变量的问题中，如果查上面的临界值表作相关系数的显著性检验，那么简单相关系数的自由度为 $n-2$，变量的个数为 2；复相关系数的自由度为 $n-M$，变量的个数为 M；偏相关系数的自由度也为 $n-M$，变量的个数为 2.

2.1.5　三种相关系数的实例

【例 2.1】　测定"丰产 3 号"小麦的每株穗数 x_1、主茎上每穗结实小穗数 x_2、百粒重 x_3（g）、主茎株高 x_4（cm）和每株籽粒产量 y（g）的 15 组观测值如表 2-2（引自参考文献[2]），试计算三种相关系数并作相关系数的显著性检验.

表 2-2　　　　　"丰产 3 号"小麦栽培试验的观测值

i	x_{i1}	x_{i2}	x_{i3}	x_{i4}	y_i
1	10	23	3.6	113	15.7
2	9	20	3.6	106	14.5
3	10	22	3.7	111	17.5
4	13	21	3.7	109	22.5
5	10	22	3.6	110	15.5
6	10	23	3.5	103	16.9
7	8	23	3.3	100	8.6
8	10	24	3.4	114	17
9	10	20	3.4	104	13.7
10	10	21	3.4	110	13.4
11	10	23	3.9	104	20.3
12	8	21	3.5	109	10.2
13	6	23	3.2	114	7.4
14	8	21	3.7	113	11.6
15	9	22	3.6	105	12.3

解 （1）计算四变量的离均差平方和与离均差乘积和（见表 2-3）

表 2-3

变量名	x_1	x_2	x_3	y_4	y
x_1	33.6	-3.6	1.96	-9	80.56
x_2	-3.6	20.933 333	-0.46	9.333 333 3	3.273 333 3
x_3	1.96	-0.46	0.456	-0.4	7.206
x_4	-9	9.333 333 3	-0.4	273.333 33	$-1.666 6667$
y	80.56	3.273 333 33	7.206	$-1.666 667$	239.889 33

（2）计算简单相关系数，作显著性检验并写出加边增广矩阵（见表 2-4）（$\alpha=0.05$ 时，临界值为 0.514；$\alpha=0.01$ 时，临界值为 0.641）

表 2-4

变量名	x_1	x_2	x_3	x_4	y
x_1	1	$-0.135 742$	0.500 730 5	$-0.093 913$	0.897 313 8**
x_2	$-0.135 742$	1	$-0.148 887$	0.123 387 5	0.046 191 9
x_3	0.500 730 5	$-0.148 887$	1	$-0.035 829$	0.688 979 6**
x_4	$-0.093 913$	0.123 387 5	$-0.035 829$	1	$-0.006 509$
y	0.897 313 8**	0.046 191 9	0.688 979 6**	$-0.006 509$	1

注：标有 ** 号的表示相关系数极显著.

（3）计算简单相关系数矩阵的加边增广矩阵的逆矩阵（见表 2-5）

表 2-5

变量名	x_1	x_2	x_3	x_4	y
x_1	8.8398168	1.9812712	2.6957435	0.6180101	-9.876898
x_2	1.9812712	1.5275722	0.9696248	0.0159464	-2.516331
x_3	2.6957435	0.9696248	2.8525399	0.2069103	-4.427712
x_4	0.6180101	0.0159464	0.2069103	1.0589878	-0.69095
y	-9.876898	-2.516331	-4.427712	-0.69095	13.025017

（4）计算偏相关系数并作显著性检验

（$\alpha = 0.05$ 时，临界值为 0.576；$\alpha = 0.01$ 时，临界值为 0.708）

$$r_{12.} = \frac{-c_{12}}{\sqrt{c_{11}c_{22}}} = -0.539\,165, \qquad r_{13.} = \frac{-c_{13}}{\sqrt{c_{11}c_{33}}} = -0.536\,835,$$

$$r_{14.} = \frac{-c_{14}}{\sqrt{c_{11}c_{44}}} = -0.201\,198\,9, \qquad r_{1y.} = \frac{-c_{1y}}{\sqrt{c_{11}c_{yy}}} = 0.920\,470\,3^{**},$$

$$r_{23.} = \frac{-c_{23}}{\sqrt{c_{22}c_{33}}} = -0.464\,501, \qquad r_{24.} = \frac{-c_{24}}{\sqrt{c_{22}c_{44}}} = -0.012\,538,$$

$$r_{2y.} = \frac{-c_{2y}}{\sqrt{c_{22}c_{yy}}} = 0.564\,128\,2, \qquad r_{34.} = \frac{-c_{34}}{\sqrt{c_{33}c_{44}}} = -0.119\,048,$$

$$r_{3y.} = \frac{-c_{3y}}{\sqrt{c_{33}c_{yy}}} = 0.726\,397\,5^{**}, \qquad r_{4y.} = \frac{-c_{4y}}{\sqrt{c_{44}c_{yy}}} = 0.186\,042\,4.$$

（5）计算复相关系数并作显著性检验

（$\alpha = 0.05$ 时，临界值为 0.763；$\alpha = 0.01$ 时，临界值为 0.840）

$$R_{1.} = \sqrt{1 - \frac{1}{c_{11}}} = 0.941\,740\,7^{**}, \qquad R_{2.} = \sqrt{1 - \frac{1}{c_{22}}} = 0.587\,678\,9,$$

$$R_{3.} = \sqrt{1 - \frac{1}{c_{33}}} = 0.805\,875\,4^{*}, \qquad R_{4.} = \sqrt{1 - \frac{1}{c_{44}}} = 0.236\,012\,9,$$

$$R_{y.} = \sqrt{1 - \frac{1}{c_{yy}}} = 0.960\,845\,8^{**}.$$

（6）写出相关系数总表，结果列于表 2-6.

表 2-6 中，位于主对角线左下方的数字为简单相关系数，位于主对角线右上方的数字为偏相关系数，位于主对角线上的数字为复相关系数.

表 2-6　　　　　　　　五变量的相关系数总表

变量名	x_1	x_2	x_3	x_4	y
x_1	0.941 740 7**	−0.539 165	−0.536 835	−0.201 989	0.920 470 3**
x_2	−0.135 742	0.587 678 9	−0.464 501	−0.012 538	0.726 397 5
x_3	0.500 730 5	−0.148 887	0.805 875 4*	−0.119 048	0.726 397 5**
x_4	−0.093 913	0.123 387 5	−0.035 829	0.236 012 9	0.186 042 4
y	0.897 313 8**	0.046 191 9	0.688 979 6**	−0.006 509	0.960 845 8**

注：标有 ** 号的表示相关系数极显著，标有 * 号的表示相关系数显著.

由此例看出，在涉及多个变量的问题中，简单相关系数与偏相关系数的值可能会相差很多，符号也可能会有正负的不同. 如果需要考虑多个变量中某两个变量之间实在的相关关系时，只有用偏相关系数才能得出正确的结论.

2.1.6 应用 SAS 计算三种相关系数

应用 SAS 计算例 2.1 中观测数据的相关系数的程序为

```
data ex;input x1-x4 y @@;
cards;
10 23 3.6 113 15.7 9 20 3.6 106 14.5
10 22 3.7 111 17.5 13 21 3.7 109 22.5
10 22 3.6 110 15.5 10 23 3.5 103 16.9
8 23 3.3 100 8.6 10 24 3.4 114 17
10 20 3.4 104 13.7 10 21 3.4 110 13.4
10 23 3.9 104 20.3 8 21 3.5 109 10.2
6 23 3.2 114 7.4 8 21 3.7 113 11.6
9 22 3.6 105 12.3
;
proc iml; (应用 SAS 中的矩阵计算过程) use ex;
read all into data;
x= data[,];n= nrow(x);p= ncol(x);
i= i(n);v= repeat(1,n,1);h= i-v * v'/n;sscp= x' * h * x;
d= inv(sqrt(diag(sscp)));r= d * sscp * d;
print r;ir= inv(r);a= i(p);
do i=1 to p;do j=1 to p;
a[i,j]= -ir[i,j]/sqrt(ir[i,i] * ir[j,j]);
if i=j then a[i,j]= sqrt(1-1/ir[i,j]);
if i>j then a[i,j]= r[i,j];end;end;
print a;
```

2.1.7 通径系数及通径分析表

设有因变量 y 及自变量 x_1 与 x_2，而 x_1 与 x_2 可能彼此无关，也可能彼此相关、其简单相关系数 $r_{12} \neq 0$.

如果将 x_1 与 x_2 对 y 的影响图解为

$$\begin{matrix} x_1 \\ \quad \searrow y \\ x_2 \end{matrix} \quad 或 \quad r_{12}\begin{matrix} x_1 \\ \updownarrow \quad y \\ x_2 \end{matrix}$$

则称 x_1 或 x_2 指向 y 的连接线 $x_1 \to y$ 及 $x_2 \to y$ 为**直接通径**，称 $x_2 \to x_1 \to y$ 及 $x_1 \to x_2 \to y$ 为**间接通径**.

类似地，如果有多个自变量 $x_1, x_2, \cdots, x_m$ 存在，则称 x_j 指向 y 的连接线 $x_j \to y$ 为**直接通径**，称 $x_{j_1} \to x_{j_2} \to y$ 或 $x_{j_2} \to x_{j_1} \to y$ 为**间接通径**，这里的 $j, j_1, j_2 = 1, 2, \cdots, m$ 且 $j_1 \neq j_2$.

在直接通径 $x_j \to y$ 上，若 x_j 的取值增加一个标准差单位时，y 将要改变的**标准差单位数 p_j 称为通径 $x_j \to y$ 的系数**. x_j 增加时，若 y 也增加，则 $p_j > 0$；x_j 增加时，若 y 反而减少，则 $p_j < 0$.

因此，通径系数 p_j 可以看做是 x_j 对 y 的标准效应，而 p_j 的绝对值则反映 x_j 对 y 的标准影响力. 可以根据 p_j 的绝对值确定 x_j 对于改变 y 的取值的相对重要性.

如果与 m 元线性回归方程 $\hat{y} = b_0 + \sum\limits_j b_j x_j$ 及 m 元标准回归方程 $\hat{y}^* = \sum\limits_j d_j x_j^*$ 相联系，则定义通径 $x_j \to y$ 的系数 p_j 或 $p_{j \to y} = d_j = b_j \sqrt{\dfrac{l_{jj}}{l_{yy}}}$.

而间接通径 $x_{j_1} \to x_{j_2} \to y$ 的系数则定义为 $p_{j_1 \to j_2 \to y} = r_{j_1 j_2} p_{j_2 \to y}$，间接通径 $x_{j_2} \to x_{j_1} \to y$ 的系数定义为 $p_{j_2 \to j_1 \to y} = r_{j_1 j_2} p_{j_1 \to y}$.

当 x_{j_1} 与 x_{j_2} 互不相关时，$r_{j_1 j_2} = r_{j_2 j_1} = 0$，$p_{j_1 \to j_2 \to y} = 0$，$p_{j_2 \to j_1 \to y} = 0$，也就是不存在间接的通径.

根据以上通径系数的定义，计算通径系数 p_j 的正规方程组为

$$\begin{cases} r_{11} p_1 + r_{12} p_2 + \cdots + r_{1m} p_m = r_{1y}, \\ r_{21} p_1 + r_{22} p_2 + \cdots + r_{2m} p_m = r_{2y}, \\ \cdots\cdots\cdots\cdots\cdots\cdots\cdots\cdots\cdots\cdots\cdots\cdots \\ r_{m1} p_1 + r_{m2} p_2 + \cdots + r_{mm} p_m = r_{my}, \end{cases}$$

它就是将 1.2 节中建立标准回归方程的正规方程组改写而得到的.

由这个正规方程组还可以看出：x_j 与 y 的简单相关系数等于 x_j 与 y 的直接通径系数及其他间接通径系数的代数和. 在撰写学术论文时，上述正规方程组中的各个等式又可称为**写在等式右端的简单相关系数的分解**.

另外在 2.1 节中还曾经证明公式 $R^2 = \sum\limits_j d_j r_{jy}$，它揭示了复决定系数 R^2 与标准回归系数 d_j 及各个相关系数 r_{jy} 的内在联系. 此公式现在可以更改为 $R^2 = \sum\limits_j p_j r_{jy}$，它揭示了复决定系数 R^2 与通径系数 p_j 及各个相关系数 r_{jy} 的

内在联系. 如果由 R^2 计算得到 $\sqrt{1-R^2}$, 那么 $\sqrt{1-R^2}$ 可以起一种类似于通径系数的作用,常常用来表示其他未控制的剩余因素对因变量的影响.

【例 2.2】 计算本节例 2.1 中自变量 x_1, x_2, x_3, x_4 与因变量 y 的直接通径系数及间接通径系数.

解 作通径分析前,先建立因变量 y 的四元标准线性回归方程并作回归系数的显著性检验,发现变量 x_4 的回归系数不显著,故在以下的通径分析中不考虑 x_4.

通径分析的过程如下:

(1) 计算四变量的简单相关系数并写出计算通径系数的正规方程组

$$\begin{cases} p_1 - 0.135\,742\,p_2 + 0.500\,730\,5\,p_3 = 0.897\,313\,8, \\ -0.135\,742\,p_1 + p_2 - 0.148\,887\,p_3 = 0.046\,191\,9, \\ 0.500\,730\,5\,p_1 - 0.148\,887\,p_2 + p_3 = 0.688\,979\,6. \end{cases}$$

(2) 计算正规方程组的系数矩阵的逆矩阵及解,如表 2-7 所示.

表 2-7

变量名	x_1	x_2	x_3	解
x_1	1. 341 489 7	0. 083 946 2	− 0. 659 226	0. 753 421 4
x_2	0. 083 946 2	1. 027 922 9	0. 111 009 8	0. 199 291 2
x_3	− 0. 659 226	0. 111 009 8	1. 346 622 6	0. 341 390 4

因此,所求的通径系数

$$p_{1\to y} = 0.753\,421\,4,$$

$$p_{2\to y} = 0.199\,291\,2,$$

$$p_{3\to y} = 0.341\,390\,4,$$

$$p_{1\to 2\to y} = r_{12}p_{2\to y} = -0.027\,052,$$

$$p_{1\to 3\to y} = r_{13}p_{3\to y} = 0.170\,944\,6,$$

$$p_{2\to 1\to y} = r_{21}p_{1\to y} = -0.102\,271,$$

$$p_{2\to 3\to y} = r_{23}p_{3\to y} = -0.050\,829,$$

$$p_{3\to 1\to y} = r_{31}p_{1\to y} = -0.377\,261,$$

$$p_{3\to 2\to y} = r_{32}p_{2\to y} = -0.029\,672.$$

在撰写学术论文时,还可列出通径分析表,如表 2-8 所示.

表 2-8

变量名	p_j	$x_1 \rightarrow y$	$x_2 \rightarrow y$	$x_3 \rightarrow y$	r_{jy}
x_1	0.753 421 4**	0.753 421 4	−0.027 052	0.170 944 6	0.897 313 8
x_2	0.199 291 2*	−0.102 271	0.199 291 2	−0.050 829	0.046 191 9
x_3	0.341 390 4**	0.377 261	−0.029 672	0.341 390 4	0.688 979 6

2.1.8 应用 SAS 计算通径系数

在应用 SAS 计算三种相关系数的 SAS 程序后增加

proc reg;model y = x1 − x4/stb;run;

proc reg;model y = x1 − x3/stb;run;

❧ 2.2 两组变量的线性相关 ❧

2.2.1 典型变量及典型相关系数

假设有两组变量,一组变量为 $x_1, x_2, \cdots, x_p$,另一组变量为 $y_1, y_2, \cdots, y_q$ 且 $q \geqslant p$,即 y 变量的个数不少于 x 变量的个数.

为研究 x 变量组与 y 变量组之间的线性相关关系,可根据它们的 n 组观测值 x_{ij} 和 y_{ij} 或经过标准化变换后变量 x_j^* 和 y_j^* 的 n 组观测值 x_{ij}^* 和 y_{ij}^*($i = 1, 2, \cdots, n, \ j = 1, 2, \cdots, p$ 或 q)求出系数 a_{kj} 和 b_{kj}($k = 1, 2, \cdots, p$),得到用变量 x_j^* 和 y_j^* 的线性组合所表示的新变量 u_k 及 v_k. 它们的表达式为

$$\begin{cases} u_k = \sum_{j=1}^{p} a_{kj} x_j^* = a_{k1} x_1^* + a_{k2} x_2^* + \cdots + a_{kp} x_p^*, \\ v_k = \sum_{j=1}^{q} b_{kj} y_j^* = a_{k1} y_1^* + a_{k2} y_2^* + \cdots + a_{kq} y_q^*. \end{cases}$$

对各个 a_{kj} 和 b_{kj} 的要求是:

(1) 使各个 u_k 和 v_k 的均值为 0,标准差为 1;

(2) 使任意两个 u_k 彼此独立或不相关,使任意两个 v_k 彼此独立或不相关,使 u_{k_1} 和 v_{k_2} 当 $k_1 \neq k_2$ 时彼此独立或不相关;

(3) 使 u_k 和 v_k 的相关系数 r_k($k = 1, 2, \cdots, p$)满足关系式 $1 \geqslant r_1 \geqslant r_2 \geqslant \cdots \geqslant r_p \geqslant 0$.

称 u_k 和 v_k 为**典型变量**，r_k 为**典型相关系数**.

在理论上，典型变量的对数和相应的典型相关系数的个数可以等于两组变量中数目较少的那一组变量的个数. 其中，u_1 和 v_1 的相关系数 r_1 反映的相关成分最多，称为**第一对典型变量**；u_2 和 v_2 的相关系数 r_2 反映的相关成分次之，称为**第二对典型变量**……u_p 和 v_p 的相关系数 r_p 反映的相关成分最少，称为**最后一对典型变量**.

在应用时，只保留前面几对典型变量. 确定保留对数的方法是：

(1) 对典型相关系数作显著性检验，看显著性检验的结果；

(2) 结合应用，看典型变量和典型相关系数的实际解释.

通常，所求得的典型变量的对数愈少愈容易解释，最好是第一对典型变量能反映足够多的相关成分，只保留一对典型变量便比较理想.

通过典型变量和典型相关系数来综合描述两组变量的线性相关关系并进行检验和分析的方法，称为**典型相关分析**.

2.2.2 典型相关分析原理

为说明典型相关分析的原理，需要引进一些矩阵记号并应用到线性代数中解特征方程、求特征根及特征向量的方法.

记

$$
\boldsymbol{a}_k = \begin{pmatrix} a_{k1} \\ a_{k2} \\ \vdots \\ a_{kp} \end{pmatrix}, \quad
\boldsymbol{x} = \begin{pmatrix} x_1^* \\ x_2^* \\ \vdots \\ x_p^* \end{pmatrix}, \quad
\boldsymbol{b}_k = \begin{pmatrix} b_{k1} \\ b_{k2} \\ \vdots \\ b_{kq} \end{pmatrix}, \quad
\boldsymbol{y} = \begin{pmatrix} y_1^* \\ y_2^* \\ \vdots \\ y_q^* \end{pmatrix},
$$

$$
\boldsymbol{R}_{xx} = \begin{pmatrix} r_{11} & r_{12} & \cdots & r_{1p} \\ r_{21} & r_{22} & \cdots & r_{2p} \\ \vdots & \vdots & & \vdots \\ r_{p1} & r_{p2} & \cdots & r_{pp} \end{pmatrix}, \quad
\boldsymbol{R}_{yy} = \begin{pmatrix} r_{p+1,p+1} & r_{p+1,p+2} & \cdots & r_{p+1,p+q} \\ r_{p+2,p+1} & r_{p+2,p+2} & \cdots & r_{p+2,p+q} \\ \vdots & \vdots & & \vdots \\ r_{p+q,p+1} & r_{p+q,p+2} & \cdots & r_{p+q,p+q} \end{pmatrix},
$$

$$
\boldsymbol{R}_{xy} = \boldsymbol{R}_{yx}' = \begin{pmatrix} r_{1,p+1} & r_{1,p+2} & \cdots & r_{1,p+q} \\ r_{2,p+1} & r_{2,p+2} & \cdots & r_{2,p+q} \\ \vdots & \vdots & & \vdots \\ r_{p,p+1} & r_{p,p+2} & \cdots & r_{p,p+q} \end{pmatrix},
$$

式中，$r_{p+j_1,p+j_2}$ 为 y_{j_1} 和 y_{j_2} 的简单相关系数，而 $r_{j_1,p+j_2}$ 为 x_{j_1} 和 y_{j_2} 的简单相关系数.

根据以上矩阵记号，
$$u_k = \boldsymbol{a}_k' \boldsymbol{x}, \quad v_k = \boldsymbol{b}_k' \boldsymbol{y}, \quad u_k v_k = \boldsymbol{a}_k' \boldsymbol{x} \boldsymbol{y}' \boldsymbol{b}_k, \quad u_k^2 = \boldsymbol{a}_k' \boldsymbol{x} \boldsymbol{x}' \boldsymbol{a}_k, \quad v_k^2 = \boldsymbol{b}_k' \boldsymbol{y} \boldsymbol{y}' \boldsymbol{b}_k.$$
由 $E(\boldsymbol{x}) = 0$, $E(\boldsymbol{y}) = 0$, 可得
$$E(u_k) = 0, \quad E(v_k) = 0.$$
由 $E(\boldsymbol{xx}') = \boldsymbol{R}_{xx}$, $E(\boldsymbol{yy}') = \boldsymbol{R}_{yy}$, $E(\boldsymbol{xy}') = \boldsymbol{R}_{xy} = \boldsymbol{R}_{yx}'$, 可得
$$D(u_k) = E(u_k^2) = \boldsymbol{a}_k' E(\boldsymbol{xx}') \boldsymbol{a}_k = \boldsymbol{a}_k' \boldsymbol{R}_{xx} \boldsymbol{a}_k$$
$$= \sum_{j_1=1}^{p} \sum_{j_2=1}^{p} a_{kj_1} a_{kj_2} r_{j_1 j_2}$$
$$= a_{k1}^2 + a_{k2}^2 + \cdots + a_{kp}^2 + 2(a_{k1} a_{k2} r_{12}$$
$$+ a_{k1} a_{k3} r_{13} + \cdots + a_{k,p-1} a_{kp} r_{p-1,p}),$$
$$D(v_k) = E(v_k^2) = \boldsymbol{b}_k' E(\boldsymbol{yy}') \boldsymbol{b}_k = \boldsymbol{b}_k' \boldsymbol{R}_{yy} \boldsymbol{b}_k$$
$$= \sum_{j_1=1}^{q} \sum_{j_2=1}^{q} b_{kj_1} b_{kj_2} r_{p+j_1, p+j_2}$$
$$= b_{k1}^2 + b_{k2}^2 + \cdots + b_{kq}^2 + 2(b_{k1} b_{k2} r_{p+1,p+2}$$
$$+ b_{k1} b_{k3} r_{p+1,p+3} + \cdots + b_{k,q-1} b_{kq} r_{p+q-1,p+q}).$$
u_k 与 v_k 的相关系数
$$r_k = \frac{\mathrm{Cov}(u_k, v_k)}{\sqrt{D(u_k) D(v_k)}} = E(u_k v_k) = \boldsymbol{a}_k' E(\boldsymbol{xy}') \boldsymbol{b}_k$$
$$= \boldsymbol{a}_k' \boldsymbol{R}_{xy} \boldsymbol{b}_k = \sum_{j_1=1}^{p} \sum_{j_2=1}^{q} a_{kj_1} b_{kj_2} r_{j_1, p+j_2}$$
$$= a_{k1} b_{k1} r_{1,p+1} + a_{k1} b_{k2} r_{1,p+2} + \cdots + a_{kp} b_{kq} r_{p,p+q}.$$
若要求出各 a_{kj} 和 b_{kj} 的值，满足条件 $D(u_k) = 1$, $D(v_k) = 1$ 并且使 r_k 最大，可令
$$\varphi = E(u_k v_k) - \frac{1}{2} \lambda(D(u_k) - 1) - \frac{1}{2} \mu(D(v_k) - 1),$$
式中，λ 及 μ 为拉格朗日乘数.
由
$$\frac{\partial \varphi}{\partial a_{k1}} = b_{k1} r_{1,p+1} + b_{k2} r_{1,p+2} + \cdots + b_{kq} r_{1,p+q}$$
$$- \frac{1}{2} \lambda(2a_{k1} + 2a_{k2} r_{12} + \cdots + 2a_{kp} r_{1p}) = 0$$
及 $\dfrac{\partial \varphi}{\partial a_{k2}} = 0, \cdots, \dfrac{\partial \varphi}{\partial a_{kp}} = 0,$

$$\frac{\partial \varphi}{\partial b_{k1}} = a_{k1}r_{1,p+1} + a_{k2}r_{2,p+1} + \cdots + a_{kp}r_{p,p+1}$$

$$-\frac{1}{2}\mu(2b_{k1} + 2b_{k2}r_{p+1,p+2} + \cdots + 2a_{kq}r_{p+1,p+q}) = 0$$

及 $\dfrac{\partial \varphi}{\partial b_{k2}} = 0, \cdots, \dfrac{\partial \varphi}{\partial b_{kq}} = 0$, 得到

$$\boldsymbol{R}_{xy}\boldsymbol{b}_k - \lambda \boldsymbol{R}_{xx}\boldsymbol{a}_k = \boldsymbol{0} \quad 及 \quad \boldsymbol{R}'_{xy}\boldsymbol{a}_k - \mu \boldsymbol{R}_{yy}\boldsymbol{b}_k = \boldsymbol{0}.$$

以下证明: $\lambda = \mu = r_k$.

分别以 $\boldsymbol{a}'_k$ 与 $\boldsymbol{b}'_k$ 左乘以上二等式的两边并根据

$$D(u_k) = \boldsymbol{a}'_k \boldsymbol{R}_{xx}\boldsymbol{a}_k = 1, \quad D(v_k) = \boldsymbol{b}'_k \boldsymbol{R}_{yy}\boldsymbol{b}_k = 1$$

得到

$$\boldsymbol{a}'_k \boldsymbol{R}_{xy}\boldsymbol{b}_k - \lambda \boldsymbol{a}'_k \boldsymbol{R}_{xx}\boldsymbol{a}_k = \boldsymbol{a}'_k \boldsymbol{R}_{xy}\boldsymbol{b}_k - \lambda = 0,$$

$$\boldsymbol{b}'_k \boldsymbol{R}'_{xy}\boldsymbol{a}_k - \mu \boldsymbol{b}'_k \boldsymbol{R}_{yy}\boldsymbol{b}_k = \boldsymbol{b}'_k \boldsymbol{R}'_{xy}\boldsymbol{a}_k - \mu = 0,$$

$$\lambda = \boldsymbol{a}'_k \boldsymbol{R}_{xy}\boldsymbol{b}_k, \quad \mu = \boldsymbol{b}'_k \boldsymbol{R}'_{xy}\boldsymbol{a}_k.$$

又因为

$$\boldsymbol{a}'_k \boldsymbol{R}_{xy}\boldsymbol{b}_k = (a_{k1}, a_{k2}, \cdots, a_{kp})\begin{pmatrix} r_{1,p+1} & r_{1,p+2} & \cdots & r_{1,p+q} \\ r_{2,p+1} & r_{2,p+2} & \cdots & r_{2,p+q} \\ \vdots & \vdots & & \vdots \\ r_{p,p+1} & r_{p,p+2} & \cdots & r_{p,p+q} \end{pmatrix}\begin{pmatrix} b_{k1} \\ b_{k2} \\ \vdots \\ b_{kq} \end{pmatrix},$$

$$\boldsymbol{b}'_k \boldsymbol{R}'_{xy}\boldsymbol{a}_k = (b_{k1}, b_{k2}, \cdots, b_{kq})\begin{pmatrix} r_{1,p+1} & r_{2,p+1} & \cdots & r_{p,p+1} \\ r_{1,p+2} & r_{2,p+2} & \cdots & r_{p,p+2} \\ \vdots & \vdots & & \vdots \\ r_{1,p+q} & r_{2,p+q} & \cdots & r_{p,p+q} \end{pmatrix}\begin{pmatrix} a_{k1} \\ a_{k2} \\ \vdots \\ a_{kp} \end{pmatrix},$$

所以 $\boldsymbol{a}'_k \boldsymbol{R}_{xy}\boldsymbol{b}_k = \boldsymbol{b}'_k \boldsymbol{R}'_{xy}\boldsymbol{a}_k, \lambda = \mu = r_k$.

为求各 a_{kj} 和 b_{kj} 的值, 须解方程组

$$\boldsymbol{R}_{xy}\boldsymbol{b}_k - \lambda \boldsymbol{R}_{xx}\boldsymbol{a}_k = \boldsymbol{0} \quad 及 \quad \boldsymbol{R}'_{xy}\boldsymbol{a}_k - \lambda \boldsymbol{R}_{yy}\boldsymbol{b}_k = \boldsymbol{0}.$$

以 $\boldsymbol{R}_{xy}\boldsymbol{R}_{yy}^{-1}$ 左乘第二个方程的两边得到

$$\boldsymbol{R}_{xy}\boldsymbol{R}_{yy}^{-1}\boldsymbol{R}'_{xy}\boldsymbol{a}_k - \lambda \boldsymbol{R}_{xy}\boldsymbol{b}_k = \boldsymbol{0},$$

又以 λ 左乘第一个方程的两边得到

$$\lambda \boldsymbol{R}_{xy}\boldsymbol{b}_k - \lambda^2 \boldsymbol{R}_{xx}\boldsymbol{a}_k = \boldsymbol{0},$$

将以上两式相加得到

$$\boldsymbol{R}_{xy}\boldsymbol{R}_{yy}^{-1}\boldsymbol{R}'_{xy}\boldsymbol{a}_k - \lambda^2 \boldsymbol{R}_{xx}\boldsymbol{a}_k = \boldsymbol{0}.$$

又以 $\boldsymbol{R}_{xx}^{-1}$ 左乘方程的两边得到 $\boldsymbol{R}_{xx}^{-1}\boldsymbol{R}_{xy}\boldsymbol{R}_{yy}^{-1}\boldsymbol{R}'_{xy}\boldsymbol{a}_k - \lambda^2 \boldsymbol{I}\boldsymbol{a}_k = \boldsymbol{0}$, 因此,

$$(R_{xx}^{-1}R_{xy}R_{yy}^{-1}R'_{xy} - \lambda^2 I)a_k = 0.$$

要使 a_k 有非零解，其充分必要条件是

$$|R_{xx}^{-1}R_{xy}R_{yy}^{-1}R'_{xy} - \lambda^2 I| = 0.$$

由此式求出 λ 后，代入方程组

$$\begin{cases} R_{xy}b_k - \lambda R_{xx}a_k = 0, \\ R'_{xy}a_k - \lambda R_{yy}b_k = 0, \end{cases}$$

即可求出各个 a_{kj} 和 b_{kj}，写出典型变量 u_k, v_k 及相关系数 r_k.

2.2.3 典型相关系数的特例

由于典型相关系数反映的是多个变量与多个变量的线性相关关系，这种关系一般只能确定相关的程度，极难确定相关的性质，因此，典型相关系数通常只取正值.

为理解典型相关系数的意义，下面说明简单相关系数及复相关系数都是典型相关系数的特例.

(1) 设变量 x 与 y 的简单相关系数为 r_{xy}，则它们的典型相关系数为 $|r_{xy}|$.

这时 $p = 1, q = 1, R_{xx} = I, R_{yy} = I, R_{xy} = (r_{xy})$,

$$R_{xx}^{-1} = I, \quad R_{yy}^{-1} = I, \quad R_{xx}^{-1}R_{xy}R_{yy}^{-1}R'_{xy} = (r_{xy}^2),$$

解方程 $|R_{xx}^{-1}R_{xy}R_{yy}^{-1}R'_{xy} - \lambda^2 I| = 0$ 得 $\lambda^2 = r_{xy}^2$，所求的典型相关系数为 $|r_{xy}|$.

(2) 设变量 y 与 $x_1, x_2, \cdots, x_m$ 的复相关系数为 $R_{y\cdot}$，则它们的典型相关系数为 $R_{y\cdot}$.

这时将变量 y 看做 x 变量组，将 $x_1, x_2, \cdots, x_m$ 看做 y 变量组，$p = 1, q = m, R_{xx} = I$,

$$R_{yy} = \begin{bmatrix} r_{11} & r_{12} & \cdots & r_{1m} \\ r_{21} & r_{22} & \cdots & r_{2m} \\ \vdots & \vdots & & \vdots \\ r_{m1} & r_{m2} & \cdots & r_{mm} \end{bmatrix},$$

$$R_{xy} = (r_{1y}, r_{2y}, \cdots, r_{my}), \quad R_{xx}^{-1} = I,$$

$$R_{yy}^{-1} = \begin{bmatrix} c_{11} & c_{12} & \cdots & c_{1m} \\ c_{21} & c_{22} & \cdots & c_{2m} \\ \vdots & \vdots & & \vdots \\ c_{m1} & c_{m2} & \cdots & c_{mm} \end{bmatrix},$$

$$R_{yy}^{-1}R'_{xy} = \begin{pmatrix} c_{11} & c_{12} & \cdots & c_{1m} \\ c_{21} & c_{22} & \cdots & c_{2m} \\ \vdots & \vdots & & \vdots \\ c_{m1} & c_{m2} & \cdots & c_{mm} \end{pmatrix} \begin{pmatrix} r_{1y} \\ r_{2y} \\ \vdots \\ r_{my} \end{pmatrix} = \begin{pmatrix} d_1 \\ d_2 \\ \vdots \\ d_m \end{pmatrix},$$

$$R_{xy}R_{yy}^{-1}R'_{xy} = (r_{1y}, r_{2y}, \cdots, r_{my}) \begin{pmatrix} d_1 \\ d_2 \\ \vdots \\ d_m \end{pmatrix} = (R_{y\cdot}^2),$$

$$R_{xx}^{-1}R_{xy}R_{yy}^{-1}R'_{xy} = (R_{y\cdot}^2).$$

解方程 $|R_{xx}^{-1}R_{xy}R_{yy}^{-1}R'_{xy} - \lambda^2 I| = 0$ 得 $\lambda^2 = R_{y\cdot}^2$，所求的典型相关系数为 $R_{y\cdot}$.

2.2.4　典型变量的计算步骤

典型变量的计算步骤如下：

（1）将相关系数矩阵分块为 $\begin{pmatrix} R_{xx} & R_{xy} \\ R'_{xy} & R_{yy} \end{pmatrix}$ 后，依次计算 $R_{xx}^{-1}, R_{yy}^{-1}, R_{yy}^{-1}R'_{xy}$，$R_{xy}R_{yy}^{-1}R'_{xy}$ 及 $R_{xx}^{-1}R_{xy}R_{yy}^{-1}R'_{xy}$.

（2）由方程 $|R_{xx}^{-1}R_{xy}R_{yy}^{-1}R'_{xy} - \lambda^2 I| = 0$ 中解出方阵 $R_{xx}^{-1}R_{xy}R_{yy}^{-1}R'_{xy}$ 的特征根，并按数值的大小依次记为 $\lambda_1^2, \lambda_2^2, \cdots, \lambda_p^2$.

（3）令 $r_k = \lambda_k > 0$，解 p 个基本方程组

$$\begin{cases} R_{xy}b_k - \lambda_k R_{xx}a_k = 0, \\ R'_{xy}a_k - \lambda_k R_{yy}b_k = 0, \end{cases}$$

考虑到此方程组的系数矩阵不是满秩矩阵，并不能直接求出 a_k 和 b_k，可先写出以下形式的 p 个基本方程组

$$\begin{cases} -r_k r_{11}x_1^{(k)} - \cdots - r_k r_{1p}x_p^{(k)} + r_{1,p+1}y_1^{(k)} + \cdots + r_{1,p+q}y_q^{(k)} = 0, \\ \cdots\cdots\cdots\cdots\cdots\cdots\cdots\cdots\cdots\cdots\cdots\cdots\cdots\cdots \\ -r_k r_{p1}x_1^{(k)} - \cdots - r_k r_{pp}x_p^{(k)} + r_{p,p+1}y_1^{(k)} + \cdots + r_{p,p+q}y_q^{(k)} = 0, \\ r_{p+1,1}x_1^{(k)} + \cdots + r_{p+1,p}x_p^{(k)} - r_k r_{p+1,p+1}y_1^{(k)} - \cdots - r_k r_{p+1,p+q}y_q^{(k)} = 0, \\ \cdots\cdots\cdots\cdots\cdots\cdots\cdots\cdots\cdots\cdots\cdots\cdots\cdots\cdots \\ r_{p+q,1}x_1^{(k)} + \cdots + r_{p+q,p}x_p^{(k)} - r_k r_{p+q,p+1}y_1^{(k)} - \cdots - r_k r_{p+q,p+q}y_q^{(k)} = 0, \\ \qquad\qquad\qquad\qquad\qquad k = 1,2,\cdots,p. \end{cases}$$

此方程组中包含 $p+q$ 个方程 $p+q$ 个变量（p 个 $x_j^{(k)}$ 和 q 个 $y_j^{(k)}$），但只有 $p+q-1$ 个方程是独立的. 解方程组时，先设 $y_q^{(k)}=1$，自前 $p+q-1$ 个方程组中解出结果后，再令

$$a_{kj} = hx_j^{(k)}, \quad b_{kj} = hy_j^{(k)}, \quad j=1,2,\cdots,p \text{ 或 } q,$$

由方程

$$D(u_k) = \sum_{j_1}\sum_{j_2} a_{kj_1}a_{kj_2}r_{j_1j_2} = h^2\sum_{j_1}\sum_{j_2} x_{j_1}^{(k)}x_{j_2}^{(k)}r_{j_1j_2} = 1$$

或

$$D(v_k) = \sum_{j_1}\sum_{j_2} b_{kj_1}b_{kj_2}r_{p+j_1,p+j_2} = h^2\sum_{j_1}\sum_{j_2} y_{j_1}^{(k)}y_{j_2}^{(k)}r_{p+j_1,p+j_2} = 1$$

中求出 h 的数值，得到 a_{kj} 和 b_{kj}.

（4）写出典型变量的表达式

$$u_k = \sum_{j=1}^{p} a_{kj}x_j^*, \quad v_k = \sum_{j=1}^{q} b_{kj}y_j^*$$

及典型相关系数 $r_k = \lambda_k$.

（5）确定典型变量应保留的对数.

可对典型相关系数的显著性作 χ^2 检验，所用的统计量为

$$\chi^2 = -\left[n-k-\frac{1}{2}(p+q+1)\right]\ln\Lambda_k,$$

而 $\Lambda_k = (1-r_k^2)(1-r_{k+1}^2)\cdots(1-r_p^2)$.

上述统计量渐近地服从 χ^2 分布，自由度为 $(p-k+1)(q-k+1)$.

在 SAS 中，用 F 统计量作近似的 F 检验，

$$F = \frac{1-\sqrt[s]{\Lambda}}{\sqrt[s]{\Lambda}}\cdot\frac{f_2}{f_1}, \quad s = \sqrt{\frac{p^2q^2-4}{p^2+q^2-5}},$$

$$f_1 = pq, \quad f_2 = rs - \frac{pq-2}{2}, \quad r = n-1-\frac{p+q+1}{2}.$$

2.2.5 典型相关分析的实例

【例 2.3】 棉花红铃虫第一代发蛾高峰日 y_1（元月 1 日至发蛾高峰日的天数）、第一代累计百株卵量 y_2（粒／百株）、发蛾高峰日百株卵量 y_3（粒／百株）及 2 月下旬至 3 月中旬的平均气温 x_1（℃）、1 月下旬至 3 月上旬的日照小时累计数的常用对数 x_2 的 16 组观测数据如表 2-9（承蒙邝幸泉提供），试作气象指标 x_1，x_2 与虫情指标 y_1,y_2,y_3 的典型相关分析.

表2-9　　　　　　　　　气象指标与虫情指标的观测数据

i	x_{i1}	x_{i2}	y_{i1}	y_{i2}	y_{i3}
1	9.2	2.014	186	46.3	14.3
2	9.1	2.170	169	30.7	14.0
3	8.6	2.258	171	144.6	69.3
4	10.2	2.206	171	69.2	22.7
5	5.6	2.067	181	16.0	7.3
6	5.4	2.197	171	12.3	8.0
7	6.1	2.170	174	2.7	1.3
8	8.2	2.100	172	26.3	7.9
9	8.8	1.983	186	247.1	85.2
10	7.6	2.146	176	47.7	12.7
11	9.7	2.074	176	53.6	25.3
12	8.4	2.102	172	137.6	58.0
13	12.2	2.284	176	118.9	43.3
14	10.3	2.242	161	62.7	29.3
15	8.9	2.283	171	26.2	8.3
16	8.2	2.068	172	123.9	32.7

解　(1)　计算相关系数并将相关系数矩阵分块为

$$\boldsymbol{R}_{xx} = \begin{pmatrix} 1 & 0.277\,066\,2 \\ 0.277\,066\,2 & 1 \end{pmatrix},$$

$$\boldsymbol{R}_{xy} = \begin{pmatrix} -0.135\,603 & 0.376\,816\,8 & 0.372\,023\,8 \\ -0.686\,693 & -0.246\,065 & -0.131\,94 \end{pmatrix},$$

$$\boldsymbol{R}_{yy} = \begin{pmatrix} 1 & 0.275\,890\,7 & 0.175\,437\,6 \\ 0.275\,890\,7 & 1 & 0.964\,321\,4 \\ 0.175\,437\,6 & 0.964\,321\,4 & 1 \end{pmatrix}.$$

依次计算

$$\boldsymbol{R}_{xx}^{-1} = \begin{pmatrix} 1.083\,148\,7 & -0.300\,104 \\ -0.300\,104 & 1.083\,148\,7 \end{pmatrix},$$

$$\boldsymbol{R}_{yy}^{-1} = \begin{pmatrix} 1.239\,560\,1 & -1.887\,394 & 1.602\,589\,3 \\ -1.887\,394 & 17.142\,361 & -16.199\,63 \\ 1.602\,589\,3 & -16.199\,63 & 16.340\,492 \end{pmatrix},$$

$$R_{yy}^{-1}R_{xy}' = \begin{pmatrix} -0.283\,088 & -0.598\,22 \\ 0.688\,818 & -0.784\,707 \\ -0.242\,554 & 0.729\,720\,4 \end{pmatrix},$$

$$R_{xy}R_{yy}^{-1}R_{xy}' = \begin{pmatrix} 0.207\,71 & 0.056\,903\,1 \\ 0.056\,903\,1 & 0.507\,604 \end{pmatrix},$$

$$R_{xx}^{-1}R_{xy}R_{yy}^{-1}R_{xy}' = \begin{pmatrix} 0.207\,903\,9 & -0.090\,699 \\ 0.000\,7 & 0.532\,733\,8 \end{pmatrix}.$$

(2) 解方程

$$|R_{xx}^{-1}R_{xy}R_{yy}^{-1}R_{xy}' - \lambda^2 I| = \begin{vmatrix} 0.207\,903\,9-\lambda^2 & -0.090\,699 \\ 0.000\,7 & 0.532\,733\,8-\lambda^2 \end{vmatrix}$$
$$= \lambda^4 - 0.740\,637\,7\lambda^2 + 0.110\,693\,9$$
$$= 0,$$

得到 $\lambda_1^2 = 0.532\,93$，$\lambda_2^2 = 0.207\,71$，因此，

$$r_1 = 0.730\,02, \quad r_2 = 0.455\,75.$$

(3) 写出第一个基本方程组

$$\begin{cases} -0.730\,02\,x_1^{(1)} -0.202\,264\,x_2^{(1)} -0.135\,603\,y_1^{(1)} \\ \quad +0.376\,817\,y_2^{(1)} +0.372\,024\,y_3^{(1)} =0, \\ -0.202\,264\,x_1^{(1)} -0.730\,02\,x_2^{(1)} -0.686\,693\,y_1^{(1)} \\ \quad -0.246\,065\,y_2^{(1)} -0.131\,94y_3^{(1)} =0, \\ -0.135\,603\,x_1^{(1)} -0.686\,693\,x_2^{(1)} -0.730\,02\,y_1^{(1)} \\ \quad -0.201\,406\,y_2^{(1)} -0.128\,073\,y_3^{(1)} =0, \\ 0.376\,817\,x_1^{(1)} -0.246\,065\,x_2^{(1)} -0.201\,406\,y_1^{(1)} \\ \quad -0.730\,02\,y_2^{(1)} -0.703\,974\,y_3^{(1)} =0, \end{cases}$$

令 $y_3^{(1)} = 1$ 后，解出

$$x_1^{(1)} = -0.255\,471, \quad x_2^{(1)} = 0.915\,492,$$
$$y_1^{(1)} = -0.651\,14, \quad y_2^{(1)} = -1.225\,127.$$

由

$$h^2[(-0.255\,471)^2 + (0.915\,492)^2 + 2(-0.255\,471)$$
$$\times 0.915\,492 \times 0.277\,066] = 1,$$

得到 $h = 1.136\,812$，所以

$$a_{11} = -0.290\,423, \quad a_{12} = 1.040\,742,$$

$b_{11} = -0.740\,223$, $b_{12} = -1.392\,739$, $b_{13} = 1.136\,812$.

第一对典型变量为

$$\begin{cases} u_1 = -0.290\,423\,x_1^* + 1.040\,742\,x_2^*, \\ v_1 = -0.740\,223\,y_1^* - 1.392\,739\,y_2^* + 1.136\,812\,y_3^*, \end{cases}$$

典型相关系数 $r_1 = 0.730\,02$.

(4) 写出第二个基本方程组

$$\begin{cases} -0.455\,75\,x_1^{(2)} - 0.126\,273\,x_2^{(2)} - 0.135\,603\,y_1^{(2)} \\ \quad + 0.376\,817\,y_2^{(2)} + 0.372\,024\,y_3^{(2)} = 0, \\ -0.126\,273\,x_1^{(2)} - 0.455\,75\,x_2^{(2)} - 0.686\,693\,y_1^{(2)} \\ \quad - 0.246\,065\,y_2^{(2)} - 0.131\,94\,y_3^{(2)} = 0, \\ -0.135\,603\,x_1^{(2)} - 0.686\,693\,x_2^{(2)} - 0.455\,75\,y_1^{(2)} \\ \quad - 0.125\,737\,y_2^{(2)} - 0.079\,956\,y_3^{(2)} = 0, \\ 0.376\,817\,x_1^{(2)} - 0.246\,065\,x_2^{(2)} - 0.125\,737\,y_1^{(2)} \\ \quad - 0.455\,75\,y_2^{(2)} - 0.439\,489\,y_3^{(2)} = 0, \end{cases}$$

令 $y_3^{(2)} = 1$ 后, 解出

$$x_1^{(2)} = -1.891\,464, \quad x_2^{(2)} = -0.004\,063,$$
$$y_1^{(2)} = 1.180\,198\,3, \quad y_2^{(2)} = -2.851\,607.$$

由

$$h^2[(-1.891\,464)^2 + (-0.004\,063)^2 + 2(-1.891\,464)$$
$$\times (-0.004\,063) \times 0.277\,066] = 1,$$

得到 $h = 0.528\,376$, 所以

$$a_{21} = -0.999\,403, \quad a_{22} = -0.002\,147,$$
$$b_{21} = 0.623\,587\,9, \quad b_{22} = -1.506\,719, \quad b_{23} = 0.528\,376.$$

第二对典型变量为

$$\begin{cases} u_2 = -0.999\,403\,x_1^* - 0.002\,147\,x_2^*, \\ v_2 = 0.623\,587\,9\,y_1^* - 1.506\,719\,y_2^* + 0.528\,376\,y_3^*, \end{cases}$$

典型相关系数 $r_2 = 0.455\,75$.

(5) 确定典型变量应保留的对数.

先检验第一个典型相关系数 r_1 的显著性:

由 $r_1 = 0.730\,02$, $r_2 = 0.455\,75$, 得

$$\Lambda_1 = (1 - r_1^2)(1 - r_2^2) = 0.370\,056,$$

$$\chi_1^2 = -\left[n - 1 - \frac{1}{2}(p + q + 1)\right]\ln 0.370\,056$$

$$= 11.929\,2,$$

又由$(p-1+1)(q-1+1) = 6$得$\chi_{0.10}^2(6) = 10.645$，因为$\chi_1^2 > \chi_{0.10}^2(6)$，故当显著性水平$\alpha = 0.10$时，典型相关系数$r_1$是显著的.

在 SAS 输出的结果中有

Statistic	Value	F	Num DF	Den DF	Pr>F
Wilks' Lambda	0.37005624	2.3608	6	22	0.0652

其中，

$$s = \sqrt{\frac{p^2 q^2 - 4}{p^2 + q^2 - 5}} = 2,$$

$$f_1 = pq = 6, \quad f_2 = rs - \frac{pq - 2}{2} = 22,$$

$$r = n - 1 - \frac{p + q + 1}{2} = 12,$$

$$F = \frac{1 - \sqrt[s]{\Lambda}}{\sqrt[s]{\Lambda}} \cdot \frac{f_2}{f_1} = 2.360\,840.$$

再检验第二个典型相关系数r_2的显著性：

由$r_2 = 0.455\,75$得

$$\Lambda_2 = 1 - r_2^2 = 0.792\,292,$$

$$\chi_2^2 = -\left[n - 2 - \frac{1}{2}(p + q + 1)\right]\ln 0.792\,292$$

$$= 2.561\,1.$$

又由$(p-2+1)(q-2+1) = 2$得$\chi_{0.10}^2 = 4.605$，因为$\chi_2^2 < \chi_{0.10}^2(2)$，故当显著性水平$\alpha = 0.10$时，典型相关系数$r_2$是不显著的.

确定保留第一对典型变量u_1和v_1.

又由于u_1主要是由变量x_2'所决定的，v_1主要是由变量y_2'与y_3'所决定的，因此，典型变量u_1和v_1的相关主要是变量x_2'和y_2'与y_3'的相关，也就是日照小时累计数的常用对数与百株卵量的相关.

2.2.6 应用 SAS 作典型相关分析

应用 SAS 作例 2.3 中观测数据的典型相关分析的程序为

data ex；input x1 x2 y1－y3 @@；

cards；
9.2 2.014 186 46.3 14.3
9.1 2.17 169 30.7 14
8.6 2.258 171 144.6 69.3
10.2 2.206 171 69.2 22.7
5.6 2.067 181 16 7.3
5.4 2.197 171 12.3 8
6.1 2.17 174 2.7 1.3
8.2 2.1 172 26.3 7.9
8.8 1.983 186 247.1 85.2
7.6 2.146 176 47.7 12.7
9.7 2.074 176 53.6 25.3
8.4 2.102 172 137.6 58
12.2 2.284 176 118.9 43.3
10.3 2.242 161 62.7 29.3
8.9 2.283 171 26.2 8.3
8.2 2.068 172 123.9 32.7
；
proc cancorr out= c；var x1 x2；with y1－y3；run；

上机练习

1. 根据第一章上机练习的数据，

(1) 试用 SAS 作 5 个变量的相关分析，列出相关系数总表.

(2) 以 y 为因变量，以 x_1, x_2, x_3, x_4 为自变量作通径分析，列出通径分析表.

(3) 说明 SAS 输出的结果中各个主要数字的意义及算式.

2. 根据第一章上机练习的数据，试用 SAS 作 x_1, x_3 与 x_2, x_4 的典型相关分析.

(1) 写出典型变量并作显著性检验.

(2) 说明 SAS 输出的结果中各个主要数字的意义及算式.

(3) 试用 SAS 计算典型变量的值.

(4) 试用 SAS 计算典型变量与 x_1, x_2, x_3, x_4 的简单相关系数，并与 SAS 输出的结果相对照.

论 文 选 读

篇　　名	作者	刊　名	年/期
1. 芝麻产量性状与品质性状的典型相关分析	刘红艳	中国油料作物学报	2006/02
2. 四季柚净光合速率与生理生态因子间的关系	姜小文	中南林学院学报	2005/05
3. 中国农户消费—收入结构的实证分析	李谷成	农业技术经济	2004/06
4. 陆地棉品种数量性状的典型相关研究	曹新川	中国棉花	2003/02
5. 冬小麦子粒灌浆参数与千粒重相关性研究	王立国	河北农业大学学报	2003/03
6. 小麦旗叶光合生理指标与含糖量关系研究	周竹青	华中农业大学学报	2002/02
7. 不同熟期小麦品种籽粒灌浆参数与粒重相关性研究	谢令琴	农业与技术	2002/01
8. 湖北白猪活体性状与胴体性状间的典型相关分析	郭万正	华中农业大学学报	1999/01
9. 水库生态因子及其与鱼产量间相关性的分析	戴泽贵	水利渔业	1998/03
10. 玉米品种栽培性状的典型相关分析	吴高岭	玉米科学	1997/01

第三章

多元非线性回归

多元非线性回归是多元线性回归的发展，可用来确定因变量取值与自变量取值的内在联系，建立多元非线性回归方程. 这一章，先讲述非线性回归方程"线性化"的方法，再介绍回归的正交设计、正交旋转设计、通用旋转设计及其试验数据的统计分析. 历届研究生应用这一章所讲述的方法进行试验设计并处理试验数据，撰写了大量的学术论文，认为收益颇大.

❧ 3.1 非线性回归方程的建立 ❧

3.1.1 "线性化"方法

在线性回归方程 $\hat{y} = b_0 + \sum_{j=1}^{p} b_j x_j$ 中，$\hat{y}$ 是各个自变量 x_j 的线性函数，也是回归常数 b_0 与各个回归系数 b_j 的线性函数. 如果在某一个要建立的回归方程

$$\hat{y} = f(x_1, x_2, \cdots, x_p, b_0, b_1, \cdots, b_p)$$

中，$\hat{y}$ 不是各个自变量 $x_1, x_2, \cdots, x_p$ 的线性函数，或者不全是系数或参数 b_0 及 $b_1, b_2, \cdots, b_p$ 的线性函数，那么这样的回归方程就是非线性回归方程.

"线性化"是建立非线性回归方程的基本方法. 凡是由自变量或因变量的转换值所构成的非线性回归方程，通常都可以考虑用"线性化"的方法，将非线性回归方程化为线性回归方程，由线性回归方程的系数求非线性回归方程的系数或参数.

"线性化"方法又分为直接代换法与间接代换法.

直接代换法所适用的非线性回归方程中含有自变量的转换值，可通过变量的直接代换将回归方程"线性化". 这一类型的非线性回归方程，虽然因变量与自变量的关系是非线性的，但是因变量与系数或参数之间的关系却是线性的.

例如，非线性回归方程 $\hat{y}=b_0+b_1x+b_2x^2+\cdots+b_px^p$，令

$$x_1=x,\quad x_2=x^2,\quad\cdots,\quad x_p=x^p$$

后可化为线性回归方程 $\hat{y}=b_0+b_1x_1+b_2x_2+\cdots+b_px_p$.

这一类非线性回归方程"线性化"以后，回归系数没有变化，非线性回归方程的剩余平方和与转换后的线性回归方程的剩余平方和相同.

间接代换法所适用的非线性回归方程不能通过以上直接代换的方法将回归方程"线性化"。在这一类型的非线性回归方程中，包含有因变量与系数或参数之间非线性关系，必须先改变方程的形式后才能"线性化"。

例如，非线性回归方程 $\hat{y}=ax_1^{b_1}x_2^{b_2}\cdots x_p^{b_p}$，变形式为

$$\ln\hat{y}=\ln a+b_1\ln x_1+b_2\ln x_2+\cdots+b_p\ln x_p$$

后，令

$$Y=\ln y,\quad \hat{Y}=\ln\hat{y},\quad A=\ln a,$$
$$z_1=\ln x_i,\quad z_2=\ln x_2,\quad\cdots,\quad z_p=\ln x_p$$

后可化为线性回归方程 $\hat{Y}=A+b_1z_1+b_2z_2+\cdots+b_pz_p$.

这一类非线性回归方程"线性化"以后，因变量作了转换，部分系数或参数也作了转换，非线性回归方程的剩余平方和与转换后的线性回归方程的剩余平方和相差甚多.

3.1.2　非线性回归方程拟合情况的比较

选用合适的回归方程，是非线性回归的关键步骤。通常要根据专业知识或参考前人的经验，也可同时选用多个回归方程，建立非线性回归方程后，再比较各个回归方程的拟合情况，从中选出拟合情况较好的回归方程作为所求的非线性回归方程.

经常用来进行比较的指标有：

（1）非线性回归方程的剩余平方和

$$Q=\sum_{i=1}^{n}(y_i-\hat{y}_i)^2;$$

（2）非线性关系的相关指数

$$\widetilde{R}^2=1-\frac{\sum_{i=1}^{n}(y_i-\hat{y}_i)^2}{l_{yy}}.$$

在多个非线性回归方程中，与观测值拟合情况较好的回归方程，其剩余平方和较小，相关指数较大.

【例 3.1】 变量 x 与 y 的 9 组观测值如表 3-1（由编著者自设），试选用多个一元非线性回归方程进行拟合，并比较各个回归方程的拟合情况.

表 3-1 　　　　　　　　　变量 x 与 y 的 9 组观测值

i	1	2	3	4	5	6	7	8	9
x_i	1	2	3	4	4	6	6	8	8
y_i	1.85	1.37	1.02	0.75	0.56	0.41	0.31	0.23	0.17

解 先画出散点图，如图 3-1 所示.

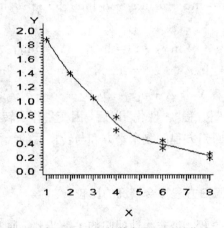

图 3-1 　(x_i, y_i) 的散点图及平滑曲线

用 SAS 画散点图的程序为

```
data ex;input x y @@;
cards;
1 1.85 2 1.37 3 1.02 4 0.75 4 0.56
6 0.41 6 0.31 8 0.23 8 0.17
;
proc gplot;
plot y * x;symbol i= spline v= star;run;
```

根据散点的变化趋势选用三个非线性回归方程：

(1) $\hat{y} = a + \dfrac{b}{x}$, 　　(2) $\hat{y} = ax^b$, 　　(3) $\hat{y} = a\,\mathrm{e}^{bx}$.

各方程的拟合情况如下：

(1) 设 $\hat{y}=a+\dfrac{b}{x}$，令 $X=\dfrac{1}{x}$ 后化为 $\hat{y}=a+bX$. 用建立线性回归方程的方法得

$$\hat{y}=0.1159+1.9291\,X.$$

$$l_{yy}=2.6187,\quad \text{SSR}=2.3359,\quad r^2=0.8920.$$

所求的非线性回归方程为

$$\hat{y}=0.1159+\dfrac{1.9291}{x}.$$

$$l_{yy}=2.6187,\quad Q=0.2828,\quad \widetilde{R}^2=0.8920.$$

(2) 设 $\hat{y}=ax^b$，变形式为 $\ln\hat{y}=\ln a+b\ln x$ 后，令 $Y=\ln y$，$X=\ln x$，化为 $\hat{Y}=\ln a+bX$. 用建立线性回归方程的方法得

$$\hat{Y}=0.9638-1.1292\,X.$$

$$l_{YY}=5.3332,\quad \text{SSR}=4.8086,\quad r^2=0.9016.$$

所求的非线性回归方程为

$$\hat{y}=2.6216\,x^{-1.1292}.$$

$$l_{yy}=2.6187,\quad Q=0.7464,\quad \widetilde{R}^2=0.7150.$$

(3) 设 $\hat{y}=a\,e^{bx}$，变形式为 $\ln\hat{y}=\ln a+bx$ 后，令 $Y=\ln y$，化为 $\hat{Y}=\ln a+bx$. 用建立线性回归方程的方法得

$$\hat{Y}=0.9230-0.3221\,x.$$

$$l_{YY}=5.3332,\quad \text{SSR}=5.1876,\quad r^2=0.9727.$$

所求的非线性回归方程为

$$\hat{y}=2.5168\,e^{-0.3221\,x}.$$

$$l_{yy}=2.6187,\quad Q=0.0351,\quad \widetilde{R}^2=0.9866.$$

经过比较，方程(3)的拟合情况较好.

计算非线性回归方程的剩余平方和 $Q=\sum_{i=1}^{n}(y_i-\hat{y}_i)^2$ 可列表进行，如表 3-2 所示.

注：本例之所以采用假设的观测值，目的在于说明非线性回归方程"线性化"以后的决定系数 r^2 与非线性关系的相关指数 $\widetilde{R}^2$ 的大小并非总是一致. 本例中，方程(2)的 $r^2=0.9016$ 比方程(1)的 $r^2=0.8920$ 大一些，可是方程(2)的 $\widetilde{R}^2=0.7150$ 却比方程(1)的 $\widetilde{R}^2=0.8920$ 小得多. 因此，非线性回归方程的拟合情况不能用 r^2 来进行比较. 一部分学术论文在非线性回归方程的后面写出 r 或 r^2 所隐含的比较，至少不可能都是正确的.

表 3-2   非线性回归方程(1),(2),(3) 的 Q

i	y_i	方程(1)		方程(2)		方程(3)	
		$\hat{y}_i$	$(y_i - \hat{y}_i)^2$	$\hat{y}_i$	$(y_i - \hat{y}_i)^2$	$\hat{y}_i$	$(y_i - \hat{y}_i)^2$
1	1.85	2.035 1	0.034 3	2.621 6	0.595 4	1.823 7	0.000 7
2	1.37	1.075 5	0.086 7	1.198 5	0.029 4	1.321 5	0.002 4
3	1.02	0.755 6	0.069 9	0.758 2	0.068 5	0.957 6	0.003 9
4	0.75	0.595 7	0.023 8	0.547 9	0.040 8	0.693 9	0.003 1
5	0.56	0.595 7	0.001 3	0.547 9	0.000 1	0.693 9	0.017 9
6	0.41	0.435 8	0.000 7	0.346 6	0.004 0	0.364 4	0.002 1
7	0.31	0.435 8	0.015 8	0.346 6	0.001 3	0.364 4	0.003 0
8	0.23	0.355 8	0.015 8	0.250 5	0.000 4	0.191 3	0.001 5
9	0.17	0.355 8	0.034 5	0.250 5	0.006 5	0.191 3	0.000 5
	Q		0.282 8		0.746 4		0.035 1

3.1.3　非线性最小二乘法

以建立非线性回归方程 $\hat{y} = ae^{bx}$ 为例,用非线性最小二乘法求非线性回归系数 a 及参数 b 的值,仍然要使非线性回归方程的剩余平方和 $Q = \sum_{i=1}^{n}(y_i - \hat{y}_i)^2$ 最小. 然而,由 $\frac{\partial Q}{\partial a} = 0$ 及 $\frac{\partial Q}{\partial b} = 0$ 所得到的方程组不是线性方程组,很难求解 a 及 b 的数值. 为此,转而考虑 $\hat{y}_i = ae^{bx_i}$ 的近似表达式,以便得到一个求 a 及 b 的线性方程组.

记 $a = a_0 + h_1$, $b = b_0 + h_2$. 这里,a_0 及 b_0 是给定的数值,通常由"线性化"的方法求出,称为**初值**. h_1 及 h_2 是待定的数值,其作用是对 a_0 和 b_0 作出修正,称为**步长**.

根据微积分学中的泰勒公式,将 a 及 b 的函数 $f(x_i, a, b) = ae^{bx_i}$ 在 a_0 及 b_0 的邻近展开,略去二次及二次以上的各项后得到

$$f(x_i, a, b) \approx f(x_i, a_0, b_0) + \frac{\partial f(x_i, a_0, b_0)}{\partial a}h_1 + \frac{\partial f(x_i, a_0, b_0)}{\partial b}h_2,$$

$$Q \approx \sum_{i=1}^{n}\left(y_i - f(x_i, a_0, b_0) - \frac{\partial f(x_i, a_0, b_0)}{\partial a}h_1 - \frac{\partial f(x_i, a_0, b_0)}{\partial b}h_2\right)^2.$$

由 $\frac{\partial Q}{\partial h_1} = 0$ 及 $\frac{\partial Q}{\partial h_2} = 0$ 得到求 h_1 及 h_2 的线性方程组

$$\begin{cases} f_{11}h_1 + f_{12}h_2 = f_{10}, \\ f_{21}h_1 + f_{22}h_2 = f_{20}, \end{cases}$$

式中，$f_{11} = \sum_{i=1}^{n} \left(\dfrac{\partial f(x_i, a_0, b_0)}{\partial a} \right)^2$，$f_{22} = \sum_{i=1}^{n} \left(\dfrac{\partial f(x_i, a_0, b_0)}{\partial b} \right)^2$，

$$f_{12} = f_{21} = \sum_{i=1}^{n} \left(\dfrac{\partial f(x_i, a_0, b_0)}{\partial a} \cdot \dfrac{\partial f(x_i, a_0, b_0)}{\partial b} \right),$$

$$f_{10} = \sum_{i=1}^{n} \left[\dfrac{\partial f(x_i, a_0, b_0)}{\partial a} (y_i - f(x_i, a_0, b_0)) \right],$$

$$f_{20} = \sum_{i=1}^{n} \left[\dfrac{\partial f(x_i, a_0, b_0)}{\partial b} (y_i - f(x_i, a_0, b_0)) \right].$$

求出 h_1 及 h_2 后，令 $a_0 + h_1$ 为新的 a_0，$b_0 + h_2$ 为新的 b_0，再求 f_{11}, f_{12}, f_{10}，f_{22} 及 f_{20}，再解线性方程组求出 h_1 及 h_2.

重复以上步骤，直到 $|h_1|$ 及 $|h_2|$ 不超过指定的误差 E 为止.

此方法又称为**高斯 - 牛顿**(Gauss-Newton)**法**，是 SAS 中 nlin 过程默认的方法.

【例 3.2】 根据表 3-1 中变量 x 与 y 的 9 组观测值及 $a_0 = 2.5168$，$b_0 = -0.3221$，$E = 0.0001$，用非线性最小二乘法求非线性回归方程 $\hat{y} = ae^{bx}$ 的回归系数 a 及 b.

解 本例中 $f(x_i, a, b) = ae^{bx_i}$，

$$\dfrac{\partial f(x_i, a, b)}{\partial a} = e^{bx_i}, \qquad \dfrac{\partial f(x_i, a, b)}{\partial b} = ax_i e^{bx_i}.$$

求回归系数 a 及 b 的步骤如下：

(1) 由 a_0, b_0, x_i 及 y_i 的值计算 $F_{i1} = e^{b_0 x_i}$，$F_i = a_0 e^{b_0 x_i}$，$F_{i2} = a_0 x_i e^{b_0 x_i}$ 及 $\delta_i = y_i - F_i$ 的值(见表 3-3).

表 3-3 　　　　　　　　　　计算 F_{i1}, F_i, F_{i2} 及 δ_i 的值

i	x_i	y_i	F_{i1}	F_i	F_{i2}	δ_i
1	1	1.85	0.7246	1.8237	1.8237	0.0263
2	2	1.37	0.5251	1.3216	2.6430	0.0484
3	3	1.02	0.3805	0.9576	2.8728	0.0624
4	4	0.75	0.2757	0.6939	2.7756	0.0561
5	4	0.56	0.2757	0.6939	2.7756	-0.1339
6	6	0.41	0.1448	0.3644	2.1864	0.0456
7	6	0.31	0.1448	0.3644	2.1864	-0.0544
8	8	0.23	0.0760	0.1913	1.5304	0.0387
9	8	0.17	0.0760	0.1913	1.5304	-0.0213

(2) 计算求 h_1 及 h_2 的线性方程组的系数(见表 3-4).

$$f_{11} = \sum_{i=1}^{9} F_{i1}^2, \quad f_{22} = \sum_{i=1}^{9} F_{i2}^2, \quad f_{12} = f_{21} = \sum_{i=1}^{9} F_{i1}F_{i2},$$

$$f_{10} = \sum_{i=1}^{9} F_{i1}\delta_i, \quad f_{20} = \sum_{i=1}^{9} F_{i2}\delta_i.$$

表 3-4   计算线性方程组的系数

i	F_{1i}^2	F_{2i}^2	$F_{1i}F_{2i}$	$F_{1i}\delta_i$	$F_{2i}\delta_i$
1	0.525 0	3.325 9	1.321 5	0.019 1	0.048 0
2	0.275 7	6.985 4	1.387 8	0.025 4	0.127 9
3	0.144 8	8.253 0	1.093 1	0.023 7	0.179 3
4	0.076 0	7.704 0	0.765 2	0.015 5	0.155 7
5	0.076 0	7.704 0	0.765 2	−0.036 9	−0.371 7
6	0.021 0	4.780 3	0.316 6	0.006 6	0.099 7
7	0.021 0	4.780 3	0.316 6	−0.007 9	−0.118 9
8	0.005 8	2.342 1	0.116 3	0.002 9	0.059 2
9	0.005 8	2.342 1	0.116 3	−0.001 6	−0.032 6
$\sum$	1.151 1	48.217 1	6.198 6	0.046 8	0.146 6

(3) 写出求 h_1 及 h_2 的线性方程组

$$\begin{cases} 1.151\,1\,h_1 + 6.198\,6\,h_2 = 0.046\,8, \\ 6.198\,6\,h_1 + 48.217\,1\,h_2 = 0.146\,6, \end{cases}$$

并求出 $h_1 = 0.079\,0$, $h_2 = -0.007\,1$.

(4) 以 $a_0 + h_1 = 2.595\,8$, $b_0 + h_2 = -0.329\,2$ 为新的 a_0 及 b_0,重复步骤 (1) 和 (2) 的计算,写出求 h_1 及 h_2 的线性方程组

$$\begin{cases} 1.116\,9\,h_1 + 6.120\,7\,h_2 = 0.000\,7, \\ 6.120\,7\,h_1 + 48.396\,5\,h_2 = 0.005\,4, \end{cases}$$

并求出 $h_1 = 0.000\,2$, $h_2 = -0.000\,1$.

(5) 以 $a_0 + h_1 = 2.596\,0$, $b_0 + h_2 = -0.329\,1$ 为新的 a_0 及 b_0,重复步骤 (1) 和 (2) 的计算,写出求 h_1 及 h_2 的线性方程组

$$\begin{cases} 1.117\,4\,h_1 + 6.125\,0\,h_2 = -0.000\,2, \\ 6.125\,0\,h_1 + 48.443\,0\,h_2 = -0.001\,4, \end{cases}$$

并求出 $h_1 \approx 0$, $h_2 \approx 0$.

因此，所求的回归系数 $a = 2.5960$，$b = -0.3291$，所求的非线性回归方程为
$$\hat{y} = 2.596\,0\,\mathrm{e}^{-0.3291x},$$

它的剩余平方和 $Q = \sum_{i=1}^{9}(y_i - \hat{y}_i)^2 = 0.032\,4.$

由例 3.1 及例 3.2 可以看出，用"线性化"的方法建立非线性回归方程时，如果对因变量作过非线性变换，那么回归方程的剩余平方和并没有取它的最小值．

3.1.4 应用 SAS 作曲线回归

应用 SAS 作以上曲线回归的程序为

```
data ex;input x y @@;
cards;
1 1.85 2 1.37 3 1.02 4 0.75 4 0.56
6 0.41 6 0.31 8 0.23 8 0.17
;
proc nlin;model y= a * exp(b * x);
parms a= 2.5168 b= -0.3221;
der.a= exp(b * x);der.b= a * x * exp(b * x);run;
```

SAS 输出的主要结果有

Non－Linear Least Squares Iterative Phase
Dependent Variable Y
Method: Gauss－Newton

Iter	A	B	Sum of Squares
0	2.516800	− 0.322100	0.034998
1	2.595730	− 0.329204	0.032347
2	2.596101	− 0.329129	0.032347
3	2.596102	− 0.329129	0.032347

NOTE: Convergence criterion met.

3.1.5 Logistic 曲线回归

Logistic 曲线回归的方程是
$$\hat{y} = \frac{k}{1 + a\mathrm{e}^{-bx}}.$$

此方程所对应的曲线有两条渐近线 $y = 0$ 与 $y = k$，关于拐点对称，随着 x 的增加，y 增加或减少的速度先是由慢变快，经过拐点后又由快变慢，在拐点处二

阶导数改变符号，拐点的坐标为 $\left(\dfrac{\ln a}{b}, \dfrac{k}{2}\right)$，常用来研究动植物的生长发育规律.

令 $Y = \dfrac{1}{2}\ln\left(\dfrac{k-y}{y}\right)^2$ 后，此方程可化为 $\hat{Y} = \ln a - bx$，用建立线性回归方程的方法得到 $\hat{Y} = A + Bx$ 后，由 $a = e^A$，$b = -B$，即可得到所求的非线性回归方程.

如果要减少回归方程的剩余平方和，可以接着用非线性最小二乘法求回归方程中的参数 a,b 与 k. Logistic 曲线的图形如图 3-2 所示.

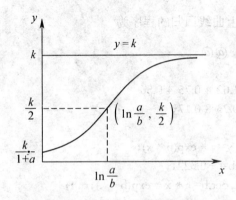

图 3-2　Logistic 曲线示意图

方程中的 y 为动植物累计生长百分数的分子或累计生长量，而 x 为时间，k 为常数.

确定常数 k 的方法有两种：

（1）如果 y 为累计生长百分数的分子，则 $k = 100$.

（2）如果 y 为累计生长量，且 $x_1, x_2, \cdots, x_n$ 组成等差数列，则

$$k = \frac{y_2^2(y_1 + y_3) - 2y_1 y_2 y_3}{y_2^2 - y_1 y_3},$$

式中，y_1, y_2, y_3 并非前三次的观测值，它们对应的 x_1, x_2, x_3 满足

$$x_2 - x_1 = x_3 - x_2.$$

因为由 $(x_1, y_1), (x_2, y_2), (x_3, y_3)$ 得到

$$\frac{k - y_1}{y_1} = a\,e^{-bx_1}, \quad \frac{k - y_2}{y_2} = a\,e^{-bx_2}, \quad \frac{k - y_3}{y_3} = a\,e^{-bx_3},$$

$$\frac{y_1(k - y_2)}{y_2(k - y_1)} = e^{-b(x_2 - x_1)}, \quad \frac{y_2(k - y_3)}{y_3(k - y_2)} = e^{-b(x_3 - x_2)},$$

只要 $x_2 - x_1 = x_3 - x_2$，便可以得到 $\dfrac{y_1(k - y_2)}{y_2(k - y_1)} = \dfrac{y_2(k - y_3)}{y_3(k - y_2)}$，并由此解出

$$k = \frac{y_2^2(y_1 + y_3) - 2y_1 y_2 y_3}{y_2^2 - y_1 y_3}.$$

【例 3.3】　测定某品种肉用鸡在良好饲料喂养下的生长过程，每两周测定一次体重（单位：kg），得到表 3-5 中的观测值（引自参考文献[2]），试建立 Logistic 曲线回归方程并用非线性最小二乘法重新计算回归系数.

表 3-5　　　　　　　　　　　　**变量 x 与 y 的 9 组观测值**

i	1	2	3	4	5	6	7
x_i	2	4	6	8	10	12	14
y_i	0.30	0.86	1.73	2.20	2.47	2.67	2.80

解　先画出散点图，如图 3-3 所示.

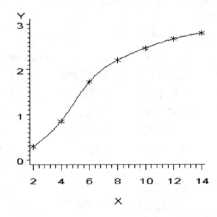

图 3-3　(x_i, y_i) 的散点图及平滑曲线

根据散点的变化趋势选用 Logistic 曲线方程.

先计算 k，取 $x_1 = 2$，$y_1 = 0.3$，$x_2 = 8$，$y_2 = 2.2$，$x_3 = 14$，$y_3 = 2.8$，则

$$k = \frac{(2.2)^2(0.3 + 2.8) - 2 \times 0.3 \times 2.2 \times 2.8}{(2.2)^2 - 0.3 \times 2.8}$$

$$= 2.827,$$

又令 $Y_i = \frac{1}{2}\ln\left(\frac{k - y_i}{y_i}\right)^2$，则

$$Y_1 = 2.131\,0, \quad Y_2 = 0.827\,3, \quad Y_3 = -0.455\,5,$$

$$Y_4 = -1.255\,3, \quad Y_5 = -1.934\,5, \quad Y_6 = -2.833\,6,$$
$$Y_7 = -4.646\,0.$$

用建立线性回归方程的方法得 $\hat{Y} = 2.993\,8 - 0.52x.$

所求的 Logistic 曲线回归方程为 $\hat{y} = \dfrac{2.827}{1 + 19.961\,4\,\mathrm{e}^{-0.52x}}.$

$$l_{yy} = 5.477\,89, \quad Q = 0.067\,49, \quad \widetilde{R}^2 = 0.987\,7.$$

用非线性最小二乘法重新计算回归系数时，应注意

$$f(x_i,k,a,b) = \frac{k}{1+a\,\mathrm{e}^{-bx_i}}, \quad \frac{\partial f(x_i,k,a,b)}{\partial k} = \frac{1}{1+a\,\mathrm{e}^{-bx_i}},$$

$$\frac{\partial f(x_i,k,a,b)}{\partial a} = \frac{-k\,\mathrm{e}^{-bx_i}}{(1+a\,\mathrm{e}^{-bx_i})^2}, \quad \frac{\partial f(x_i,k,a,b)}{\partial b} = \frac{kax_i\,\mathrm{e}^{-bx_i}}{(1+a\,\mathrm{e}^{-bx_i})^2}.$$

应用 SAS 计算，输出的主要结果有

Non − Linear Least Squares Iterative Phase
Dependent Variable Y
Method: Gauss − Newton

Iter	A	B	K	Sum of Squares
0	19.961400	0.520000	2.827000	0.067490
1	19.155443	0.552422	2.738638	0.032409
2	20.827832	0.572603	2.732318	0.030716
3	21.147000	0.575785	2.729885	0.030688
4	21.173884	0.576148	2.729491	0.030688
5	21.178917	0.576212	2.729430	0.030688
6	21.179732	0.576222	2.729419	0.030688
7	21.179871	0.576224	2.729417	0.030688

NOTE: Convergence criterion met.

所求的 Logistic 曲线回归方程为 $\hat{y} = \dfrac{2.729\,4}{1 + 21.179\,9\,\mathrm{e}^{-0.576\,2\,x}}.$

$$l_{yy} = 5.477\,89, \quad Q = 0.030\,69, \quad \widetilde{R}^2 = 0.994\,4.$$

3.1.6 多项式回归

在多项式回归方程中，可能含有一个、两个或更多的自变量，各个自变量的幂次也可能不等. 比较常见的多项式回归方程有：

(1) 一元二次回归方程 $\hat{y} = b_0 + b_1 x + b_2 x^2.$

令 $x_1 = x$, $x_2 = x^2$ 后此方程可化为 $\hat{y} = b_0 + b_1 x_1 + b_2 x_2$，用建立线性回

归方程的方法求出 b_0, b_1, b_2 后，即可得到所求的非线性回归方程．

(2) 一元 m 次回归方程 $\hat{y} = b_0 + b_1 x + b_2 x^2 + \cdots + b_m x^m$．

令 $x_1 = x$，$x_2 = x^2$，$\cdots$，$x_m = x^m$ 后此方程化为

$$\hat{y} = b_0 + b_1 x_1 + b_2 x_2 + \cdots + b_m x_m,$$

用建立线性回归方程的方法求出 $b_0, b_1, b_2, \cdots, b_m$ 后，即可得到所求的非线性回归方程．

根据微积分学中将函数展开成幂级数的理论知识，当合适的非线性回归方程不易选定时，可先建立一元二次回归方程，若不合适可再建立一元三次回归方程，若不合适可再建立一元四次以至更高次的回归方程．

为确定合适的幂次，可以作以下 F 检验：

在建立 $m-1$ 次的回归方程之后，如果又建立了 m 次的回归方程，则当 SSR_{m-1} 为 $m-1$ 次回归方程的回归平方和，SSR_m 及 SSE_m 为 m 次回归方程的回归平方和及剩余平方和时，统计量

$$F = \frac{\mathrm{SSR}_m - \mathrm{SSR}_{m-1}}{\mathrm{SSE}_m/(n-m-1)} \sim F(1, n-m-1).$$

给出显著性水平 a，即可检验 $\mathrm{SSR}_m - \mathrm{SSR}_{m-1}$ 的显著性．当 $F < F_a(1, n-m-1)$ 时，没有必要建立 m 次以至更高次的回归方程．

【例 3.4】 变量 x 与 y 的 9 组观测如表 3-6（由编著者自设），试建立线性回归及非线性回归方程．

表 3-6 **变量 x 与 y 的 9 组观测值**

i	1	2	3	4	5	6	7	8	9
x_i	1.2	1	1.5	2	2.2	2.6	3	3.5	2.8
y_i	3.9	4	3.7	2.8	2.6	1.4	0	-2.2	0.8

解 (1) 建立一元一次回归方程 $\hat{y} = b_0 + b_1 x$．

用建立线性回归方程的方法得一元一次回归方程

$$\hat{y} = 7.0562 - 2.3488 x, \quad r^2 = 0.9219,$$

$\mathrm{SSR}_{(1)} = 32.10806$，$\mathrm{SSE}_{(1)} = 2.72083$，$F = 82.606$，$\mathrm{Prob} > F$ 为 0.0001．

(2) 建立一元二次回归方程 $\hat{y} = b_0 + b_1 x + b_2 x^2$．

令 $x_1 = x$，$x_2 = x^2$ 后化为 $\hat{y} = b_0 + b_1 x_1 + b_2 x_2$，用建立线性回归方程的方法得

$$\hat{y} = 3.1006 + 1.8210\,x_1 - 0.9510\,x_2,$$

$SSR_{(2)} = 34.79542$, $SSE_{(1)} = 0.03347$, $F = 3119.261$, $Prob > F$ 为 0.0001.

所求的一元二次回归方程为

$$\hat{y} = 3.1006 + 1.8210\,x - 0.9510\,x^2, \quad \widetilde{R}^2 = 0.9990.$$

(3) 建立一元三次回归方程 $\hat{y} = b_0 + b_1 x + b_2 x^2 + b_3 x^3$.

令 $x_1 = x$，$x_2 = x^2$，$x_3 = x^3$ 后化为 $\hat{y} = b_0 + b_1 x_1 + b_2 x_2 + b_3 x_3$，用建立线性回归方程的方法得

$$\hat{y} = 3.6441 + 0.9556\,x_1 - 0.5386\,x_2 - 0.0605\,x_3,$$

$SSR_{(3)} = 34.80022$, $SSE_{(3)} = 0.02866$, $F = 2023.461$, $Prob > F$ 为 0.0001.

所求的一元三次回归方程为

$$\hat{y} = 3.6441 + 0.9556\,x - 0.5386\,x^2 - 0.0605\,x^3, \quad \widetilde{R}^2 = 0.9992.$$

类似地可建立四次以至更高次的回归方程.

$$F = \frac{SSR_{(3)} - SSR_{(2)}}{SSE_{(3)}/(9 - 3 - 1)} = 0.837 < 1,$$

因此，没有必要建立三次以至更高次的回归方程. 如果比较二次回归方程与三次回归方程作回归系数检验的结果，更可以证实这个结论的正确性.

二次回归方程回归系数检验的结果为

Variable	DF	Parameter Estimate	Standard Error	T for H0: Parameter=0	Prob>|T|
INTERCEP	1	3.100588	0.19425026	15.962	0.0001
X1	1	1.821053	0.19247247	9.461	0.0001
X2	1	−0.951036	0.04332650	−21.950	0.0001

方程中两个回归系数都是极显著的.

三次回归方程回归系数检验的结果为

Variable	DF	Parameter Estimate	Standard Error	T for H0: Parameter=0	Prob>|T|
INTERCEP	1	3.644104	0.62571445	5.824	0.0021
X1	1	0.955589	0.96563797	0.990	0.3678
X2	1	−0.538629	0.45278362	−1.190	0.2876
X3	1	−0.060528	0.06614072	−0.915	0.4021

方程中三个回归系数都是不显著的.

除一元高次回归方程外，还有多元高次回归方程，特别是形式比较简单的多元二次回归方程

$$\hat{y} = b_0 + \sum_{j=1}^{p} b_j x_j + \sum_{1 \leqslant j_1 < j_2 \leqslant p} b_{j_1 j_2} x_{j_1} x_{j_2} + \sum_{j=1}^{p} b_{jj} x_j^2.$$

例如，二元二次回归方程

$$\hat{y} = b_0 + b_1 x_1 + b_2 x_2 + b_{12} x_1 x_2 + b_{11} x_1^2 + b_{22} x_2^2.$$

三元二次回归方程

$$\hat{y} = b_0 + b_1 x_1 + b_2 x_2 + b_3 x_3 + b_{12} x_1 x_2 + b_{13} x_1 x_3$$
$$+ b_{23} x_2 x_3 + b_{11} x_1^2 + b_{22} x_2^2 + b_{33} x_3^2.$$

五元二次回归方程

$$\hat{y} = b_0 + b_1 x_1 + b_2 x_2 + b_3 x_3 + b_4 x_4 + b_5 x_5 + b_{12} x_1 x_2$$
$$+ b_{13} x_1 x_3 + b_{14} x_1 x_4 + b_{15} x_1 x_5 + b_{23} x_2 x_3 + b_{24} x_2 x_4$$
$$+ b_{25} x_2 x_5 + b_{34} x_3 x_4 + b_{35} x_3 x_5 + b_{45} x_4 x_5$$
$$+ b_{11} x_1^2 + b_{22} x_2^2 + b_{33} x_3^2 + b_{44} x_4^2 + b_{55} x_5^2.$$

一般的多元高次回归方程中，既有各个自变量 x_j，又有各个 x_j 的幂，还有自变量 x_{j_1} 的幂与 x_{j_2} 的幂的乘积，其形式比较复杂.

在建立多元高次回归方程之前，应根据已有的信息选定回归方程的具体形式，也就是有哪一些 x_j、有哪一些 x_j 的幂、有哪一些 x_{j_1} 的幂与 x_{j_2} 的幂的乘积，以便减少计算的工作量，同时又保证回归方程的显著性达到一定的水平.

如果选定了回归方程的形式，即可将多元多项式回归方程"线性化"，用建立线性回归方程的方法求出各回归系数，得到所求的回归方程.

❧　3.2　一次回归的正交设计　❧

3.2.1　回归设计简介

回归设计专门用来取得试验数据并建立回归方程. 它产生于 20 世纪 50 年代初期，至今已有了十分丰富的内容. 按照回归方程的次数有一次回归设计、二次回归设计等区分. 按照设计的方法有正交设计、旋转设计、通用设计等区分.

回归设计的主导思想是根据试验的目的和数据分析的要求来选择试验点，在所选定的试验点上安排试验. 这不仅摆脱了被动处理观测数据的局面，还可以充分发挥各个试验数据的作用，适当地减少试验的次数.

本节讲述一次回归的正交设计，所用的工具是二水平的正交表.

例如，二水平的正交表 $L_4(2^3)$ 如表 3-7.

表 3-7 正交表 $L_4(2^3)$

因子号		1	2	3
试验号	1	1	1	1
	2	1	−1	−1
	3	−1	1	−1
	4	−1	−1	1

这个正交表可以安排二水平的因子 3 个作 4 次试验. 这里所说的因子包括自变量及其乘积. 表中的 1 和 −1 表示自变量在试验时不同的水平状态,分别对应自变量的两个水平所取的数值. 通常,将 1 对应的水平称为**上水平**,将 −1 对应的水平称为**下水平**.

如果将两个自变量 x_1 和 x_2 放在 $L_4(2^3)$ 的任意两列上,那么由 x_1 与 x_2 的水平 1 和 −1 所决定的试验点便恰好分布在平面直角坐标系中一个正方形的四个顶点上(如图 3-4,图中的数字为试验号).

又如,二水平的正交表 $L_8(2^7)$ 如表 3-8.

表 3-8 正交表 $L_8(2^7)$

因子号		1	2	3	4	5	6	7
试验号	1	1	1	1	1	1	1	1
	2	1	1	−1	1	−1	−1	−1
	3	1	−1	1	−1	1	−1	−1
	4	1	−1	−1	−1	−1	1	1
	5	−1	1	1	−1	−1	1	−1
	6	−1	1	−1	−1	1	−1	1
	7	−1	−1	1	1	−1	−1	1
	8	−1	−1	−1	1	1	1	−1

这个正交表可以安排二水平的因子 7 个(包括自变量及其乘积)作 8 次试验.

如果将三个自变量 x_1,x_2 及 x_3 放在 $L_8(2^7)$ 的任意三列上,那么由 x_1,x_2

及 x_3 的水平 1 和 −1 所决定的试验点便恰好分布在空间直角坐标系中一个正方体的 8 个顶点上（如图 3-5，图中的数字为试验号）.

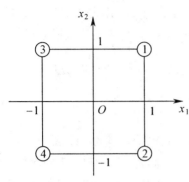

图 3-4 二变量正交设计示意图 　　图 3-5 三变量正交设计示意图

3.2.2 一次回归正交设计的步骤

（1）确定各自变量的变化范围. 设有 p 个自变量 $z_1, z_2, \cdots, z_p$ 与试验指标 y，要建立 p 元一次回归方程，可先确定各个自变量 z_j 变化的下界 z_{1j} 和上界 z_{2j}，并按公式

$$z_{0j} = \frac{1}{2}(z_{1j} + z_{2j}), \quad \Delta_j = \frac{1}{2}(z_{2j} - z_{1j})$$

计算 z_{0j} 和 Δ_j.

称 z_{0j} 为自变量 z_j 的**零水平**，称 Δ_j 为**自变量 z_j 变化的半区间**.

（2）对各个自变量的水平进行编码，也就是对自变量 z_j 变化的下界 z_{1j} 和上界 z_{2j} 作线性变换，令 $x_j = \dfrac{z_j - z_{0j}}{\Delta_j}$，使 z_{0j} 变换为 0，z_{1j} 变换为 −1，z_{2j} 变换为 1.

因此，在两个自变量的问题中，自变量的取值范围，由原来的长方形区域变换为正方形区域，且正方形区域的中心在坐标原点，边长都是 2. 在三个自变量的问题中，自变量的取值范围，由原来的长方体区域变换为正方体区域，且正方体区域的中心在坐标原点，边长都是 2. 在 p 个自变量的问题中，自变量的取值范围，由原来的 p 维长方体区域变换为 p 维正方体区域，且正方体区域的中心在坐标原点，边长都是 2.

编码后，y 对 $z_1, z_2, \cdots, z_p$ 的回归问题就转化为 y 对编码 $x_1, x_2, \cdots, x_p$ 的回

归问题. 为取得 y 的观测值,建立回归方程,便要在一个以 $x_1,x_2,\cdots,x_p$ 为坐标轴的编码空间中选择试验点,进行试验设计. 由于试验的目的是建立回归方程,便称之为回归设计.

(3) 根据自变量以及它们之间必须加以考虑的交互作用的个数,选择适当的二水平正交表,根据正交表确定试验点并取得 y 的观测值,建立 y 对 x_1, $x_2,\cdots,x_p$ 的线性回归方程.

以上所述,便是一次回归正交设计的步骤.

3.2.3　回归系数的计算及显著性检验

如果以 z_{ij} 表示自变量 z_j 在第 i 次试验时的水平,那么,x_{ij} 是 z_{ij} 的编码值. 在正交表中,x_{ij} 所取的值为 1 或 -1;就 x_j 而言,取 1 与 -1 的次数相同;就 x_{j_1},x_{j_2} 而言,取数组 $(1,1),(1,-1),(-1,1)$ 与 $(-1,-1)$ 的次数相同.

因此,在正交表中 $\sum_{i=1}^n x_{ij}=0$, $\sum_{i=1}^n x_{ij_1}x_{ij_2}=0$.

这两组等式定量地说明了"正交"的含义. 根据这两组等式,在建立回归方程时,回归系数的计算及显著性检验有以下规律:

(1) $\bar{x}_j=\dfrac{1}{n}\sum_{i=1}^n x_{ij}=0$, $j=1,2,\cdots,p$;

(2) x_j 的离均差平方和

$$l_{jj}=\sum_{i=1}^n (x_{ij}-\bar{x}_j)^2=\sum_{i=1}^n x_{ij}^2=n,\quad j=1,2,\cdots,p;$$

(3) x_{j_1} 与 x_{j_2} 的离均差乘积和

$$l_{j_1j_2}=\sum_{i=1}^n (x_{ij_1}-\bar{x}_{j_1})(x_{ij_2}-\bar{x}_{j_2})=0,\quad j_1,j_2=1,2,\cdots,p;$$

(4) 正规方程组、系数矩阵及逆矩阵分别为

$$\begin{cases}nb_1=l_{1y},\\ nb_2=l_{2y},\\ \cdots\cdots\cdots\cdots\\ nb_p=l_{py},\end{cases}\quad \boldsymbol{L}=\begin{bmatrix}n\\ &n\\ &&\ddots\\ &&&n\end{bmatrix},\quad \boldsymbol{L}^{-1}=\begin{bmatrix}\frac{1}{n}\\ &\frac{1}{n}\\ &&\ddots\\ &&&\frac{1}{n}\end{bmatrix};$$

(5) x_j 与 y 的离均差乘积和

$$l_{jy}=\sum_{i=1}^n (x_{ij}-\bar{x}_j)(y_i-\bar{y})=\sum_{i=1}^n x_{ij}y_i-\sum_{i=1}^n x_{ij}\bar{y}$$

$$= \sum_{i=1}^{n} x_{ij} y_i, \quad j = 1, 2, \cdots, p;$$

(6) 回归系数 $b_j = \dfrac{1}{n} l_{jy}$, $j = 1, 2, \cdots, p$, 而 $b_0 = \bar{y} - \sum_{j=1}^{p} b_j \bar{x}_j = \bar{y}$;

(7) 作回归方程的显著性检验时,

$$\mathrm{SST} = l_{yy} = \sum_{i=1}^{n} y_i^2 - \frac{1}{n} \Big(\sum_{i=1}^{n} y_i \Big)^2,$$

$$\mathrm{SSR} = \sum_{j=1}^{p} b_j l_{jy} = \frac{1}{n} \sum_{j=1}^{p} l_{jy}^2 = n \sum_{j=1}^{p} b_j^2,$$

$$\mathrm{SSE} = \mathrm{SST} - \mathrm{SSR};$$

(8) 作回归系数的显著性检验时, x_j 的偏回归平方和

$$\mathrm{SS}_j = n b_j^2 = \frac{1}{n} l_{jy}^2 = b_j l_{jy},$$

且 $\sum_{j=1}^{p} \mathrm{SS}_j = \sum_{j=1}^{p} b_j l_{jy} = \mathrm{SSR}$;

(9) 去掉一个不显著的因子 x_j 后, 其他各因子 x_k 的回归系数不变, 而 SSR 减少 SS_j, SSE 增加 SS_j, 计算都比较方便.

在要求不太高的情况下可省略回归系数的显著性检验, 直接把那些回归系数与 0 相差不多的因子从回归方程中剔出, 并将它们的偏回归平方和并入 SSE, 而不必重新计算其他的回归系数.

如果不便于使用计算机, 以上计算也可在一张表格(见表 3-9)上进行.

表 3-9   一次回归正交设计的计算表

试验号		x_1	x_2	$\cdots$	x_p	y
1	1	x_{11}	x_{12}		x_{1p}	y_1
2	1	x_{21}	x_{22}		x_{2p}	y_2
$\vdots$	$\vdots$	$\vdots$	$\vdots$		$\vdots$	$\vdots$
n	1	x_{n1}	x_{n2}		x_{np}	y_n
l_{jy}	$\sum_{i=1}^{n} y_i$	$\sum_{i=1}^{n} x_{i1} y_i$	$\sum_{i=1}^{n} x_{i2} y_i$	$\cdots$	$\sum_{i=1}^{n} x_{ip} y_i$	$\sum_{i=1}^{n} y_i^2$
$b_j = \dfrac{l_{jy}}{n}$	$\bar{y}$	$\dfrac{l_{1y}}{n}$	$\dfrac{l_{2y}}{n}$	$\cdots$	$\dfrac{l_{py}}{n}$	$\mathrm{SST} = l_{yy}$
$\mathrm{SS}_j = n b_j^2$		$n b_1^2$	$n b_2^2$	$\cdots$	$n b_p^2$	$\mathrm{SSR} = \sum_{j=1}^{p} \mathrm{SS}_j$

3.2.4 零水平处的重复试验

上述回归方程显著, 只能保证回归方程在各个试点上与试验观测值拟合的情况比较好. 在所研究的区域内部, 拟合的情况还必须根据零水平处重复试验的观测值再作检验.

检验的方法是由零水平$(z_{01}, z_{02}, \cdots, z_{0p})$处重复试验 m 次的观测值 y_{01}, $y_{02}, \cdots, y_{0m}$ 计算 $\bar{y}_0$ 及 SS_0 后, 再用 $\bar{y}_0$ 对 b_0 作 t 检验.

$$\bar{y}_0 = \frac{1}{m}\sum_{k=1}^{m} y_{0k}, \quad \mathrm{SS}_0 = \sum_{k=1}^{m}(y_{0k} - \bar{y}_0)^2.$$

因为回归方程 $\hat{y} = b_0 + \sum_{j=1}^{p} b_j x_j$ 在零水平处的 $\hat{y} = b_0$, 如果 $\bar{y}_0$ 与 b_0 有显著差异, 则回归方程在区域中心的拟合情况不好. 如果 $\bar{y}_0$ 与 b_0 没有显著差异, 则回归方程在区域中心的拟合情况比较好.

作 t 检验时, 应将 SSE 与 SS_0 的数值合并, 将相应的自由度 $n-p-1$ 与 $m-1$ 也合并, 算出

$$t = \frac{|b_0 - \bar{y}_0|}{\sqrt{\dfrac{\mathrm{SSE} + \mathrm{SS}_0}{n+m-p-2}\left(\dfrac{1}{n} + \dfrac{1}{m}\right)}}$$

的数值后与临界值 $t_a(n+m-p-2)$ 比较即可得出相应的结论.

当 $\bar{y}_0$ 与 b_0 有显著差异时, 应考虑各自变量之间的交互效应, 在回归方程中引入某两个或某几个自变量的乘积项.

3.2.5 在回归方程中引入交互效应项

以 3 个自变量 x_1, x_2, x_3 的一次回归正交设计为例, 如果要考虑某两个自变量的乘积项 $x_1 x_2, x_1 x_3, x_2 x_3$ 及 3 个自变量的乘积项 $x_1 x_2 x_3$, 只要根据正交表 $L_8(2^7)$ 的前三列中 x_1, x_2, x_3 的编码安排试验, 取得观测值 y_i 并计算得到 b_0, b_1, b_2, b_3 后, 根据后面几列的编码即可算出乘积项的回归系数得到相应的回归方程. 各乘积项系数的计算及检验方法与一次项系数的计算及检验方法相同. 只是 $x_1 x_2, x_1 x_3, x_2 x_3$ 与 $x_1 x_2 x_3$ 之中, 必须剔出一项或几项. 否则, 会因为剩余平方和及其自由度为 0 而不能进行回归方程与回归系数的显著性检验.

剔出一项或几项乘积的方法是:

① 根据专业知识确定必须考虑的乘积项, 将其他的乘积项从回归方程中剔出;

② 根据偏回归平方和,自偏回归平方和最小的那一个乘积项开始,将偏回归平方和不太大的乘积项逐个从回归方程中剔出. 在应用课题中,通常不考虑乘积项 $x_1 x_2 x_3$,因此就确保剩余平方和及其自由度不会为 0,能够进行回归方程与回归系数的显著性检验.

一般而言,当变量 $x_1, x_2, \cdots, x_p$ 的个数较多时,剩余平方和及其自由度为 0 的可能性很小. 倒是剩余的自由度较多,似乎有些浪费. 这时,可在 p 个变量的正交表考虑乘积项所对应的列上安排第 $p+1$ 个变量参与试验,得到 $p+1$ 个变量对应的试验计划的 $\frac{1}{2}$ 实施. 如果还能安排第 $p+2$ 个变量参与试验,那就得到 $p+2$ 个变量对应的试验计划的 $\frac{1}{4}$ 实施. 还有 $\frac{1}{8}$ 实施等部分实施的试验计划. 只要事先确定可以忽略的乘积项,避免新变量与乘积项的混杂,部分实施的回归设计是一项值得广泛应用的科技成果.

3.2.6　一次回归正交设计的实例

【例 3.5】　某品种棉花栽培试验密度 z_1(株/亩)、施纯氮量 z_2(kg/亩)、施缩节胺量 z_3(g/亩)的下界、上界、零水平及半区间的数值如表 3-10,先作线性变换

$$x_1 = \frac{z_1 - 3\,000}{1\,189}, \quad x_2 = \frac{z_2 - 7.5}{4.46}, \quad x_3 = \frac{z_3 - 2}{1.19},$$

再根据正交表 $L_8(2^7)$ 安排试验,各试验小区籽棉产量 y(kg)的观测值如表 3-11(承蒙陈光琬、余隆新等提供),试建立三元一次回归方程.

表 3-10　　　　　　　　　　　**三变量的 z_{1j}, z_{2j}, z_{0j} 及 Δ_j**

z_j	z_{1j}	z_{2j}	z_{0j}	Δ_j
z_1	1 811	4 189	3 000	1 189
z_2	3.04	11.96	7.5	4.46
z_3	0.81	3.19	2	1.19
编码	-1	1	0	

解　① 应用 SAS 计算三元线性回归方程得

$$\hat{y} = 3.585 + 0.265x_1 + 0.275x_2 - 0.18x_3,$$

作回归系数的显著性检验得

表 3-11   试验安排及产量 y 的观测值

因子		密度		施纯氮		施缩节胺		小区产量
试验号	1	1	4 189	1	11.96	1	3.19	3.89
	2	1	4 189	1	11.96	−1	0.81	4.33
	3	1	4 189	−1	3.04	1	3.19	3.82
	4	1	4 189	−1	3.04	−1	0.81	3.36
	5	−1	1 811	1	11.96	1	3.19	2.99
	6	−1	1 811	1	11.96	−1	0.81	4.23
	7	−1	1 811	−1	3.04	1	3.19	2.92
	8	−1	1 811	−1	3.04	−1	0.81	3.14

$t(b_0) = 23.604$，Prob $> |T|$ 为 0.000 1，极显著；

$t(b_1) = 1.745$，Prob $> |T|$ 为 0.156 0，不显著；

$t(b_2) = 1.811$，Prob $> |T|$ 为 0.144 4，不显著；

$t(b_3) = -1.185$，Prob $> |T|$ 为 0.301 6，不显著.

作回归方程的显著性检验得

$$\text{SST} = 2.164\ 2, \quad \text{SSR} = 1.426, \quad \text{SSE} = 0.738\ 2,$$

$F = 2.576$，Prob $> F$ 为 0.191 5，不显著.

② 引入交互效应项，应用 SAS 计算三元一次回归方程得

$$\hat{y} = 3.585 + 0.265x_1 + 0.275x_2 - 0.18x_3 - 0.015x_1x_2$$
$$+ 0.185x_1x_3 - 0.24x_2x_3.$$

作回归系数的显著性检验得

$t(b_0) = 239$，Prob $> |T|$ 为 0.002 7，极显著；

$t(b_1) = 17.667$，Prob $> |T|$ 为 0.036 0，显著；

$t(b_2) = 18.333$，Prob $> |T|$ 为 0.034 7，显著；

$t(b_3) = -12$，Prob $> |T|$ 为 0.052 9，不显著；

$t(b_{12}) = -1$，Prob $> |T|$ 为 0.500 0，不显著；

$t(b_{13}) = 12.333$，Prob $> |T|$ 为 0.051 5，不显著；

$t(b_{23}) = -16$，Prob $> |T|$ 为 0.039 7，显著；

作回归方程的显著性检验得

$$\text{SST} = 2.164\ 2, \quad \text{SSR} = 2.162\ 4, \quad \text{SSE} = 0.001\ 8,$$

$F = 200.222$，Prob $> F$ 为 0.054 0，不显著.

③ 去掉最不显著的因子 $x_1 x_2$ 后，应用 SAS 计算三元一次回归方程得

$$\hat{y} = 3.585 + 0.265 x_1 + 0.275 x_2 - 0.18 x_3$$
$$+ 0.185 x_1 x_3 - 0.24 x_2 x_3.$$

作回归系数的显著性检验得

$t(b_0) = 239$，Prob $> |T|$ 为 0.000 1，极显著；

$t(b_1) = 17.667$，Prob $> |T|$ 为 0.003 2，极显著；

$t(b_2) = 18.333$，Prob $> |T|$ 为 0.003 0，极显著；

$t(b_3) = -12$，Prob $> |T|$ 为 0.006 9，极显著；

$t(b_{13}) = 12.333$，Prob $> |T|$ 为 0.006 5，极显著；

$t(b_{23}) = -16$，Prob $> |T|$ 为 0.003 9，极显著；

根据以上回归系数检验的结果，还可以排出各因子的主次顺序为

$$x_2, \; x_1, \; x_2 x_3, \; x_1 x_3, \; x_3.$$

作回归方程的显著性检验得

$$\text{SST} = 2.164\,2, \quad \text{SSR} = 2.160\,6, \quad \text{SSE} = 0.003\,6,$$

$F = 240.067$，Prob $> F$ 为 0.004 2，极显著.

根据试验设计的正交性，以上计算中，各因子的回归系数不变，总平方和不变，只是 SSR 与 SSE 有所增减，因而导致显著性有所改变.

为检验回归方程在区域中心的拟合情况，在零水平处作重复试验 3 次，得到试验结果

$$y_{01} = 3.73, \quad y_{02} = 2.87, \quad y_{03} = 3.16,$$
$$\overline{y}_0 = 3.253\,3, \quad \text{SS}_0 = 0.382\,9,$$
$$t = \frac{|3.585 - 3.253\,3|}{\sqrt{\dfrac{0.003\,6 + 0.382\,9}{2 + 2}\left(\dfrac{1}{8} + \dfrac{1}{3}\right)}} = 1.58.$$

由于 $t_{0.01}(4) = 4.604$，$t_{0.05}(4) = 2.776$，$t_{0.10}(4) = 2.132$，故上述回归方程在区域中心的拟合情况比较好. 因此，所求的三元一次回归方程是

$$\hat{y} = 3.585 + 0.265\left(\frac{z_1 - 3\,000}{1\,189}\right) + 0.275\left(\frac{z_2 - 7.5}{4.46}\right)$$

$$- 0.18\left(\frac{z_3 - 2}{1.19}\right) + 0.185\left(\frac{z_1 - 3\,000}{1\,189}\right)\left(\frac{z_3 - 2}{1.19}\right)$$

$$- 0.24\left(\frac{z_2 - 7.5}{4.46}\right)\left(\frac{z_3 - 2}{1.19}\right).$$

3.3 二次回归的正交组合设计

3.3.1 什么是组合设计

组合设计就是按照不同的规则安排不同类型的试验,并把它们按一定的要求组合起来形成试验计划的试验设计方法. 这种方法用来建立多个变量的二次回归方程,可以减少试验的次数,简化回归系数的计算及显著性检验.

组合设计所安排的试验形象地称为**因子空间中不同类型的试验点**,这样的试验点一共有 3 类:第一类是按照二水平正交表所安排的试验,形象地称为**正交试验点**;第二类是零水平处的重复试验,形象地称为**中心点**;第三类是根据参数 γ 的值令编码 $x_1, x_2, \cdots, x_p$ 中的一个为 γ,其余的为 0,所安排的试验形象地称为**星号点**.

例如,2 个自变量的组合设计可由以下 3 类共计 9 个试验点组合而成. ① 由 正交表 $L_4(2^3)$ 中前两列所决定的二因子二水平全因子试验计划的 4 个试验点;② 分布在 x_1 轴与 x_2 轴上由星号臂 γ 所决定的 4 个星号点;③ 一个或多个中心点(见表 3-12 及图 3-6).

表 3-12 二元组合设计的 9 个试验点

因子		x_1	x_2
试验号	1	1	1
	2	1	-1
	3	-1	1
	4	-1	-1
	5	γ	0
	6	$-\gamma$	0
	7	0	γ
	8	0	$-\gamma$
	9	0	0

又如,3 个自变量的组合设计可由以下 3 类共计 15 个试验点组合而成. ① 由正交表 $L_8(2^7)$ 中前三列所决定的三因子二水平全因子试验计划的 8 个试验

点;②分布在 x_1 轴与 x_2 轴及 x_3 轴上由星号臂 γ 所决定的 6 个星号点;③ 一个或多个中心点(见表 3-13 及图 3-7).

表 3-13 　　　　　　　　　**三元组合设计的 15 个试验点**

因子		x_1	x_2	x_3
试验号	1	1	1	1
	2	1	1	-1
	3	1	-1	1
	4	1	-1	-1
	5	-1	1	1
	6	-1	1	-1
	7	-1	-1	1
	8	-1	-1	-1
	9	γ	0	0
	10	$-\gamma$	0	0
	11	0	γ	0
	12	0	$-\gamma$	0
	13	0	0	γ
	14	0	0	$-\gamma$
	15	0	0	0

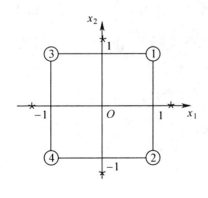

图 3-6　二元组合设计示意图

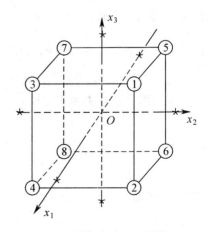

图 3-7　三元组合设计示意图

而 p 个自变量的组合设计则可由以下 3 类共计 $m_c + 2p + m_0$ 个试验点组合而成. ① 由二水平的全因子试验计划或部分实施计划所决定的 m_c 个试验点, 这里的 $m_c = 2^p, 2^{p-1}, 2^{p-2}, \cdots$; ② 分布在 p 个坐标轴上由星号臂 γ 所决定的 $2p$ 个星号点, 这里的星号臂 γ 是星号点到中心点的距离, 可以根据正交性或 3.4 节中的旋转性与通用性的要求进行选择; ③ m_0 个中心点, $m_0 = 1, 2, \cdots$.

3.3.2 平方项中心化及选择星号臂的意义

正交组合设计可以在一次回归正交设计的基础上进行. 当一次回归方程不显著时, 在星号点及中心点补做一些试验便可求出二次回归方程, 此方程有可能是显著的二次回归方程.

以 3 个自变量 x_1, x_2, x_3 的正交组合设计为例, 当三元一次回归方程

$$\hat{y} = b_0 + b_1 x_1 + b_2 x_2 + b_3 x_3 + b_{12} x_1 x_2 + b_{13} x_1 x_3 + b_{23} x_2 x_3$$

不显著时, 在星号点及中心点补做 7 个试验, 便可求出三元二次回归方程

$$\hat{y} = b_0 + b_1 x_1 + b_2 x_2 + b_3 x_3 + b_{12} x_1 x_2 + b_{13} x_1 x_3 + b_{23} x_2 x_3$$
$$+ b_{11} x_1^2 + b_{22} x_2^2 + b_{33} x_3^2.$$

但是, 为保证组合设计的正交性, 还必须使平方项中心化, 并根据中心点试验的次数 m_0 选择星号臂 γ 的数值.

仍以 3 个自变量的组合设计为例, 在原来 8 个试验及补做的 7 个试验中, 各因子所取的数值如表 3-14.

在表 3-14 中, 虽然前 6 列的编码值满足正交条件, 最后 3 列与前 6 列编码值的乘积和也满足正交条件, 但是在最后 3 列中, 每一列编码值的和 $\sum\limits_{i=1}^{15} x_{ij}^2 = 8 + 2\gamma^2 \neq 0$, 任意两列编码值的乘积和 $\sum\limits_{i=1}^{15} x_{ij_1}^2 x_{ij_2}^2 = 8 \neq 0$. 因此, 可以说, 最后 3 列的编码值破坏了组合设计的正交性.

为恢复组合设计表的正交性, 可使平方项中心化, 即用 x_{ij}^2 的离均差

$$x'_{ij} = x_{ij}^2 - \frac{\sum\limits_{i=1}^{15} x_{ij}^2}{m_c + 2p + m_0} = x_{ij}^2 - \frac{8 + 2\gamma^2}{15}$$

代替 x_{ij}^2. 根据离均差的性质, $\sum\limits_{i=1}^{15} x'_{ij} = 0$.

进一步, 可选择星号臂 γ, 使 $\sum\limits_{i=1}^{15} x'_{ij_1} x'_{ij_2} = 0$.

表 3-14　　　　　　　　　　三元组合设计表

因子		x_1	x_2	x_3	$x_1 x_2$	$x_1 x_3$	$x_2 x_3$	x_1^2	x_2^2	x_3^2
试验号	1	1	1	1	1	1	1	1	1	1
	2	1	1	-1	1	-1	-1	1	1	1
	3	1	-1	1	-1	1	-1	1	1	1
	4	1	-1	-1	-1	-1	1	1	1	1
	5	-1	1	1	-1	-1	1	1	1	1
	6	-1	1	-1	-1	1	-1	1	1	1
	7	-1	-1	1	1	-1	-1	1	1	1
	8	-1	-1	-1	1	1	1	1	1	1
	9	γ	0	0	0	0	0	γ^2	0	0
	10	$-\gamma$	0	0	0	0	0	γ^2	0	0
	11	0	γ	0	0	0	0	0	γ^2	0
	12	0	$-\gamma$	0	0	0	0	0	γ^2	0
	13	0	0	γ	0	0	0	0	0	γ^2
	14	0	0	$-\gamma$	0	0	0	0	0	γ^2
	15	0	0	0	0	0	0	0	0	0

由于 $i = 1, 2, \cdots, 8$ 时，$x'_{ij} = 1 - \dfrac{8 + 2\gamma^2}{15}$；$i = 9, 10, \cdots, 14$ 时，有 2 个 $x'_{ij} = \gamma^2 - \dfrac{8 + 2\gamma^2}{15}$，其他 4 个 $x'_{ij} = 0 - \dfrac{8 + 2\gamma^2}{15}$；$i = 15$ 时，$x'_{ij} = 0 - \dfrac{8 + 2\gamma^2}{15}$，故

$$\sum_{i=1}^{15} x'_{ij_1} x'_{ij_2} = 8\left(1 - \frac{8 + 2\gamma^2}{15}\right)^2 + 4\left(\gamma^2 - \frac{8 + 2\gamma^2}{15}\right)\left(-\frac{8 + 2\gamma^2}{15}\right)$$

$$+ 3\left(-\frac{8 + 2\gamma^2}{15}\right)^2$$

$$= -\frac{4}{15}(\gamma^4 + 8\gamma^2 - 14).$$

令 $\gamma^4 + 8\gamma^2 - 14 = 0$，即可解出 $\gamma^2 = 1.477$，$\gamma = 1.215$. 这时，

$$\frac{8 + 2\gamma^2}{15} = 0.730.$$

通过使平方项中心化并选择星号臂 γ 的数值后，得到三元正交组合设计如表 3-15.

表 3-15　　　　　　　　　三元正交组合设计表

因子	x_1	x_2	x_3	x_1x_2	x_1x_3	x_2x_3	x_1'	x_2'	x_3'
1	1	1	1	1	1	1	0.27	0.27	0.27
2	1	1	−1	1	−1	−1	0.27	0.27	0.27
3	1	−1	1	−1	1	−1	0.27	0.27	0.27
4	1	−1	−1	−1	−1	1	0.27	0.27	0.27
5	−1	1	1	−1	−1	1	0.27	0.27	0.27
6	−1	1	−1	−1	1	−1	0.27	0.27	0.27
7	−1	−1	1	1	−1	−1	0.27	0.27	0.27
8	−1	−1	−1	1	1	1	0.27	0.27	0.27
9	1.215	0	0	0	0	0	0.746	−0.73	−0.73
10	−1.215	0	0	0	0	0	0.746	−0.73	−0.73
11	0	1.215	0	0	0	0	−0.73	0.746	−0.73
12	0	−1.215	0	0	0	0	−0.73	0.746	−0.73
13	0	0	1.215	0	0	0	−0.73	−0.73	0.746
14	0	0	−1.215	0	0	0	−0.73	−0.73	0.746
15	0	0	0	0	0	0	−0.73	−0.73	−0.73

（试验号）

表 3-15 中的 $m_0=1$, $x_{ij}'=x_{ij}^2-\frac{1}{15}\sum_{i=1}^{15}x_{ij}^2$, $j=1,2,3$, 而 $i=1,2,\cdots,15.$

3.3.3　二次回归正交组合设计的步骤

（1）确定各自变量的变化范围. 设有 p 个自变量 $z_1,z_2,\cdots,z_p$ 与试验指标 y，要建立 p 元二次回归方程，可先确定各个自变量 z_j 变化的下界 z_{1j} 和上界 z_{2j}，并按公式

$$z_{0j}=\frac{1}{2}(z_{1j}+z_{2j}),\quad \Delta_j=\frac{1}{2\gamma}(z_{2j}-z_{1j})$$

计算 z_{0j} 和 Δ_j.

称 z_{0j} 为自变量 z_j 的**零水平**，称 Δ_j 为**自变量 z_j 变化的半区间**，γ 的数值可由正交组合设计的 m_0 及 γ^2 值表中查出（见表 3-16）.

表 3-16　　　　　　m_0 及 γ^2 值略表（引自参考文献[1]）

m_0 ＼ γ^2	$p=2$	$p=3$	$p=4$	$p=5\left(\frac{1}{2}\text{实施}\right)$
1	1.000	1.477	2.000	2.392
2	1.160	1.657	2.198	2.583
3	1.317	1.831	2.392	2.770
4	1.475	2.000	2.583	2.954
5	1.606	2.164	2.770	3.136
6	1.742	2.325	2.954	3.314
7	1.873	2.481	3.316	3.489
8	2.000	2.633	3.314	3.662
9	2.123	2.782	3.489	3.832

（2）对各个自变量的水平进行编码，也就是对自变量 z_j 变化的下界 z_{1j} 和上界 z_{2j} 作线性变换，令 $x_j=\dfrac{z_j-z_{0j}}{\Delta_j}$，使 z_{0j} 变换为 0，z_{1j} 变换为 $-\gamma$，z_{2j} 变换为 γ，$z_{0j}-\Delta_j$ 变换为 -1，$z_{0j}+\Delta_j$ 变换为 1.

编码后，y 对 $z_1,z_2,\cdots,z_p$ 的回归问题就转化为 y 对编码 $x_1,x_2,\cdots,x_p$ 的回归问题. 为取得 y 的观测值，建立回归方程，便要在一个以 $x_1,x_2,\cdots,x_p$ 为坐标轴的编码空间中选择试验点，进行试验设计.

（3）根据自变量以及它们之间必须加以考虑的交互作用的个数，选择适当的正交组合设计表，根据正交组合设计表确定试验点并取得 y 的观测值，建立 y 对 $x_1,x_2,\cdots,x_p$ 的线性回归方程.

以上所述，便是二次回归正交组合设计的步骤.

3.3.4　正交组合设计的 m_0 及 γ^2 值略表

根据表 3-15 计算三元正交组合设计中 γ^2 及 γ 值的方法，可以推广到一般的情况.

如果是 p 元正交组合设计且 $m_c=2^p$，那么，求 γ^2 的方程为
$$\gamma^4+2^p\gamma^2-2^{p-1}(p+0.5m_0)=0.$$

如果是 p 元正交组合设计且 $m_c=2^{p-1}$，那么，求 γ^2 的方程为
$$\gamma^4+2^{p-1}\gamma^2-2^{p-2}(p+0.5m_0)=0.$$

由 p 及 m_0 算出 γ^2 的值如表 3-16.

3.3.5　回归系数的计算及显著性检验

回归方程

$$\hat{y} = b_0' + \sum_{j=1}^{p} b_j x_j + \sum_{1 \leqslant j_1 < j_2 \leqslant p} b_{j_1 j_2} x_{j_1} x_{j_2} + \sum_{j=1}^{p} b_{jj} x_j'$$

的系数 $b_0' = \bar{y}$，

$$b_j = \frac{\sum_{i=1}^{n} x_{ij} y_i}{\sum_{i=1}^{n} x_{ij}^2}, \quad b_{j_1 j_2} = \frac{\sum_{i=1}^{n} x_{ij_1} x_{ij_2} y_i}{\sum_{i=1}^{n} x_{ij_1}^2 x_{ij_2}^2}, \quad b_{jj} = \frac{\sum_{i=1}^{n} x_{ij}' y_i}{\sum_{i=1}^{n} x_{ij}'^2}.$$

以上计算可在一张类似于表 3-9 的表格上进行.

将 $x_j' = x_j^2 - \frac{1}{n} \sum_{i=1}^{n} x_{ij}^2$（$n = m_c + 2p + m_0$）代入上述回归方程后，得到所求的回归方程

$$\hat{y} = b_0 + \sum_{j=1}^{p} b_j x_j + \sum_{1 \leqslant j_1 < j_2 \leqslant p} b_{j_1 j_2} x_{j_1} x_{j_2} + \sum_{j=1}^{p} b_{jj} x_j^2,$$

式中，$b_0 = \bar{y} - \frac{1}{n} \sum_{j=1}^{p} b_{jj} \sum_{i=1}^{n} x_{ij}^2$.

至于显著性检验，与一次回归的正交设计相类似.

3.3.6　回归方程的失拟性检验

如果在零水平处重复试验的次数为 m_0，y 的观测值为 $y_{01}, y_{02}, \cdots, y_{0m_0}$，

$$\bar{y}_0 = \frac{1}{m_0} \sum_{k=1}^{m_0} y_{0k}, \quad SS_0 = \sum_{k=1}^{m_0} (y_{0k} - \bar{y}_0)^2,$$

则称 SS_0 为**误差平方和**.

如果回归方程的剩余平方和为 SSE，记 $SS_{Lf} = SSE - SS_0$，那么 SS_{Lf} 所表示的是剩余平方和 SSE 中除去误差平方和 SS_0 以后其他作用所造成的平方和，称为**失拟平方和**.

可以证明：当 SSE 的自由度为 $n - p - 1$，SS_0 的自由度为 $m_0 - 1$ 时，

$$F = \frac{SS_{Lf}/(n + m_0 - p - 2)}{SS_0/(m_0 - 1)} \sim F(n + m_0 - p - 2, m_0 - 1).$$

因此，给出显著性水平 α，即可进行失拟平方和 SS_{Lf} 的显著性检验，并且称这样的检验为**回归方程的失拟性检验**. 当检验的结果不显著时，认为回归方

程是合适的. 否则，认为回归方程是不合适的.

❧ 3.4 二次回归的旋转组合设计 ❧

3.4.1 什么是旋转设计

根据回归的试验设计安排试验得到回归方程后，如果位于同一球面上的点，其预测值 $\hat{y}$ 的方差处处相等，则称这样的性质为**旋转性**，称有旋转性的试验设计为**旋转设计**.

例如，由一次回归的正交设计安排试验所得的线性回归方程 $\hat{y} = b_0 + \sum_{j=1}^{p} b_j x_j$，其正规方程组的系数矩阵为对角阵，逆矩阵也为对角阵，各 $c_{jj} = \dfrac{1}{n}$，且当 $j_1 \neq j_2$ 时，各 $c_{j_1 j_2} = 0$. 因此，各 $D(b_j) = \dfrac{\sigma^2}{n}$，当 $j_1 \neq j_2$ 时，各 $\mathrm{Cov}(b_{j_1}, b_{j_2}) = 0$，

$$D(\hat{y}) = D(b_0) + \sum_{j=1}^{p} D(b_j) x_j^2 = \frac{\sigma^2}{n}\Big(1 + \sum_{j=1}^{p} x_j^2\Big).$$

若记 $\sum_{j=1}^{p} x_j^2 = \rho^2$，则 $D(\hat{y}) = \dfrac{\sigma^2}{n}(1 + \rho^2)$.

这里的 $\sum_{j=1}^{p} x_j^2 = \rho^2$ 可解释为某 p 维空间内的一个球面，该 p 维空间以 x_1，$x_2, \cdots, x_p$ 为坐标轴，球面的中心在坐标原点，球面的半径为正数 ρ.

因此，一次回归的正交设计具有旋转性.

但是，由二次回归的正交组合设计安排试验，所得的二次回归方程

$$\hat{y} = b_0 + \sum_{j=1}^{p} b_j x_j + \sum_{1 \leqslant j_1 < j_2 \leqslant p} b_{j_1 j_2} x_{j_1} x_{j_2} + \sum_{j=1}^{p} b_{jj} x_j^2$$

的正规方程组的系数矩阵及其逆矩阵虽然也为对角阵，但是各 c_{jj} 并不一定相等. 因此各 $D(b_j), D(b_{j_1 j_2})$ 以及 $D(b_{jj})$ 也不一定相等，其预测值 $\hat{y}$ 的方差

$$D(\hat{y}) = D(b_0) + \sum_{j=1}^{p} D(b_j) x_j^2 + \sum_{1 \leqslant j_1 < j_2 \leqslant p} D(b_{j_1 j_2}) x_{j_1}^2 x_{j_2}^2 + \sum_{j=1}^{p} D(b_{jj}) x_j^4$$

依赖于试验点在因子空间中的位置，不一定具有旋转性.

如果能使二次回归设计具有旋转性，使 $D(\hat{y})$ 在一些与试验中心点距离相等的点上取同样的数值，那么试验者便能够根据预测值直接判断试验点的好坏，并进一步求出有关问题的最优解答.

3.4.2　旋转性条件及非退化条件

在 p 元二次回归的旋转设计中,如果 p 元二次回归方程"线性化"后的正规方程组的系数矩阵以 $A = X'X$ 表示,那么

(1) A 中的元素都取 $\sum\limits_{i=1}^{n} x_{i1}^{a_1} x_{i2}^{a_2} \cdots x_{ip}^{a_p}$ 这样的形式,并且各指数 $a_1, a_2, \cdots,$ a_p 分别可取 $0,1,2,3,4$ 等非负整数,$a_1 + a_2 + \cdots + a_p = a$,而 $0 \leqslant a \leqslant 4$.

(2) A 中的元素可以分为两类:一类元素,它所有的指数都是偶数或零;另一类元素,它所有的指数中至少有一个是奇数.

根据有关的定理,二次回归的试验设计具有旋转性的条件是:

$$\sum_{i=1}^{n} x_{i1}^{a_1} x_{i2}^{a_2} \cdots x_{ip}^{a_p} = \begin{cases} \lambda_a \dfrac{n \prod\limits_{i=1}^{n} a_i!}{2^{\frac{a}{2}} \prod\limits_{i=1}^{n} \left(\dfrac{a_i}{2}\right)!}, & \text{所有 } a_i \text{ 皆为偶数或零}, \\ 0, & \text{所有 } a_i \text{ 中至少有一个奇数}, \end{cases}$$

式中,$\lambda_0 = 1$,λ_2 及 λ_4 的数值待定.

具体而言,以上旋转性条件就是:① 矩阵 A 中第一行第一列的元素为样本容量 n;② $\sum\limits_{i=1}^{n} x_{ij}^2 = n\lambda_2$;③ 当 $j_1 \neq j_2$ 时,$\sum\limits_{i=1}^{n} x_{ij_1}^2 x_{ij_2}^2 = n\lambda_4$;④ $\sum\limits_{i=1}^{n} x_{ij}^4 = 3n\lambda_4$;⑤ 其他各元素都等于 0.

这时,矩阵

$$\frac{1}{n}A = \frac{1}{n}(X'X) = \begin{bmatrix} 1 & & & & & & & & \lambda_2 & \lambda_2 & \cdots & \lambda_2 \\ & \lambda_2 & & & & & & & & & & \\ & & \lambda_2 & & & & & & & & & \\ & & & \ddots & & & & & & & & \\ & & & & \lambda_2 & & & & & & & \\ & & & & & \lambda_4 & & & & & & \\ & & & & & & \lambda_4 & & & & & \\ & & & & & & & \ddots & & & & \\ & & & & & & & & \lambda_4 & & & \\ \lambda_2 & & & & & & & & 3\lambda_4 & \lambda_4 & \cdots & \lambda_4 \\ \lambda_2 & & & & & & & & \lambda_4 & 3\lambda_4 & \cdots & \lambda_4 \\ \vdots & & & & & & & & \vdots & \vdots & & \vdots \\ \lambda_2 & & & & & & & & \lambda_4 & \lambda_4 & \cdots & 3\lambda_4 \end{bmatrix} \begin{matrix} 0\,\text{行} \\ 1\,\text{行} \\ 2\,\text{行} \\ \vdots \\ p\,\text{行} \\ 12\,\text{行} \\ 13\,\text{行} \\ \vdots \\ (p-1)p\,\text{行} \\ 11\,\text{行} \\ 22\,\text{行} \\ \vdots \\ pp\,\text{行} \end{matrix}$$

$$\begin{matrix} 0 & 1 & 2 & \cdots & p & 12 & 13 & \cdots & (p-1)p & 11 & 22 & \cdots & pp \\ \text{列} & \text{列} & \text{列} & & \text{列} & \text{列} & \text{列} & & \text{列} & \text{列} & \text{列} & & \text{列} \end{matrix}$$

$$\left|\frac{1}{n}\boldsymbol{A}\right| = \lambda_2^p \lambda_4^l \begin{vmatrix} 1 & \lambda_2 & \lambda_2 & \cdots & \lambda_2 \\ \lambda_2 & 3\lambda_4 & \lambda_4 & \cdots & \lambda_4 \\ \lambda_2 & \lambda_4 & 3\lambda_4 & \cdots & \lambda_4 \\ \vdots & \vdots & \vdots & & \vdots \\ \lambda_2 & \lambda_4 & \lambda_4 & \cdots & 3\lambda_4 \end{vmatrix}$$

$$= \lambda_2^p \lambda_4^l [(p+2)\lambda_4 - p\lambda_2^2](2\lambda_4)^{p-1},$$

式中，l 为 $j_1 < j_2$ 时排列 (j_1, j_2) 的种数，$l = C_p^2$.

因此，当 λ_2, λ_4 及 p 满足不等式 $(p+1)\lambda_4 - p\lambda_2^2 \neq 0$ 或 $\dfrac{\lambda_4}{\lambda_2^2} \neq \dfrac{p}{p+2}$ 时，矩阵 $\boldsymbol{A}$ 是可逆的. 这个不等式提供了作旋转设计时应当避免的情况，称为**二次旋转设计的非退化条件**.

可以由二次回归的旋转性条件证明 $\dfrac{\lambda_4}{\lambda_1^2} \geqslant \dfrac{p}{p+2}$.

证 (1) 因为 $\sum\limits_{i=1}^{n} x_{ij}^2 = n\lambda_2$,

$$p\sum_{i=1}^{n} x_{ij}^2 = \sum_{j=1}^{p}\sum_{i=1}^{n} x_{ij}^2 = \sum_{i=1}^{n}\sum_{j=1}^{p} x_{ij}^2 = \sum_{i=1}^{n}\rho_i^2 = np\lambda_2,$$

式中，$\sum\limits_{j=1}^{p} x_{ij}^2 = \rho_i^2$ 表示第 i 个试验点 $(x_{i1}, x_{i2}, \cdots, x_{ip})$ 在半径为 ρ_i 的球面上，因此，$\lambda_2 = \dfrac{\sum\limits_{i=1}^{n}\rho_i^2}{np}$.

(2) 又因为 $\sum\limits_{i=1}^{n} x_{ij}^4 = 3n\lambda_4$, $\sum\limits_{i=1}^{n} x_{ij_1}^2 x_{ij_2}^2 = n\lambda_4$,

$$(\rho_i^2)^2 = \Big(\sum_{j=1}^{p} x_{ij}^2\Big)^2 = \sum_{j=1}^{p} x_{ij}^4 + 2\sum_{1 \leqslant j_1 < j_2 \leqslant p} x_{ij_1}^2 x_{ij_2}^2,$$

$$\sum_{i=1}^{n}\rho_i^4 = \sum_{i=1}^{n}\sum_{j=1}^{p} x_{ij}^4 + 2\sum_{i=1}^{n}\sum_{1 \leqslant j_1 < j_2 \leqslant p} x_{ij_1}^2 x_{ij_2}^2$$

$$= \sum_{j=1}^{p}\sum_{i=1}^{n} x_{ij}^4 + 2\sum_{1 \leqslant j_1 < j_2 \leqslant p}\sum_{i=1}^{n} x_{ij_1}^2 x_{ij_2}^2$$

$$= \sum_{j=1}^{p} 3n\lambda_4 + 2\sum_{1 \leqslant j_1 < j_2 \leqslant p} n\lambda_4$$

$$= 3np\lambda_4 + 2C_p^2 n\lambda_4 = np(p+2)\lambda_4,$$

所以，$\lambda_4 = \dfrac{\sum\limits_{i=1}^{n}\rho_i^4}{np(p+2)}$.

（3）根据重要不等式 $\left(\sum\limits_{i=1}^{n}\rho_i^2\right)^2 \leqslant n\sum\limits_{i=1}^{n}\rho_i^4$ 得出

$$\frac{\lambda_4}{\lambda_4^2} = \frac{\sum\limits_{i=1}^{n}\rho_i^4}{\left(\sum\limits_{i=1}^{n}\rho_i^2\right)^2} \cdot \frac{np}{p+2} \geqslant \frac{p}{p+2},$$

且等号成立的唯一条件是各 ρ_i 相等，即 n 个试验点位于同一个球面上.

此结论说明，为满足非退化条件，只要使 n 个试验点至少位于两个半径不相等的球面上，就有可能得到旋转设计方案.

3.4.3　二次回归组合设计的旋转性

二次回归试验计划的旋转设计，通常与组合设计相联系. 二次回归组合设计中的 n 个试验点，有 m_c 个分布在半径为 $\sqrt{p}$ 的球面上，有 $2p$ 个分布在半径为 γ 的球面上，有 m_0 个集中在半径为 0 的球面即中心点上. 根据前面的讲述，二次回归的组合设计满足非退化的条件.

由组合设计表中各个 x_{ij} 所取的数值，可以算出

$$\sum_{i=1}^{n}x_{ij}=0, \quad \sum_{i=1}^{n}x_{ij}^2=m_c+2\gamma^2, \quad \sum_{i=1}^{n}x_{ij}^3=0, \quad \sum_{i=1}^{n}x_{ij}^4=m_c+2\gamma^4,$$

$j_1 \neq j_2$ 时，

$$\sum_{i=1}^{n}x_{ij_1}x_{ij_2}=0, \quad \sum_{i=1}^{n}x_{ij_1}^2x_{ij_2}=0, \quad \sum_{i=1}^{n}x_{ij_1}^3x_{ij_2}=0,$$

$$\sum_{i=1}^{n}x_{ij_1}^2x_{ij_2}^2=m_c, \quad \sum_{i=1}^{n}x_{ij_1}^3x_{ij_2}^2=0.$$

为了使二次回归的组合设计具有旋转性，可根据旋转性条件，由

$$\sum_{i=1}^{n}x_{ij_1}^2x_{ij_2}^2=n\lambda_4, \quad \sum_{i=1}^{n}x_{ij}^4=3n\lambda_4, \quad \sum_{i=1}^{n}x_{ij}^4=3\sum_{i=1}^{n}x_{ij_1}^2x_{ij_2}^2,$$

即 $m_c+2\gamma^4=3m_c$ 中解出星号臂的数值 $\gamma=\sqrt[4]{m_c}$.

因此，二次回归的组合设计，通过选择星号臂 γ，可以具有旋转性.

3.4.4　二次回归旋转组合设计的正交性

具有旋转性的试验设计只需满足旋转性条件，并不一定具有正交性. 因

此，在旋转设计所得到的回归方程中，$\mathrm{Cov}(b_0,b_{jj})$ 与 $j_1 \neq j_2$ 时 $\mathrm{Cov}(b_{j_1j_1},b_{j_2j_2})$ 不一定为 0.

采用上一节中使平方项中心化的方法，可以消除 b_0 与 b_{jj} 的相关.

又根据由矩阵 $\frac{1}{n}A$ 求出的逆矩阵 nA^{-1} 可以得到 $j_1 \neq j_2$ 时，

$$\mathrm{Cov}(b_{j_1j_1},b_{j_2j_2}) = \frac{(\lambda_2^2 - \lambda_4)\sigma^2}{2n\lambda_4[(p+2)\lambda_4 - p\lambda_2^2]},$$

式中，σ^2 为误差项的方差.

为消除 $b_{j_1j_1}$ 与 $b_{j_2j_2}$ 的相关，必须使 $\lambda_4 = \lambda_2^2$.

下面说明，选择 m_0，使 $\lambda_4 = \lambda_2^2$，可以消除 $b_{j_1j_1}$ 与 $b_{j_2j_2}$ 的相关.

因为组合设计的试验点分布在三个球面上，

$$np\lambda_2 = \sum_{i=1}^n \rho_i^2 = \sum_{i=1}^n\sum_{j=1}^p x_{ij}^2 = \sum_{j=1}^p\sum_{i=1}^n x_{ij}^2 = p(m_c + 2\gamma^2),$$
$$\lambda_2 = \frac{m_c + 2\gamma^2}{n};$$

$$np(p+2)\lambda_4 = \sum_{i=1}^n \rho_i^4 = \sum_{i=1}^n\sum_{j=1}^p x_{ij}^4 + 2\sum_{i=1}^n\sum_{1\leqslant j_1<j_2\leqslant p} x_{ij_1}^2 x_{ij_2}^2$$
$$= \sum_{j=1}^p\sum_{i=1}^n x_{ij}^4 + 2\sum_{1\leqslant j_1<j_2\leqslant p}\sum_{i=1}^n x_{ij_1}^2 x_{ij_2}^2$$
$$= p(m_c + 2\gamma^4) + 2C_p^2 m_c = p^2 m_c + 2p\gamma^4,$$
$$\lambda_4 = \frac{pm_c + 2\gamma^4}{n(p+2)}, \quad \frac{\lambda_4}{\lambda_2^2} = \frac{pm_c + 2\gamma^4}{(m_c + 2\gamma^2)^2}\cdot\frac{n}{p+2}.$$

对于 p 个自变量的旋转组合设计而言，式中的 m_c 和 γ 都是定数，$n = m_c + 2p + m_0$ 中的 m_0 可以进行选择. 适当地选择 m_0，使 $\frac{\lambda_4}{\lambda_2^2} = 1$ 或 $\frac{\lambda_4}{\lambda_2^2} \approx 1$，便可以使二次回归旋转组合设计具有或近似地具有正交性.

综上所述，p 元二次回归旋转组合设计的 $m_c = 2^p$ 或 2^{p-1}，$\gamma = \sqrt[4]{m_c}$.

p 元二次回归正交旋转组合设计的 m_0 使 $\frac{\lambda_4}{\lambda_2^2} = 1$ 或 $\frac{\lambda_4}{\lambda_2^2} \approx 1$，而

$$\frac{\lambda_4}{\lambda_2^2} = \frac{pm_c + 2\gamma^4}{(m_c + 2\gamma^2)^2}\cdot\frac{n}{p+2}, \quad n = m_c + 2p + m_0.$$

例如，$p = 2$，$m_c = 4$，$\gamma = \sqrt[4]{4} = 1.4142$ 时，

$$m_c p + 2\gamma^4 = 16, \quad (m_c + 2\gamma^2)^2 = 64,$$

由 $\frac{\lambda_4}{\lambda_2^2}=\frac{16}{64}\cdot\frac{n}{4}=1$ 解出 $n=16$，$m_0=n-m_c-2p=8$.

又如，$p=3$，$m_c=8$，$\gamma=\sqrt[4]{8}=1.6818$ 时，

$$m_c p+2\gamma^4=40, \quad (m_c+2\gamma^2)^2=186.511,$$

由 $\frac{\lambda_4}{\lambda_2^2}=\frac{40}{186.511}\cdot\frac{n}{5}=1$ 解出 $n=23.314\approx23$，$m_0=n-m_c-2p=9$.

$p=2,3,4,5,6,7,8$ 时，γ 及 m_0 的值如表 3-17.

表 3-17   二次回归正交旋转组合设计的参数表(引自参考文献[1])

p	m_c	γ	$\frac{n}{\lambda_4/\lambda_2^2}$	n	$\frac{\lambda_4}{\lambda_2^2}$	m_0
2	4	1.414	16	16	1	8
3	8	1.682	23.314	23	0.99	9
4	16	2.000	36	36	1	12
5($\frac{1}{2}$实施)	16	2.000	36	36	1	10
6($\frac{1}{2}$实施)	32	2.378	58.627	59	1.01	15
7($\frac{1}{2}$实施)	64	2.828	100	100	1	22
8($\frac{1}{2}$实施)	128	3.364	177.256	177	1	33
8($\frac{1}{4}$实施)	64	2.828	100	100	1	20

3.4.5   二次回归正交旋转组合设计的实例

【例3.6】   某品种棉花栽培试验密度 z_1(株/亩)，施纯氮量 z_2(kg/亩)，施缩节胺量 z_3(g/亩)的下界、上界、零水平及半区间的数值如表 3-18，先作线性变换

$$x_1=\frac{z_1-3000}{1189}, \quad x_2=\frac{z_2-7.5}{4.46}, \quad x_3=\frac{z_3-2}{1.19},$$

表 3-18   三变量的 z_{1j},z_{2j},z_{0j} 及 Δ_j

z_j	z_{1j}	z_{2j}	z_{0j}	Δ_j	$z_{0j}-\Delta_j$	$z_{0j}+\Delta_j$
z_1	1000	5000	3000	1189	1811	4189
z_2	0	15	7.5	4.46	3.04	11.96
z_3	0	4	2	1.19	0.81	3.19
编码	-1.682	1.682	0		-1	1

再根据三元二次回归正交旋转组合设计安排试验(见表 3-19)，各试验小区籽棉产量 y（kg）的观测值如表 3-19（承蒙陈光琬、余隆新等提供），试建立三元二次回归方程.

表 3-19 　　　　　　　　　**试验安排及产量 y 的观测值**

因子		密度		施纯氮		施缩节胺		小区产量
试验号	1	1	4 189	1	11.96	1	3.19	3.89
	2	1	4 189	1	11.96	−1	0.81	4.33
	3	1	4 189	−1	3.04	1	3.19	3.82
	4	1	4 198	−1	3.04	−1	0.81	3.36
	5	−1	1 811	1	11.96	1	3.19	2.99
	6	−1	1 811	1	11.96	−1	0.81	4.23
	7	−1	1 811	−1	3.04	1	3.19	2.92
	8	−1	1 811	−1	3.04	−1	0.81	3.14
	9	1.682	5 000	0	7.5	0	2	3.28
	10	−1.628	1 000	0	7.5	0	2	3.03
	11	0	3 000	1.682	15	0	2	3.20
	12	0	3 000	−1.682	0	0	2	2.91
	13	0	3 000	0	7.5	1.682	4	3.23
	14	0	3 000	0	7.5	−1.682	0	3.69
	15	0	3 000	0	7.5	0	2	3.73
	16	0	3 000	0	7.5	0	2	2.87
	17	0	3 000	0	7.5	0	2	3.16
	18	0	3 000	0	7.5	0	2	3.67
	19	0	3 000	0	7.5	0	2	3.64
	20	0	3 000	0	7.5	0	2	3.49
	21	0	3 000	0	7.5	0	2	3.07
	22	0	3 000	0	7.5	0	2	3.55
	23	0	3 000	0	7.5	0	2	3.17

表 3-19 中第 1 号至第 8 号试验是二水平正交试验,第 9 号至第 14 号试验是在星号点处的试验,第 15 号至第 23 号试验是在中心点处的试验.

解 (1) 应用 SAS 计算三元一次回归方程得

$$\hat{y} = 3.407 + 0.186x_1 + 0.197x_2 - 0.162x_3 - 0.015x_1x_2 + 0.185x_1x_3$$
$$- 0.24x_2x_3 - 0.00005\,x_1' - 0.035x_2' + 0.108x_3'.$$

作回归系数的显著性检验得

$t(b_0) = 48.944$,Prob $> |T|$ 为 0.0001,极显著;

$t(b_1) = 2.059$,Prob $> |T|$ 为 0.0601,不显著;

$t(b_2) = 2.178$,Prob $> |T|$ 为 0.0484,显著;

$t(b_3) = -1.794$,Prob $> |T|$ 为 0.0961,不显著;

$t(b_{12}) = -0.127$,Prob $> |T|$ 为 0.9008,不显著;

$t(b_{13}) = 1.567$,Prob $> |T|$ 为 0.1411,不显著;

$t(b_{23}) = -2.033$,Prob $> |T|$ 为 0.0630,不显著;

$t(b_{11}) = 0.001$,Prob $> |T|$ 为 0.9995,不显著;

$t(b_{22}) = -0.421$,Prob $> |T|$ 为 0.6803,不显著;

$t(b_{33}) = 1.288$,Prob $> |T|$ 为 0.2202,不显著.

作回归方程的显著性检验得

$$SST = 3.75144, \quad SSR = 2.30225, \quad SSE = 1.44919,$$

$F = 2.295$,Prob $> F$ 为 0.0844,不显著.

(2) 去掉最不显著的因子 x_1' 后,应用 SAS 计算三元一次回归方程得

$$\hat{y} = 3.407 + 0.186x_1 + 0.197x_2 - 0.162x_3 - 0.015x_1x_2$$
$$+ 0.185x_1x_3 - 0.24x_2x_3 - 0.035x_2' + 0.108x_3'.$$

作回归系数的显著性检验得

$t(b_0) = 50.791$,Prob $> |T|$ 为 0.0001,极显著;

$t(b_1) = 2.137$,Prob $> |T|$ 为 0.0508,不显著;

$t(b_2) = 2.260$,Prob $> |T|$ 为 0.0403,显著;

$t(b_3) = -1.862$,Prob $> |T|$ 为 0.0838,不显著;

$t(b_{12}) = -0.132$,Prob $> |T|$ 为 0.8970,不显著;

$t(b_{13}) = 1.626$,Prob $> |T|$ 为 0.1262,不显著;

$t(b_{23}) = -2.110$,Prob $> |T|$ 为 0.0533,不显著;

$t(b_{22}) = -0.437$,Prob $> |T|$ 为 0.6685,不显著;

$t(b_{33}) = 1.337$,Prob $> |T|$ 为 0.2027,不显著.

作回归方程的显著性检验得

$$\text{SST} = 3.751\,44, \quad \text{SSR} = 2.302\,25, \quad \text{SSE} = 1.449\,19,$$

$F = 2.780$，Prob $> F$ 为 $0.045\,3$，显著.

（3）去掉最不显著的因子 $x_1 x_2$ 后，应用 SAS 计算三元一次回归方程得

$$\hat{y} = 3.407 + 0.186x_1 + 0.197x_2 - 0.162x_3 + 0.185x_1x_3$$
$$- 0.24x_2x_3 - 0.035x_2' + 0.108x_3'.$$

作回归系数的显著性检验得

$t(b_0) = 52.541$，Prob $> |T|$ 为 $0.000\,1$，极显著；

$t(b_1) = 2.210$，Prob $> |T|$ 为 $0.043\,0$，显著；

$t(b_2) = 2.338$，Prob $> |T|$ 为 $0.033\,6$，显著；

$t(b_3) = -1.926$，Prob $> |T|$ 为 $0.073\,3$，不显著；

$t(b_{13}) = 1.682$，Prob $> |T|$ 为 $0.113\,2$，不显著；

$t(b_{23}) = -2.183$，Prob $> |T|$ 为 $0.045\,4$，显著；

$t(b_{22}) = -0.452$，Prob $> |T|$ 为 $0.657\,4$，不显著；

$t(b_{33}) = 1.383$，Prob $> |T|$ 为 $0.187\,0$，不显著.

作回归方程的显著性检验得

$$\text{SST} = 3.751\,44, \quad \text{SSR} = 2.300\,45, \quad \text{SSE} = 1.450\,99,$$

$F = 3.397$，Prob $> F$ 为 $0.022\,2$，显著.

（4）去掉最不显著的因子 x_2' 后，应用 SAS 计算三元一次回归方程得

$$\hat{y} = 3.407 + 0.186x_1 + 0.197x_2 - 0.162x_3$$
$$+ 0.185x_1x_3 - 0.24x_2x_3 + 0.108x_3'.$$

作回归系数的显著性检验得

$t(b_0) = 53.898$，Prob $> |T|$ 为 $0.000\,1$，极显著；

$t(b_1) = 2.267$，Prob $> |T|$ 为 $0.037\,6$，显著；

$t(b_2) = 2.399$，Prob $> |T|$ 为 $0.029\,0$，显著；

$t(b_3) = -1.976$，Prob $> |T|$ 为 $0.065\,7$，不显著；

$t(b_{13}) = 1.726$，Prob $> |T|$ 为 $0.103\,6$，不显著；

$t(b_{23}) = -2.239$，Prob $> |T|$ 为 $0.039\,7$，显著；

$t(b_{33}) = 1.422$，Prob $> |T|$ 为 $0.174\,3$，不显著.

作回归方程的显著性检验得

$$\text{SST} = 3.751\,44, \quad \text{SSR} = 2.280\,65, \quad \text{SSE} = 1.470\,80,$$

$F = 4.135$，Prob $> F$ 为 $0.010\,7$，接近极显著.

因为回归方程已接近极显著，建立三元二次回归方程可以到此为止，也可以继续剔出不显著的因子，直到没有不显著的因子为止. 最后将编码时所作线

性变换的公式代入，便可以得到用 z_1,z_2 及 z_3 表示的三元二次回归方程.

以上计算可在同一张表格上进行，计算所得的结果如表 3-20.

表 3-20　　　　　　　　三元二次回归正交旋转组合设计计算表

因子		x_1	x_2	x_3	x_1x_2	x_1x_3	x_2x_3	x_1'	x_2'	x_3'	y
1	1	1	1	1	1	1	1	0.406	0.406	0.406	3.89
2	1	1	1	1	−1	1	−1	−1	0.406	0.406	0.406	4.33
3	1	1	1	−1	1	−1	1	−1	0.406	0.406	0.406	3.82
4	1	1	1	−1	−1	−1	−1	1	0.406	0.406	0.406	3.36
5	1	−1	1	1	−1	−1	1	0.406	0.406	0.406	2.99
6	1	−1	1	−1	1	1	−1	0.406	0.406	0.406	4.23
7	1	−1	−1	1	1	−1	−1	0.406	0.406	0.406	2.92
8	1	−1	−1	−1	1	1	1	0.406	0.406	0.406	3.14
试　9	1	1.682	0	0	0	0	0	2.235	−0.594	−0.594	3.28
10	1	−1.682	0	0	0	0	0	2.235	−0.594	−0.594	3.03
11	1	0	1.682	0	0	0	0	−0.594	2.235	−0.594	3.20
验　12	1	0	−1.682	0	0	0	0	−0.594	2.235	−0.594	2.91
13	1	0	0	1.682	0	0	0	−0.594	−0.594	2.235	3.23
14	1	0	0	−1.682	0	0	0	−0.594	−0.594	2.235	3.69
号　15	1	0	0	0	0	0	0	−0.594	−0.594	−0.594	3.73
16	1	0	0	0	0	0	0	−0.594	−0.594	−0.594	2.87
17	1	0	0	0	0	0	0	−0.594	−0.594	−0.594	3.16
18	1	0	0	0	0	0	0	−0.594	−0.594	−0.594	3.67
19	1	0	0	0	0	0	0	−0.594	−0.594	−0.594	3.64
20	1	0	0	0	0	0	0	−0.594	−0.594	−0.594	3.49
21	1	0	0	0	0	0	0	−0.594	−0.594	−0.594	3.07
22	1	0	0	0	0	0	0	−0.594	−0.594	−0.594	3.55
23	1	0	0	0	0	0	0	−0.594	−0.594	−0.594	3.17
B_j	78.37	2.541	2.688	−2.214	0.12	1.48	−1.92	−0.021	−0.587	1.705	270.789
s_j	23	13.658	13.658	13.658	8	8	8	15.896	15.896	15.896	
b_j	3.407	0.186	0.197	−0.162	−0.051	0.185	−0.24	−0.001	−0.037	0.107	3.751
SS_j		0.473	0.530	0.359	0.002	0.274	0.461	0	0.022	0.182	2.303

表 3-20 中的 B_j 表示 $\sum\limits_{i=1}^{23} x_{ij}y_i$，$\sum\limits_{i=1}^{23} x_{ij_1}x_{ij_2}y_i$ 及 $\sum\limits_{i=1}^{23} x'_{ij}y_i$；$s_j$ 表示 $\sum\limits_{i=1}^{23} x_{ij}^2$，$\sum\limits_{i=1}^{23} x_{ij_1}^2 x_{ij_2}^2$ 及 $\sum\limits_{i=1}^{23} x'_{ij}{}^2$.

3.4.6　应用 SAS 建立正交旋转组合设计的回归方程

根据例 3.6 中三元二次回归正交旋转组合设计的观测值，建立回归方程的 SAS 程序为

```
data ex;input x1-x3 y @@;
x12=x1*x2;x13=x1*x3;x23=x2*x3;
x11=x1*x1-0.594;x22=x2*x2-0.594;
x33=x3*x3-0.594;
cards;
1 1 1 3.89 1 1 -1 4.33
1 -1 1 3.82 1 -1 -1 3.36
-1 1 1 2.99 -1 1 -1 4.23
-1 -1 1 2.92 -1 -1 -1 3.14
1.682 0 0 3.28 -1.682 0 0 3.03
0 1.682 0 3.2 0 -1.682 0 2.91
0 0 1.682 3.23 0 0 -1.682 3.69
0 0 0 3.73 0 0 0 2.87 0 0 0 3.16
0 0 0 3.67 0 0 0 3.64 0 0 0 3.49
0 0 0 3.07 0 0 0 3.55 0 0 0 3.17
;
proc reg;model y=x1-x3 x12 x13 x23 x11 x22 x33;run;
```

如果在 model y＝x1－x3 x12 x13 x23 x11 x22 x33 的后面增加/cli，便可以得到前 8 个正交试验点处 y 的预测值 $\hat{y}$ 的方差同为 $(0.273)^2$，中间 6 个星号点处 y 的预测值 $\hat{y}$ 的方差同为 $(0.260)^2$，后 9 个中心点处 y 的预测值 $\hat{y}$ 的方差同为 $(0.111)^2$，由此可见旋转性的含义.

3.4.7　二次回归旋转组合设计的通用性

旋转设计所得到的二次回归方程，对于同一球面上的各个点，其预测值 $\hat{y}$ 的方差处处相等. 根据这一特性，可以在同一个球面上寻优，寻找由自变量 x_1，$x_2,\cdots,x_p$ 取值所决定的点 $(x_1,x_2,\cdots,x_p)$，使在该点处因变量 y 的预测值 $\hat{y}$ 最

大或最小. 但是, 对于不同球面上的点, 其预测值$\hat{y}$的方差并不相等. 如果要在试验的编码空间中寻优, 就会遇到各个预测值$\hat{y}$不可比的障碍. 逾越这一障碍的方法是进行通用设计, 使二次回归的旋转设计具有通用性.

如果在试验的编码空间中, 某一点$(x_1, x_2, \cdots, x_p)$到中心点的距离为ρ, 在区间$0 < \rho < 1$内, 根据所建立的回归方程, 因变量y的预测值$\hat{y}$的方差相等或近似相等, 则称这样的设计**具有通用性**, 或称这样的设计为**通用设计**.

下面是使二次回归的旋转设计具有通用性的思路:

(1) 先写出预测值$\hat{y}$的方差.

在二次旋转组合设计中, 由于常数项b_0和二次项系数b_{jj}之间, 以及各个二次项系数之间都存在着相关, 因此, 预测值$\hat{y}$的方差

$$
\begin{aligned}
D(\hat{y}) &= D\Big(b_0 + \sum_{j=1}^{p} b_j x_j + \sum_{1 \leqslant j_1 < j_2 \leqslant p} b_{j_1 j_2} x_{j_1} x_{j_2} + \sum_{j=1}^{p} b_{jj} x_j^2\Big) \\
&= D(b_0) + \sum_{j=1}^{p} D(b_j) x_j^2 + \sum_{1 \leqslant j_1 < j_2 \leqslant p} D(b_{j_1 j_2}) x_{j_1}^2 x_{j_2}^2 + \sum_{j=1}^{p} D(b_{jj}) x_j^4 \\
&\quad + \sum_{j=1}^{p} 2\mathrm{Cov}(b_0, b_{jj}) x_j^2 + \sum_{1 \leqslant j_1 < j_2 \leqslant p} 2\mathrm{Cov}(b_{j_1 j_1}, b_{j_2 j_2}) x_{j_1}^2 x_{j_2}^2 \\
&= D(b_0) + D(b_j) \sum_{j=1}^{p} x_j^2 + D(b_{j_1 j_2}) \sum_{1 \leqslant j_1 < j_2 \leqslant p} x_{j_1}^2 x_{j_2}^2 + D(b_{jj}) \sum_{j=1}^{p} x_j^4 \\
&\quad + 2\mathrm{Cov}(b_0, b_{jj}) \sum_{j=1}^{p} x_j^2 + 2\mathrm{Cov}(b_{j_1 j_1}, b_{j_2 j_2}) \sum_{1 \leqslant j_1 < j_2 \leqslant p} x_{j_1}^2 x_{j_2}^2.
\end{aligned}
$$

(2) 在特殊点处计算预测值$\hat{y}$的方差.

根据旋转性, $D(\hat{y})$在一些与试验中心点距离相等的点上取同样的数值, 可取半径为ρ的球面上一个特殊的点$(0, 0, \cdots, 0, \rho, 0, \cdots, 0)$, 将它的坐标代入$D(\hat{y})$中得到

$$
D(\hat{y}) = D(b_0) + D(b_j)\rho^2 + D(b_{jj})\rho^4 + 2\mathrm{Cov}(b_0, b_{jj})\rho^2.
$$

(3) 确定$D(b_0), D(b_j), D(b_{jj})$与$\mathrm{Cov}(b_0, b_{jj})$.

根据矩阵$\dfrac{1}{n}(\boldsymbol{X}'\boldsymbol{X})$的逆矩阵$n(\boldsymbol{X}'\boldsymbol{X})^{-1}$可以确定

$$
D(b_0) = \frac{2\lambda_4^2(p+2)t\sigma^2}{n}, \quad D(b_j) = \frac{\lambda_2^{-1}\sigma^2}{n},
$$

$$
D(b_{jj}) = \frac{[(p+1)\lambda_4 - (p-1)\lambda_2^2]t\sigma^2}{n},
$$

$$\mathrm{Cov}(b_0, b_{jj}) = -\frac{2\lambda_2\lambda_4 t\sigma^2}{n},$$

式中，$t = \dfrac{1}{2\lambda_4[(p+2)\lambda_4 - p\lambda_2^2]}$.

（4）为使后面的论述比较简便，令 $\lambda_2 = 1$.

考虑到 λ_2 与旋转性条件 $\sum\limits_{i=1}^{n} x_{ij}^2 = n\lambda_2$ 有关，当 $\lambda_2 \neq 1$ 时，可以将编码 x_{ij} 更改为 $\dfrac{x_{ij}}{\sqrt{\lambda_2}}$，使更改后的编码仍然满足旋转性条件，并且不会影响具体的试验计划.

这时，$D(b_0) = \dfrac{2\lambda_4^2(p+2)t\sigma^2}{n}$，$D(b_j) = \dfrac{\sigma^2}{n}$，

$$D(b_{jj}) = \frac{[(p+1)\lambda_4 - (p-1)]t\sigma^2}{n},$$

$$\mathrm{Cov}(b_0, b_{jj}) = -\frac{2\lambda_4 t\sigma^2}{n},$$

式中，$t = \dfrac{1}{2\lambda_4[(p+2)\lambda_4 - p]}$，

$$D(\hat{y}) = D(b_0) + D(b_j)\rho^2 + D(b_{jj})\rho^4 + 2\,\mathrm{Cov}(b_0, b_{jj})\rho^2$$
$$= \frac{(p+2)\lambda_4\sigma^2/n}{(p+2)\lambda_4 - p}\left[1 + \frac{\lambda_4 - 1}{\lambda_4}\rho^2 + \frac{(p+1)\lambda_4 - (p-1)}{2\lambda_4^2(p+2)}\rho^4\right].$$

（5）确定 λ_4.

在区间 $0 < \rho < 1$ 内插入 k 个分点 $\rho_1, \rho_2, \cdots, \rho_k$，写出 $\rho = \rho_i$（$i = 1, 2, \cdots, k$）处的 $\dfrac{D(\hat{y})}{\sigma^2}$ 与 $\rho = 0$ 处的 $\dfrac{D(\hat{y})}{\sigma^2}$ 之差为

$$\frac{(p+2)\lambda_4/n}{(p+2)\lambda_4 - p}\left[\frac{\lambda_4 - 1}{\lambda_4}\rho_i^2 + \frac{(p+1)\lambda_4 - (p-1)}{2\lambda_4^2(p+2)}\rho_i^4\right].$$

记

$$Q(\lambda_4) = \left[\frac{(p+2)\lambda_4/n}{(p+2)\lambda_4 - p}\right]^2 \sum_{i=1}^{n}\left[\frac{\lambda_4 - 1}{\lambda_4}\rho_i^2 + \frac{(p+1)\lambda_4 - (p-1)}{2\lambda_4^2(p+2)}\rho_i^4\right]^2.$$

对不同的 p，可求出使上述偏差平方和 $Q(\lambda_4)$ 最小的 λ_4.

（6）确定 n 与 m_0.

根据 $\dfrac{\lambda_4}{n} = \dfrac{pm_c + 2\gamma^4}{(m_c + 2\gamma^2)(p+2)}$ 确定 n.

如果计算得到的 n 不是整数，则取其最接近的整数.

根据 $n = m_c + 2p + m_0$ 确定 m_0.

$p = 2,3,4,5,6,7,8$ 时，γ 及 m_0 的值如表 3-21.

表 3-21　　二次回归通用旋转组合设计的参数表(引自参考文献[1])

p	m_c	γ	$\dfrac{n}{\lambda_4/\lambda_2^2}$	n	λ_4	$\dot{m}_0$
2	4	1.414	16	12.96	0.81	5
3	8	1.682	23.314	19.90	0.86	6
4	16	2.000	36	30.96	0.86	7
5 ($\frac{1}{2}$ 实施)	16	2.000	36	32.04	0.89	6
6 ($\frac{1}{2}$ 实施)	32	2.378	58.627	52.76	0.90	9
7 ($\frac{1}{2}$ 实施)	64	2.828	100	92	0.92	14
8 ($\frac{1}{2}$ 实施)	128	3.364	177.256	164.85	0.93	21
8 ($\frac{1}{4}$ 实施)	64	2.828	100	93	0.93	13

3.4.8　二次回归通用旋转组合设计的实例

【例 3.7】　花生粕提取蛋白质工艺研究试验中提取温度 z_1(℃)，pH 值 z_2，料液比 1：z_3 中 z_3 的下界、上界、零水平及半区间的数值如表 3-22，先作线性变换

$$x_1 = \frac{z_1 - 50}{5}, \quad x_2 = \frac{z_2 - 9}{0.5}, \quad x_3 = \frac{z_3 - 10}{1},$$

再根据三元二次回归通用旋转组合设计安排试验，各试验组合的蛋白质提取率 y 的观测值如表 3-23 (引自张伟、徐志宏、孙智达、魏振承学术论文)，试建立三元二次回归方程.

表 3-22　　　　　　　　　三变量的 z_{1j}, z_{2j}, z_{0j} 及 Δ_j

z_j	z_{1j}	z_{2j}	z_{0j}	Δ_j	$z_{0j} - \Delta_j$	$z_{0j} + \Delta_j$
z_1	41.59	58.41	50	5	45	55
z_2	8.16	9.84	9	0.5	8.5	9.5
z_3	8.32	11.68	10	1	9	11
编码	−1.682	1.682	0		−1	1

表 3-23　　　　　　　　试验安排及产量 y 的观测值

因子		温度		pH		料液比		小区产量
	1	1	55	1	9.5	1	11	83.45
	2	1	55	1	9.5	−1	9	88.63
	3	1	55	−1	8.5	1	11	78.27
	4	1	55	−1	8.5	−1	9	77.69
	5	−1	45	1	9.5	1	11	80
	6	−1	45	1	9.5	−1	9	76.54
	7	−1	45	−1	8.5	1	11	73.66
试	8	−1	45	−1	8.5	−1	9	71.36
	9	1.682	58.41	0	9	0	10	82.3
验	10	−1.628	41.59	0	9	0	10	68.49
	11	0	50	1.682	9.84	0	10	86.33
	12	0	50	−1.682	8.16	0	10	67.91
号	13	0	50	0	9	1.682	11.68	73.66
	14	0	50	0	9	−1.682	8.32	67.91
	15	0	50	0	9	0	10	87.48
	16	0	50	0	9	0	10	82.3
	17	0	50	0	9	0	10	85.18
	18	0	50	0	9	0	10	88.05
	19	0	50	0	9	0	10	81.72
	20	0	50	0	9	0	10	80

表中第 1 号至第 8 号试验是二水平正交试验，第 9 号至第 14 号试验是在星号点处的试验，第 15 号至第 20 号试验是在中心点处的试验.

解　应用 SAS 计算三元线性回归方程得

$$\hat{y} = 83.966 + 3.639x_1 + 4.292x_2 + 0.793x_3 + 0.575x_1x_2$$
$$- 1.295x_1x_3 - 0.575x_2x_3 - 2.061x_1^2 - 1.451x_2^2 - 3.691x_3^2.$$

作回归系数的显著性检验得

$$t(b_0) = 51.657, \text{Prob} > |T| \text{ 为 } 0.0001, \text{极显著;}$$

121

$t(b_1) = 3.375$，Prob $> |T|$ 为 0.007 1，极显著；

$t(b_2) = 3.980$，Prob $> |T|$ 为 0.002 6，极显著；

$t(b_3) = 0.735$，Prob $> |T|$ 为 0.479 0，不显著；

$t(b_{12}) = 0.408$，Prob $> |T|$ 为 0.691 8，不显著；

$t(b_{13}) = -0.919$，Prob $> |T|$ 为 0.379 7，不显著；

$t(b_{23}) = -0.408$，Prob $> |T|$ 为 0.691 8，不显著；

$t(b_{11}) = -1.964$，Prob $> |T|$ 为 0.078 0，不显著；

$t(b_{22}) = -1.383$，Prob $> |T|$ 为 0.196 8，不显著；

$t(b_{33}) = -3.516$，Prob $> |T|$ 为 0.005 6，极显著；

作回归方程的显著性检验得

$\text{SST} = 869.546\,45$，　$\text{SSR} = 710.713\,90$，　$\text{SSE} = 158.832\,55$，

$F = 4.972$，　Prob $> F$ 为 0.009 8，极显著.

因为回归方程是极显著，建立三元二次回归方程可以到此为止，也可以继续剔出不显著的因子，直到没有不显著的因子为止. 最后将编码时所作线性变换的公式代入，便可以得到用 z_1, z_2 及 z_3 表示的三元二次回归方程.

但是，二次回归通用旋转组合设计没有正交性，全部计算在表格上进行不甚方便.

3.4.9　应用 SAS 建立通用旋转组合设计的回归方程

根据例 3.7 中三元二次回归通用旋转组合设计的观测值，建立回归方程的 SAS 程序为

```
data ex;input x1-x3 y @@;
x12=x1 * x2;x13=x1 * x3;x23=x2 * x3;
x11=x1 * x1;x22=x2 * x2;x33=x3 * x3;
cards;
1 1 1 83.45 1 1 -1 88.63
1 -1 1 78.27 1 1 -1 77.69
-1 1 1 80 -1 1 -1 76.54
-1 -1 1 73.66 -1 -1 -1 71.36
1.682 0 0 82.3 -1.682 0 0 68.49
0 1.682 0 86.33 0 -1.682 0 67.91
0 0 1.682 73.66 0 0 -1.682 67.91
0 0 0 87.48 0 0 0 82.3 0 0 0 85.18
0 0 0 88.05 0 0 0 81.72 0 0 0 80
```

；

proc reg；model y=x1—x3 x12 x13 x23 x11 x22 x33；run；

如果在数据卡的后面增加

0 0 1 ． 0 0 0.9 ． 0 0 0.8 ．

0 0 0.7 ． 0 0 0.6 ． 0 0 0.5 ．

0 0 0.4 ． 0 0 0.3 ． 0 0 0.2 ．

0 0 0.1 ． 0 0 0.1 0 ． 0.1 0 0 ．

在 model y=x1—x3 x12 x13 x23 x11 x22 x33 的后面增加/cli，便可以得到

0 0 1 处 y 的预测值 $\hat{y}$ 的方差为 $(1.761)^2$，

0 0 0.9 处 y 的预测值 $\hat{y}$ 的方差为 $(1.687)^2$，

0 0 0.8 处 y 的预测值 $\hat{y}$ 的方差为 $(1.638)^2$，

0 0 0.7 处 y 的预测值 $\hat{y}$ 的方差为 $(1.610)^2$，

0 0 0.6 处 y 的预测值 $\hat{y}$ 的方差为 $(1.598)^2$，

0 0 0.5 处 y 的预测值 $\hat{y}$ 的方差为 $(1.597)^2$，

0 0 0.4 处 y 的预测值 $\hat{y}$ 的方差为 $(1.602)^2$，

0 0 0.3 处 y 的预测值 $\hat{y}$ 的方差为 $(1.610)^2$，

0 0 0.2 处 y 的预测值 $\hat{y}$ 的方差为 $(1.618)^2$，

0 0 0.1 处 y 的预测值 $\hat{y}$ 的方差为 $(1.624)^2$，

0 0.1 0 处 y 的预测值 $\hat{y}$ 的方差为 $(1.624)^2$，

0 0 处 y 的预测值 $\hat{y}$ 的方差为 $(1.624)^2$，

0 0 0 处 y 的预测值 $\hat{y}$ 的方差为 $(1.625)^2$，

由此可见通用性的含义.

但是，作二次回归的通用旋转设计得到具有通用性的二次回归方程，并不是试验研究的最终目的. 还要在区间 $0 < \rho < 1$ 内寻优，寻找自变量 $x_1, x_2, \cdots, x_p$ 取值所决定的点 $(x_1, x_2, \cdots, x_p)$，使在该点处因变量 y 的预测值 $\hat{y}$ 最大或最小.

上机练习

某地越冬代棉红铃虫的化蛹进度 y（%）的观测值如表 3-24（引自参考文献[2]），试用 SAS 建立 Logistic 曲线回归方程.

（1）概述方法与步骤.

（2）用非线性最小二乘法重新计算回归系数.

表 3-24

i	1	2	3	4	5	6	7	8	9	10
x_i(月／日)	6/5	6/10	6/15	6/20	6/25	6/30	7/5	7/10	7/15	7/20
y_i	3.5	6.4	14.6	31.4	45.6	60.4	75.2	90.2	95.4	97.5

论 文 选 读

篇 名	作者	刊 名	年／期
1. 超声波辅助提取桔梗多糖研究	周泉城	食品科学	2007/07
2. 纤维酶制剂和日粮粗纤维对生长鹅日增重配比优化研究	刘长忠	西南农业学报	2007/04
3. Nisin、溶菌酶和乳酸钠复合保鲜冷却羊肉的配比优化研究	张德权	农业工程学报	2006/08
4. 板栗破壳力学特性的影响因素研究	杨雪银	郑州轻工学院学报	2006/03
5. 酪蛋白的胰蛋白酶酶解条件的优化	王政	华中农业大学学报	2005/06
6. 湘南引种三倍体毛白杨生长模型研究	刘淑春	湖南林业科技	2005/05
7. 天鹰椒氮磷钾高产施肥模型研究	武占会	河北农业大学学报	2004/06
8. 日粮中复合添加剂水平与肉仔鸡生产性能关系的研究	王晓明	饲料研究	2004/12
9. 茶多糖提取条件的研究	倪德江	农业工程学报	2003/02
10. 不同饲料蛋白源对黄颡鱼生长的影响	韩庆	上海水产大学学报	2002/03
11. 草地早熟禾与狗牙根种群动态及种间关系的影响	杨志清	云南农业大学学报	2002/02
12. GAB 吸附模型的修正	文友先	粮食与饲料工业	2001/03

续表

篇　　名	作者	刊　　名	年／期
13. 白蜡虫产卵期雌虫密度与黑缘红瓢虫发育历期和捕食作用的关系	焦懿	昆虫天敌	2000/01
14. 真水狼蛛对褐飞虱捕食作用的初步研究	常瑾	蛛形学报	1998/01
15. 人造米热风干燥数学模型的建立及其应用	赵思明	农业工程学报	1997/01

第四章

多元聚类与判别

聚类分析与判别分析都是研究事物分类或分组的基本方法，它们有着不同的分类目的，彼此之间既有区别又有联系。各种判别分析方法都要求对类或组有事先的了解，通常是每一类至少有一个样本，据此得出判别函数和规则，进而可确定其他新样品的归属。如果类不是已有的，则对类的事先了解和确定可通过聚类分析得到。聚类分析的目的是把所要分类的对象按一定的规则分成若干类，这些类不是事先给出的，可根据观测数据的特征而确定，并且对类的数目和类的结构不必作任何假定。聚类的结果中，属于同一类的对象在某种意义上倾向于彼此相似，而属于不同类的对象倾向于不相似。由于很多问题都需要先聚类而后判别，因此，本章讲述的内容也是按先聚类而后判别的次序。如果调换它们的次序，读起来也不会有任何障碍。

❧ 4.1 聚类的根据 ❧

4.1.1 观测数据矩阵

在聚类时，如果有 n 个样品，每个样品都观测到 p 个指标，x_{ij} 表示第 i 个样品的第 j 个指标的观测值，那么，以 x_{ij} 为元素的矩阵

$$\begin{bmatrix} x_{11} & x_{12} & \cdots & x_{1p} \\ x_{21} & x_{22} & \cdots & x_{2p} \\ \vdots & \vdots & & \vdots \\ x_{n1} & x_{n2} & \cdots & x_{np} \end{bmatrix}$$

称为**观测数据矩阵**。由此矩阵可以计算相似性统计量，而相似性统计量是聚类的根据。

为消去各指标量纲的影响，可以先作标准化变换将 x_{ij} 变换为 x_{ij}^*，使 x_{ij}^*

无量纲且平均数为 0，标准差为 1.

4.1.2 Q 型聚类的相似性统计量

对样品进行聚类称为 **Q 型聚类**.

Q 型聚类的相似性统计量有样品与样品的距离及样品与样品的相似系数.

1. 样品 i_1 与样品 i_2 的距离 $d_{i_1 i_2}$

设样品 i_1 与样品 i_2 的观测值为 $(x_{i_1 1}, x_{i_1 2}, \cdots, x_{i_1 p})$ 及 $(x_{i_2 1}, x_{i_2 2}, \cdots, x_{i_2 p})$.

如果将这两个样品的观测值看做是 p 维空间中两个点的坐标，那么，可以对这两个样品的距离 $d_{i_1 i_2}$ 或 $d_{i_1 i_2}^2$ 或 $d_{i_1 i_2}^q (q > 0)$ 给出多种定义，其中有

绝对值距离 $d_{i_1 i_2} = \sum_{j=1}^{p} |x_{i_1 j} - x_{i_2 j}|$；

欧几里得距离 $d_{i_1 i_2}^2 = \sum_{j=1}^{p} (x_{i_1 j} - x_{i_2 j})^2$；

明考斯基距离 $d_{i_1 i_2}^q = \sum_{j=1}^{p} (x_{i_1 j} - x_{i_2 j})^q$；

马哈拉诺比斯距离 $d_{i_1 i_2}^2 = (\boldsymbol{x}_{i_1} - \boldsymbol{x}_{i_2}) \boldsymbol{S}^{-1} (\boldsymbol{x}_{i_1} - \boldsymbol{x}_{i_2})'$，式中的 $\boldsymbol{x}_{i_1} = (x_{i_1 1}, x_{i_1 2}, \cdots, x_{i_1 p})$，$\boldsymbol{x}_{i_2} = (x_{i_2 1}, x_{i_2 2}, \cdots, x_{i_2 p})$，而 $\boldsymbol{S}$ 为观测数据的方差协方差矩阵.

这 4 种距离中，明考斯基距离是绝对值距离及欧几里得距离的一般形式. 当指标与指标之间互不相关、$\boldsymbol{S}$ 为单位矩阵时，马哈拉诺比斯距离与欧几里得距离一致.

各种距离具有下列共同性质：

(1) 对任意两个样品 i_1 和 i_2，$d_{i_1 i_2} \geqslant 0$；

(2) 当样品 i_1 与 i_2 各指标的观测值对应相等时，$d_{i_1 i_2} = 0$；

(3) $d_{i_1 i_2} = d_{i_2 i_1}$；

(4) 对任意 3 个样品 i_1, i_2 和 i_3，$d_{i_1 i_2} \leqslant d_{i_1 i_3} + d_{i_2 i_3}$.

由于 $d_{i_1 i_2}$ 较小时样品 i_1 与 i_2 比较接近，而 $d_{i_1 i_2}$ 较大时样品 i_1 与 i_2 相差较多，因此 $d_{i_1 i_2}$ 可以作为相似性统计量.

以 $d_{i_1 i_2}$ 为元素的矩阵

$$\begin{pmatrix} d_{11} & d_{12} & \cdots & d_{1n} \\ d_{21} & d_{22} & \cdots & d_{2n} \\ \vdots & \vdots & & \vdots \\ d_{n1} & d_{n2} & \cdots & d_{nn} \end{pmatrix}$$

称为 **距离矩阵**. 它是一个对称矩阵，且主对角线上的元素都是 0.

2. 样品 i_1 与样品 i_2 的相似系数 $f_{i_1 i_2}$

设样品 i_1 与样品 i_2 的观测值为 $(x_{i_1 1}, x_{i_1 2}, \cdots, x_{i_1 p})$ 及 $(x_{i_2 1}, x_{i_2 2}, \cdots, x_{i_2 p})$.

如果将这两个样品的观测值看成是由 p 维空间原点引出的两向量的终点坐标,那么,可以求出这两个向量的夹角余弦 $\cos\theta_{i_1 i_2}$,定义相似系数

$$f_{i_1 i_2} = \cos\theta_{i_1 i_2} = \frac{\sum\limits_{j=1}^{p} x_{i_1 j} x_{i_2 j}}{\sqrt{\sum\limits_{j=1}^{p} x_{i_1 j}^2 \sum\limits_{j=1}^{p} x_{i_2 j}^2}};$$

或者仿照相关系数的计算公式,定义相似系数

$$f_{i_1 i_2} = \frac{\sum\limits_{j=1}^{p} (x_{i_1 j} - \tilde{x}_{i_1})(x_{i_2 j} - \tilde{x}_{i_2})}{\sqrt{\sum\limits_{j=1}^{p} (x_{i_1 j} - \tilde{x}_{i_1})^2 \sum\limits_{j=1}^{p} (x_{i_2 j} - \tilde{x}_{i_2})^2}},$$

式中,$\tilde{x}_{i_1} = \dfrac{1}{p}\sum\limits_{j=1}^{p} x_{i_1 j}$, $\tilde{x}_{i_2} = \dfrac{1}{p}\sum\limits_{j=1}^{p} x_{i_2 j}$.

这两种相似系数具有下列共同性质:

(1) 对于任意两个样品 i_1 与 i_2,$-1 \leqslant f_{i_1 i_2} \leqslant 1$;

(2) 当样品 i_1 与 i_2 各指标的观测值有相同的比值,即 $x_{i_1 j} = k x_{i_2 j}$(k 为某一常数)时,$f_{i_1 i_2} = \pm 1$;

(3) $f_{i_1 i_2} = f_{i_2 i_1}$.

由于 $f_{i_1 i_2}$ 较大时样品 i_1 与 i_2 比较接近,而 $f_{i_1 i_2}$ 较小时样品 i_1 与 i_2 相差较多,因此 $f_{i_1 i_2}$ 也可以作为相似性统计量.

以 $f_{i_1 i_2}$ 为元素的矩阵

$$\begin{bmatrix} f_{11} & f_{12} & \cdots & f_{1n} \\ f_{21} & f_{22} & \cdots & f_{2n} \\ \vdots & \vdots & & \vdots \\ f_{n1} & f_{n2} & \cdots & f_{nn} \end{bmatrix}$$

称为**相似系数矩阵**. 它是一个对称矩阵,且主对角线上的元素都是 1.

4.1.3　R 型聚类的相似性统计量

对指标进行聚类称为 **R 型聚类**.

R 型聚类常用的相似性统计量是指标与指标的相似系数.

设指标 j_1 与指标 j_2 的观测值分别为 $(x_{1 j_1}, x_{2 j_1}, \cdots, x_{n j_1})$ 及 $(x_{1 j_2}, x_{2 j_2}, \cdots, x_{n j_2})$.

仿照 Q 型聚类的相似系数，定义 R 型聚类的相似系数

$$f_{j_1 j_2} = \cos \theta_{j_1 j_2} = \frac{\sum_{i=1}^{n} x_{ij_1} x_{ij_2}}{\sqrt{\sum_{i=1}^{n} x_{ij_1}^2 \sum_{i=1}^{n} x_{ij_2}^2}};$$

或者

$$f_{j_1 j_2} = \frac{\sum_{i=1}^{n} (x_{ij_1} - \overline{x}_{j_1})(x_{ij_2} - \overline{x}_{j_2})}{\sqrt{\sum_{i=1}^{n} (x_{ij_1} - \overline{x}_{j_1})^2 \sum_{i=1}^{n} (x_{ij_2} - \overline{x}_{j_2})^2}},$$

式中，$\overline{x}_{j_1} = \frac{1}{n} \sum_{i=1}^{n} x_{ij_1}$，$\overline{x}_{j_2} = \frac{1}{n} \sum_{i=1}^{n} x_{ij_2}$.

这两种相似系数与 Q 型聚类的相似系数有共同的性质.

4.1.4　聚类方法概述

根据相似性统计量，将样品或指标进行聚类的主要方法是：

（1）系统聚类法

这种方法是先将每个样品或指标各自看成一类，然后按照一定的法则进行聚类，每次减少一类或几类，直到所有的样品或指标都聚成一类为止.

（2）逐步聚类法

这种方法是先给出一个初始的聚类方案，再按照某种最优法则，逐步调整聚类方案，直到得出最优的聚类方案.

（3）逐步分解法

这种方法是先将所有的样品或指标看成是一类，然后再一次又一次地将某些类进行分解，直到各个类都不能分解为止.

（4）有序样品的聚类

这种方法适用于有顺序的对象，聚类后既保持了各个对象原有的顺序，又按照某种最优法则分割为若干个互有差异的类则.

❧ 4.2　系统聚类法 ❧

4.2.1　系统聚类法的基本思想

系统聚类法是目前国内外使用最多的一种聚类方法，有关于它的研究成果

极为丰富.

系统聚类法的基本思想是：先将需要聚类的样品或指标各自看成一类，然后确定类与类之间的相似性统计量，并选择最接近的两类或若干个类合并成一个新类，计算新类与其他各类之间的相似性统计量，再选择最接近的两类或若干个类合并成一个新类，直到所有的样品或指标都合并成一类为止.

下面讲述样品之间，以距离为相似性统计量时，确定新类与其他各类距离的方法，包括最短距离法、最长距离法、中间距离法、重心法、类平均法、离差平方和法.

4.2.2 最短距离法(single linkage method)

用 $d_{i_1 i_2}$ 表示样品 i_1 与 i_2 的距离，$G_1, G_2, \cdots$ 表示类，定义 G_p 类与 G_q 类之间的距离 D_{pq} 为 G_p 类中各样品与 G_q 类中各样品两两之间的距离 $d_{i_1 i_2}$ 的最小值，即

$$D_{pq} = \min_{i_1 \in G_p,\ i_2 \in G_q} d_{i_1 i_2}.$$

这种聚类方法的步骤是：

(1) 定义样品之间的距离，计算并写出初始距离矩阵.

此距离矩阵记为 $\boldsymbol{D}(0)$，它与后面的距离矩阵 $\boldsymbol{D}(1), \boldsymbol{D}(2), \cdots$ 分别有不同的意义.

$\boldsymbol{D}(0)$ 中的元素 $D_{pq} = D_{qp}$.

(2) 选择 $\boldsymbol{D}(0)$ 中的最小元素，假设为 D_{pq}，将 G_p 与 G_q 合并成一个新类 G_r，即 $G_r = \{G_p, G_q\}$.

(3) 计算新类 G_r 与其他类 G_k 的距离 D_{rk}.

根据上述定义，

$$D_{rk} = \min_{i_1 \in G_r,\ i_2 \in G_k} d_{i_1 i_2} = \min\Big\{ \min_{i_1 \in G_p,\ i_2 \in G_k} d_{i_1 i_2},\ \min_{i_1 \in G_q,\ i_2 \in G_k} d_{i_1 i_2} \Big\}$$
$$= \min\{D_{pk}, D_{qk}\}.$$

(4) 将 $\boldsymbol{D}(0)$ 中的第 p 行、第 q 行、第 p 列、第 q 列都删去后，增加一个新行与新列并填上相应的距离 D_{rk} 得到新的距离矩阵 $\boldsymbol{D}(1)$.

(5) 重复以上步骤(2)和(3)，相继得到新的距离矩阵 $\boldsymbol{D}(2), \boldsymbol{D}(3), \cdots$，直到全部样品合成一类为止.

如果在某一步所得的距离矩阵中，最小的元素不止一个，那么对应于这些最小元素的类可以任选一类合并或同时合并. 通常称此现象为**结**，SAS 中用 Tie 表示. 最短距离法是容易产生结的一种系统聚类方法.

【例4.1】　对8个样品分别观测了两个同量纲的指标 x_1 和 x_2，得到观测值如表 4-1（引自参考文献[3]），试用最短距离法作系统聚类.

表 4-1　　　　　　　　　　　　**8 个样品 2 个指标的观测值**

i	1	2	3	4	5	6	7	8
x_{i1}	2	2	4	4	-4	-2	-3	-1
x_{i2}	5	3	4	3	3	2	2	-3

　　解　由于 x_1 和 x_2 是同量纲的指标，本例可以不作标准化变换而直接计算初始距离矩阵.

（1）将上述 8 个样品看成 8 类，按欧几里得距离公式计算并写出初始距离矩阵 $\boldsymbol{D}(0)$：

	G_1	G_2	G_3	G_4	G_5	G_6	G_7
G_2	2.0						
G_3	2.2	2.2					
G_4	2.8	2.0	1.0*				
G_5	6.3	6.0	8.1	8.0			
G_6	5.0	4.1	6.3	6.1	2.2		
G_7	5.8	5.1	7.3	7.1	1.4	1.0*	
G_8	8.5	6.7	8.6	7.8	6.7	5.1	5.4

　　为简便起见，表中只列出了初始距离矩阵 $\boldsymbol{D}(0)$ 中主对角线左下方的元素，并且很多距离是保留一位小数的近似值，例如，2.2 是 $\sqrt{5}$ 的近似值，2.8 是 $\sqrt{8}$ 的近似值. 如果保留 6 位小数，则可以算出 28 个距离的平均数为 5.035 943. SAS 中将各类之间的距离都除以这个数字，使距离变小一些. 例如，将 1.0 变换为 0.198 573，$\sqrt{2}$ 变换为 0.280 824，最明显的意图是画系统聚类图方便一些.

（2）将距离最近的两类合成一类：

这里

$$\min d_{i_1 i_2} = d_{3,4} = d_{6,7} = 1.0,$$

所以将 G_3 与 G_4 合成一类 G_9，将 G_6 与 G_7 合成一类 G_{10}.

（3）根据最短距离法计算并写出新的距离矩阵 $D(1)$：

	G_1	G_2	G_5	G_8	G_9
G_2	2.0				
G_5	6.3	6.0			
G_8	8.5	6.7	6.7		
G_9	2.2	2.0	8.0	7.8	
G_{10}	5.0	4.1	1.4*	5.1	6.1

（4）将距离最近的两类合成一类：

这里 $\min d_{i_1 i_2} = d_{5,10} = 1.4$，所以将 G_5 与 G_{10} 合成一类 G_{11}.

（5）根据最短距离法计算并写出新的距离矩阵 $D(2)$：

	G_1	G_2	G_8	G_9
G_2	2.0			
G_8	8.5	6.7		
G_9	2.2	2.0*	7.8	
G_{11}	5.0	4.1	5.1	6.1

（6）将距离最近的两类合成一类：

这里 $\min d_{i_1 i_2} = d_{1,2} = d_{2,9} = 2.0$，所以将 G_1,G_2 和 G_9 合成一类 G_{12}.

（7）根据最短距离法计算并写出新的距离矩阵 $D(3)$：

	G_8	G_{11}
G_{11}	5.1	
G_{12}	6.7	4.1*

（8）将距离最近的两类合成一类：

这里 $\min d_{i_1 i_2} = d_{11,12} = 4.1$，所以将 G_{11} 与 G_{12} 合成一类 G_{13}.

（9）最后将 G_8 与 G_{13} 合成一类 G_{14}，而

$$D_{8,13} = \min\{5.1, 6.7\} = 5.1.$$

上述聚类过程，可以用系统聚类图或谱系图表示，如图 4-1.

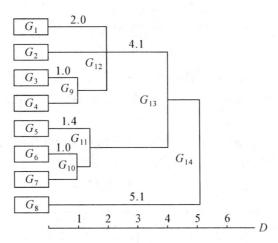

图 4-1 最短距离法系统聚类图

系统聚类图可作为正确分类的根据. 实际分类时，还要确定一个适当的阈值 d^*. 凡 $D_{pq} < d^*$ 的小类 G_p 与 G_q 应聚在同一个大类之中；凡 $D_{pq} > d^*$ 的小类 G_p 与 G_q 应分属两个不同的大类.

本例中，若规定 $d^* = 4$，则 G_1, G_2, G_3 和 G_4 应聚在大类 G_{12} 中，G_5, G_6 和 G_7 应聚在大类 G_{11} 中，G_8 则单独地自成一类. 本例分类结果的合理性，还可以在平面直角坐标系中给出说明.

最短距离法也可作指标聚类. 聚类时，要找出相似系数最大的两类或若干类合成新类. 计算新类与其他类的相似系数时，应将上述步骤(3)中的公式改为

$$F_{rk} = \max_{i_1 \in G_r,\, i_2 \in G_k} f_{i_1 i_2} = \max\Big\{ \max_{i_1 \in G_p,\, i_2 \in G_k} f_{i_1 i_2},\ \max_{i_1 \in G_q,\, i_2 \in G_k} f_{i_1 i_2} \Big\}$$
$$= \max\{F_{pk}, F_{qk}\}.$$

4.2.3 最长距离法(complete linkage method)

定义 G_p 类与 G_q 类之间的距离 D_{pq} 为 G_p 类中各样品与 G_q 类中各样品两两之间的距离 $d_{i_1 i_2}$ 的最大值，即

$$D_{pq} = \max_{i_1 \in G_p,\, i_2 \in G_q} d_{i_1 i_2}.$$

这种聚类方法的步骤与最短距离法的步骤一致，也是各样品先自成一类，

然后将距离最小的两类或若干个类合成新类. 假设某一步将 G_p 类与 G_q 类合成 G_r 类, 那么, G_r 类与 G_k 类的距离

$$D_{rk} = \max\{D_{pk}, D_{qk}\}.$$

然后, 再将距离最小的两类或若干个类合成新类, 直至所有的样品合成一类为止.

与最短距离法相比, 最长距离法有聚类精细的优点. 但是, 最长距离法容易被异常值严重地扭曲, 在应用时最好先删去异常值后再用最长距离法进行聚类.

【例 4.2】 试用最长距离法对例 4.1 中的 8 个样品作系统聚类.

解 (1) 与 (2) 均与例 4.1 相同.

(3) 根据最长距离法计算并写出新的距离矩阵 $D(1)$:

	G_1	G_2	G_5	G_8	G_9
G_2	2.0*				
G_5	6.3	6.0			
G_8	8.5	6.7	6.7		
G_9	2.8	2.2	8.1	8.6	
G_{10}	5.8	5.1	2.2	5.4	7.3

(4) 将距离最近的两类合成一类:

这里 $\min d_{i_1 i_2} = d_{1,2} = 2.0$, 所以将 G_1 与 G_2 合成一类 G_{11}.

(5) 根据最长距离法计算并写出新的距离矩阵 $D(2)$:

	G_5	G_8	G_9	G_{10}
G_8	6.7			
G_9	8.1	8.6		
G_{10}	2.2*	5.4	7.3	
G_{11}	6.3	8.5	2.8	5.8

(6) 将距离最近的两类合成一类:

这里 $\min d_{i_1 i_2} = d_{5,10} = 2.2$, 所以将 G_5 与 G_{10} 合成一类 G_{12}.

(7) 根据最长距离法计算并写出新的距离矩阵 $\boldsymbol{D}(3)$:

	G_8	G_9	G_{11}
G_9	8.6		
G_{11}	8.5	2.8*	
G_{12}	6.7	8.1	6.3

(8) 将距离最近的两类合成一类:

这里 $\min d_{i_1 i_2} = d_{9,11} = 2.8$,所以将 G_9 与 G_{11} 合成一类 G_{13}.

(9) 根据最长距离法计算并写出新的距离矩阵 $\boldsymbol{D}(4)$:

	G_8	G_{12}
G_{12}	6.7*	
G_{13}	8.6	8.1

(10) 将距离最近的两类合成一类:

这里 $\min d_{i_1 i_2} = d_{8,12} = 6.7$,所以将 G_8 与 G_{12} 合成一类 G_{14}.

(11) 最后将 G_{13} 与 G_{14} 合成一类 G_{15},而

$$D_{13,14} = \max\{8.6, 8.1\} = 8.6.$$

上述聚类过程,也可以用系统聚类图表示,如图 4-2.

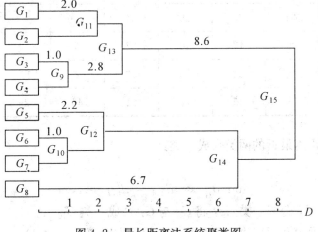

图 4-2 最长距离法系统聚类图

4.2.4 中间距离法(median method)

在某一步将 G_p 类与 G_q 类合成一类 G_r 后，假想有一个以 G_p,G_q,G_k 为顶点，D_{pq},D_{pk},D_{qk} 为边长的三角形，定义 G_r 与其他类 G_k 的距离 D_{rk} 为三角形一边 G_pG_q 上中线的长度，即

$$D_{rk}^2 = \frac{1}{2}(D_{pk}^2 + D_{qk}^2) - \frac{1}{4}D_{pq}^2.$$

这样定义的距离，是介于最短距离与最长距离两者中间的距离.

由于在上述计算公式中出现了距离的平方，因此，自 $D(0)$ 开始，各距离矩阵中的元素都换为距离的平方，所得的矩阵按习惯称为平方距离矩阵，D_{rk}^2 称为平方距离.

如果在某一步将 G_p 与 G_q 合成一类 G_r 的同时，又将 G_{k_1} 与 G_{k_2} 合成一类 G_k，则应按上述公式先算出 $D_{rk_1}^2$ 与 $D_{rk_2}^2$ 后再计算 D_{rk}^2.

【例 4.3】 试用中间距离法对例 4.1 中的 8 个样品作系统聚类.

解 (1) 将例 4.1 中的 8 个样品看成 8 类，按欧几里得距离公式计算并写出初始平方距离矩阵 $D(0)$：

	G_1	G_2	G_3	G_4	G_5	G_6	G_7
G_2	4						
G_3	5	5					
G_4	8	4	1*				
G_5	40	36	65	64			
G_6	25	17	40	37	5		
G_7	34	26	53	50	2	1*	
G_8	73	45	74	61	45	26	29

(2) 将距离最近的两类合成一类：

这里

$$\min d_{i_1 i_2}^2 = d_{3,4}^2 = d_{6,7}^2 = 1,$$

所以将 G_3 与 G_4 合成一类 G_9，将 G_6 与 G_7 合成一类 G_{10}.

(3) 根据中间距离法计算并写出新的平方距离矩阵 $D(1)$：

	G_1	G_2	G_5	G_8	G_9
G_2	4				
G_5	40	36			
G_8	73	45	45		
G_9	6.25	4.25	64.25	67.25	
G_{10}	29.25	21.25	3.25*	27.25	44.5

(4) 将距离最近的两类合成一类：

这里 $\min d_{i_1 i_2}^2 = d_{5,10}^2 = 3.25$，所以将 G_5 与 G_{10} 合成一类 G_{11}.

(5) 根据中间距离法计算并写出新的平方距离矩阵 $\boldsymbol{D}(2)$：

	G_1	G_2	G_8	G_9
G_2	4*			
G_8	73	45		
G_9	6.25	4.25	67.25	
G_{11}	33.81	27.81	35.31	53.56

(6) 将距离最近的两类合成一类：

这里 $\min d_{i_1 i_2}^2 = d_{1,2}^2 = 4$，所以将 G_1 与 G_2 合成一类 G_{12}.

(7) 根据中间距离法计算并写出新的平方距离矩阵 $\boldsymbol{D}(3)$：

	G_8	G_9	G_{11}
G_9	67.25		
G_{11}	35.31	53.56	
G_{12}	58	4.25*	29.81

(8) 将距离最近的两类合成一类：

这里 $\min d_{i_1 i_2}^2 = d_{9,12}^2 = 4.25$，所以将 G_9 与 G_{12} 合成一类 G_{13}.

(9) 根据中间距离法计算并写出新的平方距离矩阵 $\boldsymbol{D}(4)$：

	G_8	G_{11}
G_{11}	35.31*	
G_{13}	61.56	40.62

（10） 将距离最近的两类合成一类：

这里 $\min d_{i_1 i_2}^2 = d_{8,11}^2 = 35.31$，所以将 G_8 与 G_{11} 合成一类 G_{14}.

（11） 最后将 G_{13} 与 G_{14} 合成一类 G_{15}，而

$$D_{13,14}^2 = \frac{1}{2}(61.56 + 40.62) - \frac{1}{4} \times 35.31 = 42.26.$$

上述聚类的过程，可以用系统聚类图表示，如图 4-3.

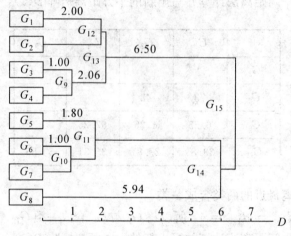

图 4-3　中间距离法系统聚类图

4.2.5　重心法(centroid method)

从物理学的观点来看，一个类用它的重心做代表比较合适，类与类之间的距离应定义为两类重心之间的距离.

因此，若用 x_{ijp} 与 x_{ijq} 分别表示 G_p 类与 G_q 类中第 i 个样品第 j 个指标的观测值，用 $\bar{x}_{jp}$ 与 $\bar{x}_{jq}$ 分别表示 G_p 类与 G_q 类中第 j 个指标的均值，那么，G_p 类与 G_q 类的重心可分别用 $\bar{x}_{jp}$ 所决定的列向量 $\bar{\boldsymbol{x}}_p$ 与 $\bar{x}_{jq}$ 所决定的列向量 $\bar{\boldsymbol{x}}_q$ 表示，G_p 类与 G_q 类之间的距离为 D_{pq} 时，

$$D_{pq}^2 = \sum_j (\bar{x}_{jp} - \bar{x}_{jq})^2 = (\bar{\boldsymbol{x}}_p - \bar{\boldsymbol{x}}_q)'(\bar{\boldsymbol{x}}_p - \bar{\boldsymbol{x}}_q).$$

根据上述定义，可以证明：在某一步将 G_p 与 G_q 合成一类 G_r 后，G_r 与其他类 G_k 的距离为 D_{rk} 时，

$$D_{rk}^2 = \frac{n_p}{n_r}D_{pk}^2 + \frac{n_q}{n_r}D_{qk}^2 - \frac{n_p n_q}{n_r^2}D_{pq}^2,$$

式中，n_p, n_q, n_r 分别是 G_p, G_q, G_r 中的样品数，而 $n_r = n_p + n_q$.

证　G_p 类与 G_q 类合成 G_r 类后，G_r 类的重心

$$\bar{x}_r = \frac{1}{n_r}(n_p\bar{x}_p + n_q\bar{x}_q).$$

代入 $D_{rk}^2 = (\bar{x}_r - \bar{x}_k)'(\bar{x}_r - \bar{x}_k)$ 得

$$D_{rk}^2 = \frac{1}{n_r^2}(n_p^2\bar{x}_p'\bar{x}_p + 2n_p n_q\bar{x}_p'\bar{x}_q + n_q^2\bar{x}_q'\bar{x}_q)$$

$$- \frac{2n_p}{n_r}\bar{x}_k'\bar{x}_p - \frac{2n_q}{n_r}\bar{x}_k'\bar{x}_q + \bar{x}_k'\bar{x}_k.$$

令 $\bar{x}_k'\bar{x}_k = \frac{1}{n_r}(n_p\bar{x}_k'\bar{x}_k + n_q\bar{x}_k'\bar{x}_k)$ 得

$$D_{rk}^2 = \frac{n_p}{n_r}(\bar{x}_p'\bar{x}_p - 2\bar{x}_k'\bar{x}_p + \bar{x}_k'\bar{x}_k) + \frac{n_q}{n_r}(\bar{x}_q'\bar{x}_q - 2\bar{x}_k'\bar{x}_q + \bar{x}_k'\bar{x}_k)$$

$$+ \left(\frac{n_p^2}{n_r^2} - \frac{n_p}{n_r}\right)\bar{x}_p'\bar{x}_p + \frac{2n_p n_q}{n_r^2}\bar{x}_p'\bar{x}_q + \left(\frac{n_q^2}{n_r^2} - \frac{n_q}{n_r}\right)\bar{x}_q'\bar{x}_q$$

$$= \frac{n_p}{n_r}(\bar{x}_p - \bar{x}_k)'(\bar{x}_p - \bar{x}_k) + \frac{n_q}{n_r}(\bar{x}_q - \bar{x}_k)'(\bar{x}_q - \bar{x}_k)$$

$$- \frac{n_p n_q}{n_r^2}(\bar{x}_p - \bar{x}_q)'(\bar{x}_p - \bar{x}_q)$$

$$= \frac{n_p}{n_r}D_{pk}^2 + \frac{n_q}{n_r}D_{qk}^2 - \frac{n_p n_q}{n_r^2}D_{pq}^2.$$

由于在上述递推公式中出现了距离的平方，因此，自 $D(0)$ 开始，各距离矩阵中的元素都换为距离的平方. 所得的矩阵，按习惯称为**平方距离矩阵**，D_{rk}^2 称为**平方距离**.

如果在某一步将 G_p 与 G_q 合成一类 G_r 的同时，又将 G_{k_1} 与 G_{k_2} 合成一类 G_k，则应按上述公式先算出 $D_{rk_1}^2$ 与 $D_{rk_2}^2$ 后再计算 D_{rk}^2.

重心法在处理异常值方面比其他系统聚类方法稳健，但是在别的方面又不如类平均法或离差平方和法的效果.

【例 4.4】　试用重心法对例 4.1 中的 8 个样品作系统聚类.

解　(1) 和 (2) 与例 4.3 相同.

(3) 根据重心法计算并写出新的平方距离矩阵 $D(1)$：

	G_1	G_2	G_5	G_8	G_9
G_2	4				
G_5	40	36			
G_8	73	45	45		
G_9	6.25	4.25	64.25	67.25	
G_{10}	29.25	21.25	3.25*	27.25	44.5

（4）将距离最近的两类合成一类：

这里 $\min d_{i_1 i_2}^2 = d_{5,10}^2 = 3.25$，所以将 G_5 与 G_{10} 合成一类 G_{11}．

（5）根据重心法计算并写出新的平方距离矩阵 $\boldsymbol{D}(2)$：

	G_1	G_2	G_8	G_9
G_2	4*			
G_8	73	45		
G_9	6.25	4.25	67.25	
G_{11}	32.11	25.44	32.44	50.36

（6）将距离最近的两类合成一类：

这里 $\min d_{i_1 i_2}^2 = d_{1,2}^2 = 4$，所以将 G_1 与 G_2 合成一类 G_{12}．

（7）根据重心法计算并写出新的平方距离矩阵 $\boldsymbol{D}(3)$：

	G_8	G_9	G_{11}
G_9	67.25		
G_{11}	32.44	50.36	
G_{12}	58	4.25*	27.78

（8）将距离最近的两类合成一类：

这里 $\min d_{i_1 i_2}^2 = d_{9,12}^2 = 4.25$，所以将 G_9 与 G_{12} 合成一类 G_{13}．

（9）根据重心法计算并写出新的平方距离矩阵 $\boldsymbol{D}(4)$：

	G_8	G_{11}
G_{11}	32.44*	
G_{13}	61.56	38.01

（10）将距离最近的两类合成一类：

这里 $\min d^2_{i_1 i_2} = d^2_{8,11} = 32.44$，所以将 G_8 与 G_{11} 合成一类 G_{14}.

（11）最后将 G_{13} 与 G_{14} 合成一类 G_{15}，而

$$D^2_{13,14} = \frac{1}{4} \times 61.56 + \frac{3}{4} \times 38.01 - \frac{3}{16} \times 32.44 = 37.82.$$

上述聚类的过程，可以用系统聚类图表示，如图 4-4.

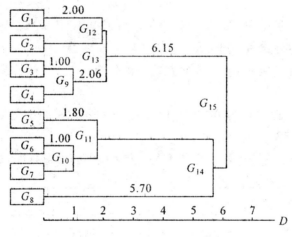

图 4-4　重心法系统聚类图

4.2.6　类平均法（average linkage method）

重心有很好的代表性，但是重心法对各个样品的信息利用得不够. 为此，可定义 G_p 类与 G_q 类的距离平方为不同类别的元素两两之间距离平方的平均值，即

$$D^2_{pq} = \frac{1}{n_p n_q} \sum_{i_1 \in G_p,\, i_2 \in G_q} d^2_{i_1 i_2}.$$

根据上述定义，如果在某一步将 G_p 与 G_q 合成一类 G_r 后，G_r 与其他类 G_k 的距离为 D_{rk} 时，

$$D_{rk}^2 = \frac{1}{n_r n_k} \sum_{i_1 \in G_r,\ i_2 \in G_k} d_{i_1 i_2}^2$$

$$= \frac{1}{n_r n_k} \left(\sum_{i_1 \in G_p,\ i_2 \in G_k} d_{i_1 i_2}^2 + \sum_{i_1 \in G_q,\ i_2 \in G_k} d_{i_1 i_2}^2 \right)$$

$$= \frac{1}{n_r n_k} (n_p n_k D_{pk}^2 + n_q n_k D_{qk}^2)$$

$$= \frac{n_p}{n_r} D_{pk}^2 + \frac{n_q}{n_r} D_{qk}^2,$$

式中，n_p, n_q, n_r, n_k 分别是 G_p, G_q, G_r, G_k 类中的样品数，而 $n_r = n_p + n_q$.

由于在上述递推公式中出现了距离的平方，因此，自 $D(0)$ 开始，各距离矩阵中的元素，都换为距离的平方. 所得的矩阵，按习惯称为**平方距离矩阵**，D_{rk}^2 称为**平方距离**.

如果在某一步将 G_p 与 G_q 合成一类 G_r 的同时，又将 G_{k_1} 与 G_{k_2} 合成一类 G_k，则应按上述公式先算出 $D_{rk_1}^2$ 与 $D_{rk_2}^2$ 后再计算 D_{rk}^2.

类平均法较好地利用了所有样品之间的信息，通常被认为是一种比较好的系统聚类方法.

【例 4.5】 试用类平均法对例 4.1 中的 8 个样品作系统聚类.

解 （1）和（2）与例 4.3 相同.

（3）根据类平均法计算并写出新的平方距离矩阵 $\boldsymbol{D}(1)$：

	G_1	G_2	G_5	G_8	G_9
G_2	4				
G_5	40	36			
G_8	73	45	45		
G_9	6.5	4.5	64.5	67.5	
G_{10}	29.5	21.5	3.5*	27.5	45

（4）将距离最近的两类合成一类：

这里

$$\min d_{i_1 i_2}^2 = d_{5,10}^2 = 3.5,$$

所以将 G_5 与 G_{10} 合成一类 G_{11}.

（5）根据类平均法计算并写出新的平方距离矩阵 $\boldsymbol{D}(2)$：

	G_1	G_2	G_8	G_9
G_2	4*			
G_8	73	45		
G_9	6.5	4.5	67.5	
G_{11}	33	26.33	33.33	51.5

(6) 将距离最近的两类合成一类:

这里 $\min d_{i_1 i_2}^2 = d_{1,2}^2 = 4$，所以将 G_1 与 G_2 合成一类 G_{12}.

(7) 根据类平均法计算并写出新的平方距离矩阵 $\boldsymbol{D}(3)$:

	G_8	G_9	G_{11}
G_9	67.5		
G_{11}	33.33	51.5	
G_{12}	59	5.5*	29.67

(8) 将距离最近的两类合成一类:

这里 $\min d_{i_1 i_2}^2 = d_{9,12}^2 = 5.5$，所以将 G_9 与 G_{12} 合成一类 G_{13}.

(9) 根据类平均法计算并写出新的平方距离矩阵 $\boldsymbol{D}(4)$:

	G_8	G_{11}
G_{11}	33.33*	
G_{13}	63.25	40.59

(10) 将距离最近的两类合成一类:

这里 $\min d_{i_1 i_2}^2 = d_{8,11}^2 = 33.33$，所以将 G_8 与 G_{11} 合成一类 G_{14}.

(11) 最后将 G_{13} 与 G_{14} 合成一类 G_{15}，而

$$D_{13,14}^2 = \frac{1}{4} \times 63.25 + \frac{3}{4} \times 40.59 = 46.26.$$

上述聚类的过程，可以用系统聚类图表示，如图 4-5.

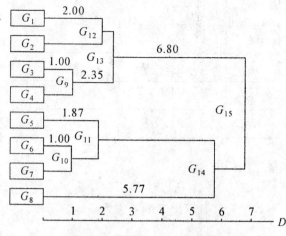

图 4-5　类平均法系统聚类图

4.2.7　离差平方和法(ward's minimum-variance method)

将 n 个样品聚为 K 类 $G_1, G_2, \cdots, G_K$ 后,如果以 x_{ijt} 表示 G_t 类中第 i 个样品第 j 个指标的观测值, $\bar{x}._{jt}$ 表示 G_t 类中第 j 个指标的均值,定义 G_t 类内样品的离均差或离差平方和

$$W_t = \sum_j \sum_i (x_{ijt} - \bar{x}._{jt})^2,$$

K 个 W_t 的总和 $W = \sum_{t=1}^{K} W_t$,那么,当聚类的结果比较合理时, W 的值应该比较小.

所谓离差平方和法,是要在类的数字 K 固定时,自 n 个样品各种可能的聚类结果中,选出使 W 达到极小的一种聚类结果.

由于可能的聚类结果太多,通常放弃使 W 极小的要求,转而寻找一种局部最优的解答.其基本思想是:先将 n 个样品各自看成一类,此时 $W = 0$;然后每次减少一类,此时 W 必将增加,可选择使 W 增加得最少的两类合成一类,直至全部样品都合成一类为止.

如果把两类合成一类后所增加的离差平方和看做是某一种距离的平方,那么可以证明:在某一步将 G_p 与 G_q 合成一类 G_r 后, G_r 与其他类 G_k 的距离为 D_{rk} 时,

$$D_{rk}^2 = \frac{n_p + n_k}{n_r + n_k} D_{pk}^2 + \frac{n_q + n_k}{n_r + n_k} D_{qk}^2 - \frac{n_k}{n_r + n_k} D_{pq}^2,$$

式中, n_p, n_q, n_r, n_k 分别是 G_p, G_q, G_r, G_k 类中的样品数,而 $n_r = n_p + n_q$.

由于在上述递推公式中出现了距离的平方,因此,自 $D(0)$ 开始,各距离矩

阵中的元素，都换为距离的平方. 所得的矩阵，按习惯称为**平方距离矩阵**，D_{rk}^2 称为**平方距离**.

　　如果在某一步将 G_p 与 G_q 合成一类 G_r 的同时，又将 G_{k_1} 与 G_{k_2} 合成一类 G_k，则应按上述公式，先算出 $D_{rk_1}^2$ 与 $D_{rk_2}^2$ 后再计算 D_{rk}^2.

　　离差平方和法的类距离受两个类中样品数的影响较大，两个大类之间倾向于有较大的距离，因而不易合并，这往往符合对聚类的实际要求，是比较受欢迎的系统聚类方法之一. 缺点是对异常值很敏感，在聚类时要注意异常值聚类的动态.

【例 4.6】　试用离差平方和法对例 4.1 中的 8 个样品作系统聚类.

解　(1) 将 8 个样品看成 8 类，计算并写出初始平方距离矩阵 $D(0)$：

	G_1	G_2	G_3	G_4	G_5	G_6	G_7
G_2	2						
G_3	2.5	2.5					
G_4	4	2	0.5*				
G_5	20	18	32.5	32			
G_6	12.5	8.5	20	18.5	2.5		
G_7	17	13	26.5	25	1	0.5*	
G_8	36.5	22.5	37	30.5	22.5	13	14.5

　　(2) 将距离最近的两类合成一类：

　　这里 $\min d_{i_1 i_2}^2 = d_{3,4}^2 = d_{6,7}^2 = 0.5$，所以将 G_3 与 G_4 合成一类 G_9，将 G_6 与 G_7 合成一类 G_{10}.

　　(3) 根据离差平方和法计算并写出新的平方距离矩阵 $D(1)$：

	G_1	G_2	G_5	G_8	G_9
G_2	2*				
G_5	20	18			
G_8	36.5	22.5	22.5		
G_9	4.17	2.83	42.83	44.83	
G_{10}	19.5	14.17	2.17	18.17	44.5

(4) 将距离最近的两类合成一类:

这里 $\min d_{i_1 i_2}^2 = d_{1,2}^2 = 2$,所以将 G_1 与 G_2 合成一类 G_{11}.

(5) 根据离差平方和法计算并写出新的平方距离矩阵 $\boldsymbol{D}(2)$:

	G_5	G_8	G_9	G_{10}
G_8	22.5			
G_9	42.83	44.83		
G_{10}	2.17*	18.17	44.5	
G_{11}	24.67	38.67	4.25	24.25

(6) 将距离最近的两类合成一类:

这里 $\min d_{i_1 i_2}^2 = d_{5,10}^2 = 2.17$,所以将 G_5 与 G_{10} 合成一类 G_{12}.

(7) 根据离差平方和法计算并写出新的平方距离矩阵 $\boldsymbol{D}(3)$:

	G_8	G_9	G_{11}
G_9	44.83		
G_{11}	38.67	4.25*	
G_{12}	24.34	60.43	33.33

(8) 将距离最近的两类合成一类:

这里 $\min d_{i_1 i_2}^2 = d_{9,11}^2 = 4.25$,所以将 G_9 与 G_{11} 合成一类 G_{13}.

(9) 根据离差平方和法计算并写出新的平方距离矩阵 $\boldsymbol{D}(4)$:

	G_8	G_{12}
G_{12}	24.34*	
G_{13}	49.25	65.15

(10) 将距离最近的两类合成一类:

这里 $\min d_{i_1 i_2}^2 = d_{8,12}^2 = 24.34$,所以将 G_8 与 G_{12} 合成一类 G_{14}.

(11) 最后将 G_{13} 与 G_{14} 合成一类 G_{15},而

$$D_{13,14}^2 = \frac{1+4}{4+4} \times 49.25 + \frac{3+4}{4+4} \times 65.15 - \frac{4}{4+4} \times 24.34 = 75.62.$$

上述聚类的过程，可以用系统聚类图表示，如图 4-6.

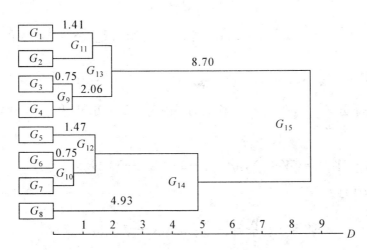

图 4-6 离差平方和法系统聚类图

4.2.8 类的个数

作系统聚类时，确定类的个数是一个困难而又不可回避的问题. 如果能分成若干个很分开的类，确定类的个数就比较容易. 反之，如果无论怎样分都难以分成明显分开的若干类，确定类的个数就需要有可供试用的方法. 以下是一些常用的方法：

1. 给定一个阈值

通过观察系统聚类的谱系图，征求专家的意见，给定一个合适的阈值 d^*，要求类与类之间的距离大于 d^*. 不过，有些样品可能归不了类而自成一类.

2. 观测样品的散点图

当样品只有两个或三个变量时，可通过观测数据的散点图来确定类的个数. 应用 SAS 程序可以输出散点图，这一节的末尾就有例 4.1 中观测样品的散点图. 通过散点图可确定位于第一象限的样品 $1,2,3,4$ 为一类；位于第二象限的样品 $5,6,7$ 为一类；位于第三象限的样品 8 自成一类.

3. 使用统计量

(1) R^2 统计量

设总样品数为 n，聚类时将所有的样品分成 K 个类 $G_1,G_2,\cdots,G_K$，类 G_t 的样品数为 n_t，重心为 $\bar{x}_{(t)}$，$t=1,2,\cdots,K$，则 $\sum_{t=1}^{K} n_t = n$，所有样品的总重心为

147

$$\overline{x} = \frac{1}{n}\sum_{t=1}^{K} n_t \overline{x}_{(t)}.$$

记 $T = \sum_i (x_i - \overline{x})'(x_i - \overline{x})$，式中的 $x_i = (x_{i1}, x_{i2}, \cdots, x_{ip})'$ 为第 i 个样品.

记 $W_t = \sum_{i \in G_t} (x_i - \overline{x}_{(t)})'(x_i - \overline{x}_{(t)})$，$W = \sum_{t=1}^{K} W_t$，则上述 T 为所有样品的总离均差平方和，W_t 为类 G_t 中样品的类内离均差平方和，W 为 K 个类的类内离均差平方和之和.

可以证明：$T = W + \sum_{t=1}^{K} n_t (\overline{x}_{(t)} - \overline{x})'(\overline{x}_{(t)} - \overline{x})$.

令统计量

$$R^2 = 1 - \frac{W}{T} = \frac{1}{T}\sum_{t=1}^{K} n_t (\overline{x}_{(t)} - \overline{x})'(\overline{x}_{(t)} - \overline{x}),$$

则 R^2 所取的值在 0 与 1 之间. 聚类刚开始时，n 个样品各自为一类，$W = 0$，$R^2 = 1$；当 n 个样品最后合并成一类时，$W = T$，$R^2 = 0$. 一般而言，如果类内离均差平方和之和在总离均差平方和中所占的比例小，那么 W/T 的值小、R^2 的值大. 比较理想的聚类结果是类的个数尽可能地少，R^2 尽可能地大.

(2) 半偏 R^2 统计量

半偏 $R^2 = \frac{D_{kl}^2}{T}$，式中的 $D_{kl}^2 = W_m - W_k - W_l$，表示合并类 G_k 和 G_l 为新类 G_m 后类内离均差平方和的增量. 因此，半偏 R^2 统计量的值是上一步 R^2 值与该步 R^2 值的差，它的值越大，说明上一步聚类的效果越好.

(3) 伪 F 统计量

伪 F 统计量

$$F = \frac{R^2/(K-1)}{(l - R^2)/(n - K)},$$

伪 F 值越大，表明分类的效果越好，但是它不具有 F 分布.

(4) 伪 t^2 统计量

伪 t^2 统计量

$$t^2 = \frac{D_{kl}^2}{(W_k + W_l)/(n_k + n_l - 2)},$$

伪 t^2 的值表示合并类 G_k 和 G_l 为新类 G_m 后类内离均差平方和的增量 D_{kl}^2 相对于原 G_k 和 G_l 两类 G_m 的类内离均差平方和的大小，它的值越大，说明刚合并的两个类 G_k 和 G_l 是很分开的，也就是上一次聚类的效果比较好，但是它不具有

t^2 那样的分布.

4.2.9 系统聚类法小结

以上 6 种系统聚类法的基本思想和解题步骤是完全一样的,差别在于类与类之间的距离有不同的定义,因而得到不同的计算公式. 统计学家维希特将这些计算公式统一为

$$D_{rk}^2 = \alpha_p D_{pk}^2 + \alpha_q D_{qk}^2 + \beta D_{pq}^2 + \gamma |D_{pk}^2 - D_{qk}^2|,$$

式中,系数 $\alpha_p, \alpha_q, \beta, \gamma$ 对于不同的方法可取不同的数值. 例如,

最短距离法的 $\alpha_p = \alpha_q = \dfrac{1}{2}$, $\beta = 0$, $\gamma = -\dfrac{1}{2}$;

最长距离法的 $\alpha_p = \alpha_q = \dfrac{1}{2}$, $\beta = 0$, $\gamma = \dfrac{1}{2}$;

中间距离法的 $\alpha_p = \alpha_q = \dfrac{1}{2}$, $\beta = -\dfrac{1}{4}$, $\gamma = 0$;

重心法的 $\alpha_p = \dfrac{n_p}{n_r}$, $\alpha_q = \dfrac{n_q}{n_r}$, $\beta = -\dfrac{n_p n_q}{n_r^2}$, $\gamma = 0$;

类平均法的 $\alpha_p = \dfrac{n_p}{n_r}$, $\alpha_q = \dfrac{n_q}{n_r}$, $\beta = \gamma = 0$;

离差平方和的 $\alpha_p = \dfrac{n_p + n_k}{n_r + n_k}$, $\alpha_q = \dfrac{n_q + n_k}{n_r + n_k}$, $\beta = -\dfrac{n_k}{n_r + n_k}$, $\gamma = 0$.

另外,中间距离法常常修正为可变法,它的

$$\alpha_p = \alpha_q = \frac{1}{2}(1 - \beta), \quad \beta < 1, \quad \gamma = 0;$$

类平均法常常修正为可变类平均法,它的

$$\alpha_p = \frac{n_p}{n_r}(1 - \beta), \quad \alpha_q = \frac{n_q}{n_r}(1 - \beta), \quad \beta < 1, \quad \gamma = 0.$$

这种统一的计算公式为编制计算程序提供了方便.

4.2.10 应用 SAS 作系统聚类

应用 SAS 对例 4.1 中的 8 个样品用最短距离法作系统聚类的程序为

```
data ex;input a x1-x2 @@;
cards;
1 2 5 2 2 3 3 4 4
4 4 3 5 -4 3 6 -2 2
7 -3 2 8 -1 -3
```

```
;
proc plot;plot x2 * x1=a/vref=0 href=0;
proc cluster noeigen rsquare out= tree
method=single;var x1-x2;
proc tree graphics;run;
```

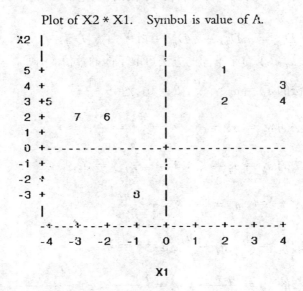

Plot of X2 * X1.   Symbol is value of A.

Single Linkage Cluster Analysis
Root-Mean-Square Total-Sample Standard Deviation=2.795085
Mean Distance Between Observations   = 5.035943

Number of Clusters	Clusters	Joined	Frequency of New Cluster	Semipartial R-Squared	R-Squared	Normalized Minimum Distance	Tie
7	OB3	OB4	2	0.004571	0.995429	0.198573	T
6	OB6	OB7	2	0.004571	0.990857	0.198573	
5	OB5	CL6	3	0.019810	0.971048	0.280824	
4	OB1	OB2	2	0.018286	0.952762	0.397145	T
3	CL4	CL7	4	0.038857	0.913905	0.397145	
2	CL3	CL5	7	0.595701	0.318204	0.818736	
1	CL2	OB8	8	0.318204	0.000000	1.012525	

Single Linkage Cluster Analysis
Name of Observation or Cluster

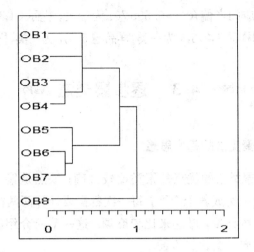

在 SAS 程序中，"method = single;" 表示聚类的方法是最短距离法. 如果要用其他的方法聚类，可将 single 换成其他方法的名字. 最长距离法为 complete，中间距离法为 median，重心法为 centroid，类平均法为 average，离差平方和法为 ward.

在 SAS 输出的结果中，第一行为各变量合并的标准差，可记为 s，它的计算公式为 $s = \sqrt{\dfrac{T}{p(n-1)}}$，式中的 p 为变量数，n 为样本容量，T 为各变量总的离差平方和. 本例中，$p = 2$，$n = 8$，$T = \mathrm{SS}_1 + \mathrm{SS}_2 = 69.5 + 39.875 = 109.375$，$s = 2.795\,085$.

第二行为各样品之间距离的总平均数. 本例中 28 个距离的总平均数为 5.035\,943. Normalized Minimum Distance 为例中的距离除以上述各样品之间距离的总平均数.

半偏 R^2 的计算可列表，如表 4-2 所示.

表 4-2

类编号	W_m	W_k	W_l	D_{kl}^2	W	R^2	半偏 R^2
7	0.5	0	0	0.5	0.5	0.995 429	0.004 571
6	0.5	0	0	0.5	1	0.990 857	0.004 571
5	2.666 667	0	0.5	2.166 667	3.166 667	0.971 048	0.019 810
4	2	0	0	2	5.166 667	0.952 762	0.018 286
3	6.75	2	0.5	4.25	9.416 667	0.913 905	0.038 857
2	74.571 429	2.666 667	6.75	65.154 762	74.571 429	0.318 204	0.595 701
1	109.375(T)	74.571 429	0	34.803 579	109.375(T)	0	0.318 204

其中,CL2 对应的半偏 $R^2 = 0.595\,701$ 为最大,提示 CL3 合并的效果最好,本例应聚为 3 类,即样品 $1,2,3,4$ 为一类,样品与 $5,6,7$ 为一类,样品 8 自成一类.

❧ 4.3 逐步聚类法 ❧

4.3.1 逐步聚类法的基本思想

4.2 节中系统聚类法的优点是聚类比较准确;缺点是聚类的次数较多,每聚类一次只能减少一类或若干个类,每一次都需要计算两两样品或小类之间的距离或其他相似性统计量,做起来比较麻烦. 这一节所介绍的逐步聚类法,对于容量较大的样本聚类会比较方便.

逐步聚类法的基本思想是:先确定若干个样品为初始凝聚点,计算各样品与凝聚点的距离或其他相似性统计量,进行初始聚类后再根据初始聚类计算各类的重心作为新的凝聚点,进行第二次聚类,并且重复多次,直到符合某一最优原则为止.

逐步聚类法又称为**动态聚类法**,解题的关键是凝聚点的选择及聚类结果的调整. 其中常用的方法有成批调整法与离差平方和法.

4.3.2 成批调整法

用成批调整法聚类时,先要确定一批凝聚点,将全部样品都聚到相应的类中,然后再更新凝聚点,对全部样品的聚类结果进行调整.

成批调整法的步骤是:

(1) 确定一批凝聚点,计算各个样品与各个凝聚点之间的距离.

(2) 分别找出每一样品与各个凝聚点之间的最短距离,按距离最短原则将全部样品都聚到相应的类中.

(3) 计算每一类的重心,并将各个类重心作为新的凝聚点.

(4) 重复以上步骤,直到新一次的聚类结果与上一次相同或新的凝聚点与上一次相同为止.

以上成批调整法又称为**重心法**或 k-means 法,它的缺点是聚类的结果依赖于初始凝聚点的选择,聚类结果的优劣没有一个客观的衡量标准.

【例 4.7】 对 16 个样品分别观测了两个同量纲的指标 x_1 和 x_2,得到的观测值如表 4-3(引自参考文献[3]),试用成批调整法作逐步聚类.

表 4-3 　　　　　　　　　　**16 个样品 2 个指标的观测值**

i	1	2	3	4	5	6	7	8	9	10	11	12	13	14	15	16
x_{1i}	0	2	2	4	4	5	6	-4	-3	-3	-5	1	0	0	-1	-1
x_{2i}	5	3	5	4	3	1	2	3	2	0	2	1	-1	-2	-1	-3

解　（1）根据 x_1 和 x_2 在平面直角坐标系中的分布情形，选 x_1 和 x_2 的三对数值

$$X_5 = \begin{pmatrix} 4 \\ 3 \end{pmatrix}, \quad X_9 = \begin{pmatrix} -3 \\ 2 \end{pmatrix}, \quad X_{13} = \begin{pmatrix} 0 \\ -1 \end{pmatrix}$$

作为初始聚类的凝聚点，计算各个样品与它们之间的距离，得表 4-4 中的第 2 列～第 4 列.

表 4-4 　　　　　　　　　　**成批调整法逐步聚类表**

样品	X_5	X_9	X_{13}	类	类	样品	$\overline{X}_{G_1}^{(0)}$	$\overline{X}_{G_2}^{(0)}$	$\overline{X}_{G_3}^{(0)}$
X_1	4.47	4.24	6	2	2	X_1	4.32	3.97	6.2
X_2	2	5.1	4.47	1	1	X_2	1.83	5.04	4.74
X_3	2.83	5.83	6.32	1	1	X_3	2.71	5.64	6.58
X_4	1	7.28	6.4	1	1	X_4	1.01	7.18	6.68
X_5	0	7.07	5.66	1	1	X_5	0.17	7.03	5.94
X_6	2.24	8.06	5.39	1	1	X_6	2.32	8.12	5.65
X_7	2.24	9	6.71	1	1	X_7	2.39	9.01	6.98
X_8	8	1.41	5.66	2	2	X_8	7.83	1.17	5.66
X_9	7.07	0	4.24	2	2	X_9	6.91	0.4	4.25
X_{10}	7.62	2	3.16	2	2	X_{10}	7.46	2.4	3.05
X_{11}	9.06	2	5.83	2	2	X_{11}	8.89	2.04	5.77
X_{12}	3.61	4.12	2.24	3	3	X_{12}	3.47	4.24	2.51
X_{13}	5.66	4.24	0	3	3	X_{13}	5.54	4.53	0.28
X_{14}	6.4	5	1	3	3	X_{14}	6.3	5.33	0.82
X_{15}	6.4	3.61	1	3	3	X_{15}	6.27	3.94	0.82
X_{16}	7.81	5.39	2.24	3	3	X_{16}	7.7	5.76	1.97

(2) 按距离最短原则聚为 3 类, 得到

$$G_1^{(0)} = \{X_2, X_3, X_4, X_5, X_6, X_7\},$$

$$G_2^{(0)} = \{X_1, X_8, X_9, X_{10}, X_{11}\},$$

$$G_3^{(0)} = \{X_{12}, X_{13}, X_{14}, X_{15}, X_{16}\}.$$

(3) 计算初始聚类以后的重心, 得到

$$\overline{X}_{G_1}^{(0)} = \begin{pmatrix} 3.833 \\ 3.000 \end{pmatrix}, \quad \overline{X}_{G_2}^{(0)} = \begin{pmatrix} -3.00 \\ 2.40 \end{pmatrix}, \quad \overline{X}_{G_3}^{(0)} = \begin{pmatrix} -0.20 \\ -1.20 \end{pmatrix}.$$

(4) 再以这 3 个类重心为新的凝聚点, 计算各个样品与它们之间的距离, 得到表 4-4 中的第 8 列 ~ 第 10 列.

(5) 按距离最短最原则聚为 3 类, 得到

$$G_1^{(1)} = \{X_2, X_3, X_4, X_5, X_6, X_7\},$$

$$G_2^{(1)} = \{X_1, X_8, X_9, X_{10}, X_{11}\},$$

$$G_3^{(1)} = \{X_{12}, X_{13}, X_{14}, X_{15}, X_{16}\}.$$

此聚类结果与上一次相同, 聚类终止.

4.3.3 成批调整法的 SAS 程序

例 4.7 中 16 个样品用成批调整法作逐步聚类的 SAS 程序为

```
data ex1;input x1 x2 @@;
cards;
0 5 2 3 2 5 4 4 4 3 5 1 6 2 -4 3
-3 2 -3 0 -5 2 1 1 0 -1 0 -2 -1 -1 -1 -3
;
data ex2;input x1 x2 @@;
cards;
4 3 -3 2 0 -1
;
proc fastclus data=ex1 seed=ex2 maxc=3 out=ex3;
proc print data=ex3;
```

输出的结果为

FASTCLUS Procedure

Initial Seeds

Cluster	X1	X2
1	4.00000	3.00000
2	−3.00000	2.00000
3	0.00000	−1.00000

Criterion Based on Final Seeds=1.3878

Cluster Summary

Cluster	Frequency	RMS Std Deviation	Maximum Distance from Seed to Observation	Nearest Cluster	Distance Between Cluster Centroids
1	6	1.5111	2.7131	3	5.8230
2	5	1.8439	3.9699	3	4.5607
3	5	1.2042	2.5060	2	4.5607

Statistics for Variables

Variable	Total STD	Within STD	R−Squared	RSQ/(1−RSQ)
X1	3.265348	1.509797	0.814719	4.397216
X2	2.394438	1.568929	0.627907	1.687500
OVER−ALL	2.863200	1.539647	0.749394	2.990333

Pseudo F Statistic= 19.44

Approximate Expected Over−All R−Squared= 0.76351

Cubic Clustering Criterion= −0.320

Cluster	Cluster Means X1	X2	Cluster	Cluster Standard Deviations X1	X2
1	3.83333	3.00000	1	1.60208	1.41421
2	−3.00000	2.40000	2	1.87083	1.81659
3	−0.20000	−1.20000	3	0.83666	1.48324

OBS	X1	X2	CLUSTER	DISTANCE
1	0	5	2	3.96989
2	2	3	1	1.83333
3	2	5	1	2.71314

155

4	4	4	1	1.01379
5	4	3	1	0.16667
6	5	1	1	2.31541
7	6	2	1	2.38630
8	−4	3	2	1.16619
9	−3	2	2	0.40000
10	−3	0	2	2.40000
11	−5	2	2	2.03961
12	1	1	3	2.50599
13	0	−1	3	0.28284
14	0	−2	3	0.82462
15	−1	−1	3	0.82462
16	−1	−3	3	1.96977

如果将初始聚类的凝聚点改换为 2 3 −3 0 0 −2，这时输出的结果改换为

FASTCLUS Procedure

Initial Seeds

Cluster	X1	X2
1	2.00000	3.00000
2	−3.00000	0.00000
3	0.00000	−2.00000

Criterion Based on Final Seeds = 1.3607

Cluster Summary

Cluster	Frequency	RMS Std Deviation	Maximum Distance from Seed to Observation	Nearest Cluster	Distance Between Cluster Centroids
1	8	1.8516	3.6056	3	5.9002
2	4	1.1180	1.9039	3	4.7762
3	4	0.7906	1.3463	2	4.7762

Statistics for Variables

Variable	Total STD	Within STD	R−Squared	RSQ/(1−RSQ)
X1	3.265348	1.611258	0.788980	3.738889

156

| X2 | 2.394438 | 1.400549 | 0.703488 | 2.372549 |
| OVER-ALL | 2.863200 | 1.509585 | 0.759085 | 3.150844 |

Pseudo F Statistic = 20.48
Approximate Expected Over-All R-Squared = 0.76351
Cubic Clustering Criterion = −0.102

| | Cluster Means | | | Cluster Standard Deviations | |
Cluste	X1	X2	Cluste	X1	X2
1	3.00000	3.00000	1	2.07020	1.60357
2	−3.75000	1.75000	2	0.95743	1.25831
3	−0.50000	−1.75000	3	0.57735	0.95743

OBS	X1	X2	CLUSTER	DISTANCE
1	0	5	1	3.60555
2	2	3	1	1.00000
3	2	5	1	2.23607
4	4	4	1	1.41421
5	4	3	1	1.00000
6	5	1	1	2.82843
7	6	2	1	3.16228
8	−4	3	2	1.27475
9	−3	2	2	0.79057
10	−3	0	2	1.90394
11	−5	2	2	1.27475
12	1	1	1	2.82843
13	0	−1	3	0.90139
14	0	−2	3	0.55902
15	−1	−1	3	0.90139
16	−1	−3	3	1.34629

这样的结果就证实了前面的提示：成批调整法的缺点是聚类的结果依赖于初始凝聚点的选择，聚类结果的优劣没有一个客观的衡量标准.

在改进成批调整法的基础上，形成了以下的离差平方和法.

4.3.4 离差的平方和法

离差平方和法将 G_k 类中各样品 X_i 与类重心 $\overline{X}_{G_k}$ 的平方距离，即 G_k 类中各

157

样品 X_i 的离差平方和 $d_{iG_k}^2 = \sum\limits_j (x_{ij} - \overline{x}_{G_k j})^2$ 作为调整聚类结果的根据，每进行一次调整都要使总离差平方和

$$S = \sum_k \sum_{i \in G_k} d_{iG_k}^2 = \sum_k \sum_{i \in G_k} \sum_j (x_{ij} - \overline{x}_{G_k j})^2$$

有所减少，直到 S 取它的最小值为止.

离差平方和法的步骤是：

（1）确定 K 个凝聚点，并将全部样品聚为 K 类，其中第 k 类的样品数记为 n_k，$k = 1, 2, \cdots, K$ 而 $\sum\limits_{k=1}^{K} n_k = n$.

（2）计算各类的均值 $\overline{X}_{G_k}$ 以及各样品与类重心的平方距离 $d_{iG_k}^2$，计算聚类结果的总离差平方和 S.

（3）自第一个样品开始，逐个计算

$$\Delta_{kl} = \frac{n_k}{n_k + 1} d_{iG_k}^2 - \frac{n_l}{n_l - 1} d_{iG_l}^2,$$

式中，$i = 1, 2, \cdots, n$，在已经得到的聚类结果中 $i \in G_l$.

Δ_{kl} 可用来近似地表示将第 i 个样品由 G_l 类换到 G_k 类后，总离差平方和的变化. 当 $\Delta_{kl} < 0$ 时，应调整聚类的结果，将第 i 个样品换到 G_k 类中，然后转入步骤(2)，反复几次，直到所有的 $\Delta_{kl} > 0$ 为止.

【例 4.8】 用离差平方和法将例 4.7 中的 16 个样品作逐步聚类.

解 （1）假设初始聚类结果为

$$G_1^{(0)} = \{X_2, X_3, X_4, X_5, X_6, X_7\}, \quad \overline{X}_{G_1}^{(0)} = \begin{pmatrix} 3.833 \\ 3.000 \end{pmatrix}$$

$$G_2^{(0)} = \{X_1, X_8, X_9, X_{10}, X_{11}\}, \quad \overline{X}_{G_2}^{(0)} = \begin{pmatrix} -3.00 \\ 2.40 \end{pmatrix},$$

$$G_3^{(0)} = \{X_{12}, X_{13}, X_{14}, X_{15}, X_{16}\}, \quad \overline{X}_{G_3}^{(0)} = \begin{pmatrix} -0.20 \\ -1.20 \end{pmatrix}.$$

（2）上述聚类结果的 d_{iG_k} 如表 4-5 所示.

总离差平方和

$$\begin{aligned}
S &= \sum_{i \in G_1} d_{iG_1}^2 + \sum_{i \in G_2} d_{iG_2}^2 + \sum_{i \in G_3} d_{iG_3}^2 \\
&= 22.833\,3 + 27.2 + 11.6 \\
&= 61.633\,3.
\end{aligned}$$

（3）上述聚类结果的 Δ_{kl} 如表 4-6 所示.

表 4-5 离差平方和法聚类结果

样品	$\overline{X}_{G_1} = \begin{pmatrix} 3.833 \\ 3.000 \end{pmatrix}$	$\overline{X}_{G_2} = \begin{pmatrix} -3.00 \\ 2.40 \end{pmatrix}$	$\overline{X}_{G_3} = \begin{pmatrix} -0.20 \\ -1.20 \end{pmatrix}$	类
X_1	4.32	3.97	6.2	2
X_2	1.83	5.04	4.74	1
X_3	2.71	5.64	6.58	1
X_4	1.01	7.18	6.68	1
X_5	0.17	7.03	5.94	1
X_6	2.32	8.12	5.65	1
X_7	2.39	9.01	6.98	1
X_8	7.83	1.17	5.66	2
X_9	6.91	0.4	4.25	2
X_{10}	7.46	2.4	3.05	2
X_{11}	8.89	2.04	5.77	2
X_{12}	3.47	4.24	2.51	3
X_{13}	5.54	4.53	0.28	3
X_{14}	6.3	5.33	0.82	3
X_{15}	6.27	3.94	0.82	3
X_{16}	7.7	5.76	1.97	3

表 4-6 离差平方和法聚类结果

样品	Δ_{1t}		Δ_{2t}		Δ_{3t}	
X_1	Δ_{12}	−3.678 4			Δ_{32}	12.366 7
X_2			Δ_{21}	17.101 5	Δ_{31}	14.701 5
X_3			Δ_{21}	17.634 8	Δ_{31}	27.234 8
X_4			Δ_{21}	41.733 2	Δ_{31}	35.999 9
X_5			Δ_{21}	41.099 9	Δ_{31}	29.366 5
X_6			Δ_{21}	48.532 4	Δ_{31}	20.132 4
X_7			Δ_{21}	60.798 3	Δ_{31}	33.731 6
X_8	Δ_{12}	50.890 8			Δ_{32}	25.033 3
X_9	Δ_{12}	40.677 0			Δ_{32}	14.866 7
X_{10}	Δ_{12}	40.534 2			Δ_{32}	0.533 3
X_{11}	Δ_{12}	62.533 0			Δ_{32}	22.533 3
X_{12}	Δ_{13}	2.457 9	Δ_{23}	7.116 7		
X_{13}	Δ_{13}	26.207 3	Δ_{23}	17.033 3		
X_{14}	Δ_{13}	33.171 6	Δ_{23}	22.783 3		
X_{15}	Δ_{13}	32.885 3	Δ_{23}	12.116 7		
X_{16}	Δ_{13}	46.028 2	Δ_{23}	22.783 3		

表 4-6 中所列第一行数字的计算过程为

$$n_1 = 6, \quad n_2 = 5, \quad n_3 = 5, \quad X_1 \in G_2, \quad l = 2,$$

$$\Delta_{12} = \frac{6}{7} \times (4.323\ 411\ 7)^2 - \frac{5}{4} \times (3.969\ 886\ 6)^2 = -3.678\ 381,$$

$$\Delta_{32} = \frac{5}{6} \times (6.203\ 225)^2 - \frac{5}{4} \times (3.969\ 886\ 6)^2 = 12.366\ 667,$$

故将 X_1 换到 G_1 中.

新的类聚结果为

$$G_1^{(1)} = \{X_1, X_2, X_3, X_4, X_5, X_6, X_7\}, \quad \overline{X}_{G_1}^{(1)} = \begin{pmatrix} 3.286 \\ 3.286 \end{pmatrix}$$

$$G_2^{(1)} = \{X_8, X_9, X_{10}, X_{11}\}, \quad \overline{X}_{G_2}^{(1)} = \begin{pmatrix} -3.75 \\ 1.75 \end{pmatrix},$$

$$G_3^{(1)} = \{X_{12}, X_{13}, X_{14}, X_{15}, X_{16}\}, \quad \overline{X}_{G_3}^{(1)} = \begin{pmatrix} -0.20 \\ -1.20 \end{pmatrix}.$$

(4) 上述聚类结果的 d_{iG_k} 如表 4-7 所示.

表 4-7 **离差平方和法聚类结果**

样品	$\overline{X}_{G_1} = \begin{pmatrix} 3.286 \\ 3.286 \end{pmatrix}$	$\overline{X}_{G_2} = \begin{pmatrix} -3.75 \\ 1.75 \end{pmatrix}$	$\overline{X}_{G_3} = \begin{pmatrix} -0.20 \\ -1.20 \end{pmatrix}$	类
X_1	3.71	4.96	6.2	1
X_2	1.32	5.88	4.74	1
X_3	2.14	6.6	6.58	1
X_4	1.01	8.07	6.68	1
X_5	0.77	7.85	5.94	1
X_6	2.86	8.78	5.65	1
X_7	3	9.75	6.98	1
X_8	7.3	1.27	5.66	2
X_9	6.42	0.79	4.25	2
X_{10}	7.09	1.9	3.05	2
X_{11}	8.39	1.27	5.77	2
X_{12}	3.24	4.81	2.51	3
X_{13}	5.41	4.65	0.28	3
X_{14}	6.22	5.3	0.82	3
X_{15}	6.07	3.89	0.82	3
X_{16}	7.61	5.49	1.97	3

总离差平方和

$$S = \sum_{i \in G_1} d_{iG_1}^2 + \sum_{i \in G_2} d_{iG_2}^2 + \sum_{i \in G_3} d_{iG_3}^2$$
$$= 38.857\,1 + 7.5 + 11.6 = 57.957\,1.$$

（5）上述聚类结果的 Δ_{kl} 如表 4-8 所示.

表 4-8　　　　　　　　　离差平方和法聚类结果

样品	Δ_{1t}		Δ_{2t}		Δ_{3t}	
X_1			Δ_{21}	3.675 1	Δ_{31}	16.041 8
X_2			Δ_{21}	25.675 1	Δ_{31}	16.708 5
X_3			Δ_{21}	29.543 1	Δ_{31}	30.709 8
X_4			Δ_{21}	50.910 4	Δ_{31}	36.043 8
X_5			Δ_{21}	48.609 8	Δ_{31}	28.709 8
X_6			Δ_{21}	52.175 8	Δ_{31}	17.042 5
X_7			Δ_{21}	65.577 1	Δ_{31}	30.043 8
X_8	Δ_{12}	44.355 0			Δ_{32}	24.566 7
X_9	Δ_{12}	35.188 3			Δ_{32}	14.233 3
X_{10}	Δ_{12}	39.189 3			Δ_{32}	2.9
X_{11}	Δ_{12}	59.356 0			Δ_{32}	25.566 7
X_{12}	Δ_{13}	1.295 1	Δ_{23}	10.65		
X_{13}	Δ_{13}	25.421 6	Δ_{23}	17.2		
X_{14}	Δ_{13}	33.047 1	Δ_{23}	21.65		
X_{15}	Δ_{13}	31.297 1	Δ_{23}	11.25		
X_{16}	Δ_{13}	45.798 1	Δ_{23}	19.25		

各 $\Delta_{kl} > 0$，因此聚类终止.

调整后的离差平方和减少 $61.633\,3 - 57.957\,1 = 3.676\,2$.

如果（1）假设初始聚类结果为

$$G_1^{(0)} = \{X_1, X_2, X_3, X_4, X_5, X_6, X_7, X_{12}\}, \quad \overline{X}_{G_1}^{(0)} = \begin{pmatrix} 3 \\ 3 \end{pmatrix},$$

$$G_2^{(0)} = \{X_8, X_9, X_{10}, X_{11}\}, \quad \overline{X}_{G_2}^{(0)} = \begin{pmatrix} -3.75 \\ 1.75 \end{pmatrix},$$

$$G_3^{(0)} = \{X_{13}, X_{14}, X_{15}, X_{16}\}, \quad \overline{X}_{G_3}^{(0)} = \begin{pmatrix} -0.50 \\ -1.75 \end{pmatrix}.$$

（2）上述聚类结果的 d_{iG_k} 如表 4-9 所示.

表 4-9　　　　　　　　　　　　离差平方和法聚类结果

样品	$\overline{X}_{G_1} = \begin{pmatrix} 3 \\ 3 \end{pmatrix}$	$\overline{X}_{G_2} = \begin{pmatrix} -3.75 \\ 1.75 \end{pmatrix}$	$\overline{X}_{G_3} = \begin{pmatrix} -0.50 \\ -1.75 \end{pmatrix}$	类
X_1	3.61	4.96	6.77	1
X_2	1	5.88	5.37	1
X_3	2.24	6.60	7.20	1
X_4	1.41	8.07	7.30	1
X_5	1	7.85	6.54	1
X_6	2.83	8.78	6.15	1
X_7	3.16	9.75	7.50	1
X_8	7	1.27	5.90	2
X_9	6.08	0.79	4.51	2
X_{10}	6.71	1.90	3.05	2
X_{11}	8.06	1.27	5.86	2
X_{12}	2.83	4.81	3.13	1
X_{13}	5	4.65	0.90	3
X_{14}	5.83	5.30	0.56	3
X_{15}	5.66	3.89	0.90	3
X_{16}	7.2	5.49	1.35	3

总离差平方和

$$S = \sum_{i \in G_1} d_{iG_1}^2 + \sum_{i \in G_2} d_{iG_2}^2 + \sum_{i \in G_3} d_{iG_3}^2$$
$$= 48 + 7.5 + 3.75 = 59.25.$$

（3）上述聚类结果的 Δ_{kl} 如表 4-10 所示.

表 4-10 中所列第 12 行数字为 $\Delta_{21} = 9.3571$，$\Delta_{31} = -1.2929$，故将 X_{12} 换到 G_3 中.

新的类聚结果为

$$G_1^{(1)} = \{X_1, X_2, X_3, X_4, X_5, X_6, X_7\}, \quad \overline{X}_{G_1}^{(1)} = \begin{pmatrix} 3.286 \\ 3.286 \end{pmatrix}$$

$$G_2^{(1)} = \{X_8, X_9, X_{10}, X_{11}\}, \quad \overline{X}_{G_2}^{(1)} = \begin{pmatrix} -3.75 \\ 1.75 \end{pmatrix},$$

$$G_3^{(1)} = \{X_{12}, X_{13}, X_{14}, X_{15}, X_{16}\}, \quad \overline{X}_{G_3}^{(1)} = \begin{pmatrix} -0.20 \\ -1.20 \end{pmatrix}.$$

表 4-10　　　　　　　　　离差平方和法聚类结果

样品	Δ_{1t}			Δ_{2t}		Δ_{3t}	
X_1			Δ_{21}	4.842 9	Δ_{31}	21.792 9
X_2			Δ_{21}	26.557 1	Δ_{31}	21.907 1
X_3			Δ_{21}	29.185 7	Δ_{31}	35.735 7
X_4			Δ_{21}	49.814 3	Δ_{31}	40.364 3
X_5			Δ_{21}	48.157 1	Δ_{31}	33.107 1
X_6			Δ_{21}	52.557 1	Δ_{31}	21.107 1
X_7			Δ_{21}	64.671 4	Δ_{31}	33.621 4
X_8	Δ_{12}	41.388 9			Δ_{32}	25.683 3
X_9	Δ_{12}	32.055 6			Δ_{32}	15.416 7
X_{10}	Δ_{12}	35.166 7			Δ_{32}	2.616 7
X_{11}	Δ_{12}	55.611 1			Δ_{32}	25.283 3
X_{12}				9.357 1 Δ_{21}	Δ_{31}	$-1.292\ 9$
X_{13}	Δ_{13}	21.138 9	Δ_{23}	16.216 7		
X_{14}	Δ_{13}	29.805 6	Δ_{23}	22.083 3		
X_{15}	Δ_{13}	27.361 1	Δ_{23}	11.016 7		
X_{16}	Δ_{13}	43.805 6	Δ_{23}	21.683 3		

（4）上述聚类结果的 d_{iG_k} 如表 4-7 所示，总离差平方和

$$S = \sum_{i\in G_1} d_{iG_1}^2 + \sum_{i\in G_2} d_{iG_2}^2 + \sum_{i\in G_3} d_{iG_3}^2$$
$$= 38.857\ 1 + 7.5 + 11.6 = 57.957\ 1.$$

（5）上述聚类结果的 Δ_{kl} 如表 4-8 所示，表中的各 $\Delta_{kl} > 0$，因此聚类终止．调整后的离差平方和减少 $59.25 - 57.957\ 1 = 1.292\ 9$．

由此可见离差平方和法可克服成批调整法的缺点，值得推广应用．只是在 SAS 中没有编入离差平方和法，计算与编写程序稍有一些困难．

❧ 4.4　Bayes 判别 ❧

4.4.1　Bayes 判别的原理

假设以 p 个变量 $x_1, x_2, \cdots, x_p$ 为指标的 n 个样品可属于 $G_1, G_2, \cdots, G_K$ 等 K 个类中的某一类．任意给出一个样品并记为 $X = (x_1, x_2, \cdots, x_p)$，要判别它属

于哪一类. 这样的工作不可避免地会出现错误, Bayes 判别可以使判别工作出现错误的概率达到最小值, 其原理简述如下:

若 $G_1, G_2, \cdots, G_K$ 类中样品 X 的分布密度为 $f_1(x), f_2(x), \cdots, f_K(x)$, 且 X 属于这 K 个类中某一类 G_h 的验前概率为 p_h, 自 G_h 类中取出 X 的条件概率为 $p(X|h)$, X 属于这 k 个类中某一类 G_i 的验前概率为 p_i, 自 G_i 类中取出 X 的条件概率为 $p(X|i)$, 那么, 根据全概率公式, X 出现的全概率

$$p(X) = \sum_i p_i p(X|i).$$

根据 Bayes 公式, X 属于这 k 个类中某一类 G_h 的验后概率

$$p(h|X) = \frac{p_h p(X|h)}{\sum_i p_i p(X|i)} = \frac{p_h f_h(x)}{\sum_i p_i f_i(x)}.$$

此式中的分母为定数, 故当分子较大时, X 取自 G_h 类的概率也比较大, 令

$$\eta_h(X) = p_h f_h(x),$$

逐个计算 $\eta_h(X)$ 后, 由 $\eta_{h*}(X) = \max_h \eta_h(X)$ 决定判 X 属于 G_{h*} 类.

4.4.2 Bayes 判别的任务

假设有 n 个已知类别的样品, 相应的观测值分别记为 $x_{ij}^{(h)}$, $j = 1, 2, \cdots, p$, 而 $i = 1, 2, \cdots, n_h$, $h = 1, 2, \cdots, K$ 且 $\sum_{h=1}^{K} n_h = n$. x_{ij} 表示第 j 个变量的第 i 个观测值, (h) 表示样品属于 G_h 类, n_h 表示 n 个观测值中有 n_h 个属于 G_h 类.

Bayes 判别的任务是:

(1) 根据上述 n 个已知类别的观测值 $x_{ij}^{(h)}$ 求出系数 $C_0^{(h)}, C_1^{(h)}, \cdots, C_p^{(h)}$, 建立判别函数 $\eta_h(X)$ 的估计式 $y_h(X) = C_0^{(h)} + \sum_j C_j^{(h)} x_j$;

(2) 将变量 $x_1, x_2, \cdots, x_p$ 的值代入各个判别函数, 求出各 $y_h(X)$ 的值;

(3) 当 $y_{h*}(X) = \max_h y_h(X)$ 时, 判定 X 属于 G_{h*} 类.

4.4.3 正态假设下判别函数的建立

假设各类 G_h 的总体分布为 $N(\boldsymbol{\mu}_h, \boldsymbol{\Sigma})$ 且 $h = 1, 2, \cdots, K$,

$$f_h(\boldsymbol{x}) = \frac{|\boldsymbol{\Sigma}^{-1}|^{\frac{1}{2}}}{(2\pi)^{\frac{p}{2}}} \exp\left\{-\frac{1}{2}(\boldsymbol{x} - \boldsymbol{\mu}_h)' \boldsymbol{\Sigma}^{-1} (\boldsymbol{x} - \boldsymbol{\mu}_h)\right\},$$

式中,

$$\boldsymbol{x} = \begin{bmatrix} x_1 \\ x_2 \\ \vdots \\ x_p \end{bmatrix}, \quad \boldsymbol{\mu}_h = \begin{bmatrix} \mu_1^{(h)} \\ \mu_2^{(h)} \\ \vdots \\ \mu_p^{(h)} \end{bmatrix}, \quad \boldsymbol{\Sigma} = \begin{bmatrix} \sigma_{11} & \sigma_{12} & \cdots & \sigma_{1p} \\ \sigma_{21} & \sigma_{22} & \cdots & \sigma_{2p} \\ \vdots & \vdots & & \vdots \\ \sigma_{p1} & \sigma_{p2} & \cdots & \sigma_{pp} \end{bmatrix}.$$

现有观测数据矩阵

$$\begin{bmatrix} x_{11}^{(h)} & x_{12}^{(h)} & \cdots & x_{1p}^{(h)} \\ x_{21}^{(h)} & x_{22}^{(h)} & \cdots & x_{2p}^{(h)} \\ \vdots & \vdots & & \vdots \\ x_{n_h 1}^{(h)} & x_{n_h 2}^{(h)} & \cdots & x_{n_h p}^{(h)} \end{bmatrix},$$

其中的 h 为分类号，n_h 为 G_h 类样品的个数，$\sum\limits_{h=1}^{K} n_h = n$.

记

$$\overline{x}_j^{(h)} = \frac{1}{n_h} \sum_{i=1}^{n_h} x_{ij}^{(h)}, \quad \overline{\boldsymbol{x}}_{(h)} = \begin{bmatrix} \overline{x}_1^{(h)} \\ \overline{x}_2^{(h)} \\ \vdots \\ \overline{x}_p^{(h)} \end{bmatrix},$$

$$s_{j_1 j_2}^{(h)} = \sum_{i=1}^{n_h} (x_{ij_1}^{(h)} - \overline{x}_{j_1}^{(h)})(x_{ij_2}^{(h)} - \overline{x}_{j_2}^{(h)}), \quad s_{j_1 j_2} = \frac{1}{n-K} \sum_{h=1}^{K} s_{j_1 j_2}^{(h)},$$

$$\boldsymbol{S} = \begin{bmatrix} s_{11} & s_{12} & \cdots & s_{1p} \\ s_{21} & s_{22} & \cdots & s_{2p} \\ \vdots & \vdots & & \vdots \\ s_{p1} & s_{p2} & \cdots & s_{pp} \end{bmatrix}, \quad \boldsymbol{S}^{-1} = \begin{bmatrix} s^{11} & s^{12} & \cdots & s^{1p} \\ s^{21} & s^{22} & \cdots & s^{2p} \\ \vdots & \vdots & & \vdots \\ s^{p1} & s^{p2} & \cdots & s^{pp} \end{bmatrix},$$

并以 $\boldsymbol{S}^{-1}$ 估计 $\boldsymbol{\Sigma}^{-1}$，以 $\overline{\boldsymbol{x}}_{(h)}$ 估计 $\boldsymbol{\mu}_h$ 得到 $\eta_h(X) = p_h f_h(\boldsymbol{x})$ 的估计式

$$y_h(X) = p_h \frac{|\boldsymbol{S}^{-1}|^{\frac{1}{2}}}{(2\pi)^{\frac{p}{2}}} \exp\left\{ -\frac{1}{2} (\boldsymbol{x} - \overline{\boldsymbol{x}}_{(h)})' \boldsymbol{S}^{-1} (\boldsymbol{x} - \overline{\boldsymbol{x}}_{(h)}) \right\}.$$

取 $p_h = \dfrac{1}{K}$ 为常数后，$y_h(\boldsymbol{X})$ 的值便由指数 $-\dfrac{1}{2}(\boldsymbol{x} - \overline{\boldsymbol{x}}_{(h)})' \boldsymbol{S}^{-1}(\boldsymbol{x} - \overline{\boldsymbol{x}}_{(h)})$ 所决定. 而

$$(\boldsymbol{x} - \overline{\boldsymbol{x}}_{(h)})' \boldsymbol{S}^{-1}(\boldsymbol{x} - \overline{\boldsymbol{x}}_{(h)}) = \boldsymbol{x}' \boldsymbol{S}^{-1} \boldsymbol{x} - 2\boldsymbol{x}' \boldsymbol{S}^{-1} \overline{\boldsymbol{x}}_{(h)} + \overline{\boldsymbol{x}}_{(h)}' \boldsymbol{S}^{-1} \overline{\boldsymbol{x}}_{(h)},$$

从其中略去与分类号 h 无关的各项后不会影响判别的效果.

如果将所得的式子仍记为 $y_h(X)$，则

$$y_h(X) = -\frac{1}{2}\overline{x}'_{(h)}S^{-1}\overline{x}_{(h)} + x'S^{-1}\overline{x}_{(h)}$$

$$= C_0^{(h)} + C_1^{(h)}x_1 + C_2^{(h)}x_2 + \cdots + C_p^{(h)}x_p,$$

式中，

$$\begin{pmatrix} C_1^{(h)} \\ C_2^{(h)} \\ \vdots \\ C_p^{(h)} \end{pmatrix} = S^{-1}\overline{x}_{(h)} = \begin{pmatrix} s^{11}\overline{x}_1^{(h)} + s^{12}\overline{x}_2^{(h)} + \cdots + s^{1p}\overline{x}_p^{(h)} \\ s^{21}\overline{x}_1^{(h)} + s^{22}\overline{x}_2^{(h)} + \cdots + s^{2p}\overline{x}_p^{(h)} \\ \vdots \\ s^{p1}\overline{x}_1^{(h)} + s^{p2}\overline{x}_2^{(h)} + \cdots + s^{pp}\overline{x}_p^{(h)} \end{pmatrix},$$

而 $C_0^{(h)} = -\frac{1}{2}\overline{x}'_{(h)}S^{-1}\overline{x}_{(h)} = -\frac{1}{2}\sum_{j=1}^{p}C_j^{(h)}\overline{x}_j^{(h)}$.

上述 $y_h(X)$ 就是 Bayes 判别的判别函数，它一共有 K 个，当 $y_{h*}(X) = \max\limits_{h} y_h(X)$ 时，判定 X 属于 G_{h*} 类.

4.4.4　多个变量全体判别效果的检验

多个变量全体的判别效果，取决于各总体均值 μ_h 的差异，$h = 1,2,\cdots,K$. 差异大时，判别的效果会比较好；反之，判别的效果便比较差. 作检验时，先计算类内协方差矩阵 $W = (w_{j_1 j_2})_{p\times p}$ 及总协方差矩阵 $T = (t_{j_1 j_2})_{p\times p}$，式中的

$$w_{j_1 j_2} = s_{j_1 j_2} = \frac{1}{n-K}\sum_{h=1}^{K}\sum_{i=1}^{n_h}(x_{ij_1}^{(h)} - \overline{x}_{j_1}^{(h)})(x_{ij_2}^{(h)} - \overline{x}_{j_2}^{(h)}),$$

$$t_{j_1 j_2} = \frac{1}{n-K}\sum_{h=1}^{K}\sum_{i=1}^{n_h}(x_{ij_1}^{(h)} - \overline{x}_{j_1})(x_{ij_2}^{(h)} - \overline{x}_{j_2}),$$

$$\overline{x}_{j_1} = \frac{1}{n}\sum_{h=1}^{K}n_h\overline{x}_{j_1}^{(h)}, \quad \overline{x}_{j_2} = \frac{1}{n}\sum_{h=1}^{K}n_h\overline{x}_{j_2}^{(h)}.$$

在各类 G_h 的总体分布为 $N(\mu_h,\Sigma)$，也就是各总体的协方差矩阵相同的假设下，为检验 $H_0: \mu_1 = \mu_2 = \cdots = \mu_k$，可以引进 Wilks 统计量 $\Lambda = \dfrac{|W|}{|T|}$，当 n 足够大时，统计量

$$-\left[(n-1) - \frac{1}{2}(p+K)\right]\ln\Lambda \overset{\text{近似地}}{\sim} \chi^2(p(K-1)).$$

因此，给定显著性水平 α，如果 $-\left[(n-1) - \frac{1}{2}(p+K)\right]\ln\Lambda > \chi^2_{\alpha}$，便可认为 Λ 值比较小，相对于类内离均差而言，类间离均差比较大，也就是 K 类总体的差异比较大，各 μ_h 并不全部相等，Bayes 判别函数的判别效果会比较好.

4.4.5 各变量判别能力的检验

在 p 个变量中,哪一些变量对区分 K 类总体所起的作用显著?哪一些变量对区分 K 类总体所起的作用不显著?弄清了这个问题,就可以像逐步回归那样逐个地检验并引入对区分 K 类总体起显著作用的变量,建立最优的判别函数的估计式.

可以证明,当变量 $x_{r_1},x_{r_2},\cdots,x_{r_l}$ 给定时,增加一个新变量 $x_{r_{l+1}}$ 后,统计量 Λ 的变化量 $\Lambda_{r_{l+1}|r_1r_2\cdots r_l}=\dfrac{\Lambda_{r_1r_2\cdots r_lr_{l+1}}}{\Lambda_{r_1r_2\cdots r_l}}$,式中的分母表示 l 个变量 $x_{r_1},x_{r_2},\cdots,x_{r_l}$ 所对应的 Λ 值,分子表示增加一个新变量 $x_{r_{l+1}}$ 后 $l+1$ 个变量所对应的 Λ 值,$l=1,2,\cdots,p-1$.

记 $x_{r_1},x_{r_2},\cdots,x_{r_l}$ 的 $\boldsymbol{W}$ 矩阵为 $W(x_{r_1},x_{r_2},\cdots,x_{r_l})$,$\boldsymbol{T}$ 矩阵为 $\boldsymbol{T}(x_{r_1},x_{r_2},\cdots,x_{r_l})$,$x_{r_1},x_{r_2},\cdots,x_{r_l},x_{r_{l+1}}$ 的 $\boldsymbol{W}$ 矩阵为 $W(x_{r_1},x_{r_2},\cdots,x_{r_l},x_{r_{l+1}})$,$\boldsymbol{T}$ 矩阵为 $\boldsymbol{T}(x_{r_1},x_{r_2},\cdots,x_{r_l},x_{r_{l+1}})$,则根据统计量 Λ 的计算公式,

$$\Lambda_{r_1r_2\cdots r_l}=\frac{|\boldsymbol{W}(x_{r_1},x_{r_2},\cdots,x_{r_l})|}{|\boldsymbol{T}(x_{r_1},x_{r_2},\cdots,x_{r_l})|},$$

$$\Lambda_{r_1r_2\cdots r_lr_{l+1}}=\frac{|\boldsymbol{W}(x_{r_1},x_{r_2},\cdots,x_{r_l},x_{r_{l+1}})|}{|\boldsymbol{T}(x_{r_1},x_{r_2},\cdots,x_{r_l},x_{r_{l+1}})|}.$$

如果上述变化量 $\Lambda_{r_{l+1}|r_1r_2\cdots r_l}$ 比较小,便说明增加一个新变量 $x_{r_{l+1}}$ 后,判别的效果更好一些;否则,判别的效果会差一些. 因此,可以根据 $\Lambda_{r_{l+1}|r_1r_2\cdots r_l}$ 的大小决定是否将 $x_{r_{l+1}}$ 引入判别函数.

还可以证明:当统计量 $\Lambda_+=\Lambda_{r_{l+1}|r_1r_2\cdots r_l}=\dfrac{\Lambda_{r_1r_2\cdots r_lr_{l+1}}}{\Lambda_{r_1r_2\cdots r_l}}$ 时,统计量

$$F_+=\frac{(1-\Lambda_+)/(K-1)}{\Lambda_+/(n-K-l)}\sim F(K-1,n-K-l).$$

根据 F_+ 可以检验 l 个变量给定后,增加一个新变量 $x_{r_{l+1}}$ 所得到的判别函数是否显著地增大了判别能力,这个检验正是 4.5 节中逐步判别的关键.

特别是,根据 p 个变量 $x_1,x_2,\cdots,x_p$ 建立 Bayes 判别函数以后,检验各个变量的判别能力时,$\Lambda_{j+}=\dfrac{w_{jj}}{t_{jj}}$,$j=1,2,\cdots,p$,式中的 w_{jj} 与 t_{jj} 分别为 $W(x_1,x_2,\cdots,x_p)$ 与 $T(x_1,x_2,\cdots,x_p)$ 中第 j 行第 j 列的元素.

4.4.6 Bayes 判别的步骤

综上所述,Bayes 判别的步骤如下:

(1) 计算各类中变量的均值 $\overline{x}_j^{(h)}$ 及均值向量 $\overline{x}_{(h)}$ $(h=1,2,\cdots,K)$，各变量的总均值 $\overline{x}_j(j=1,2,\cdots,p)$ 及均值向量 $\overline{x}$；

(2) 计算类内协方差矩阵 S 及其逆矩阵 S^{-1}；

(3) 计算 Bayes 判别函数中各个变量的系数及常数项并写出判别函数；

(4) 计算类内协方差矩阵 W 及总协方差矩阵 T 作多个变量全体判别效果的检验；

(5) 作各个变量判别能力的检验；

(6) 判别新样本应属的类别.

4.4.7　Bayes 判别的实例

【例 4.9】　观测 3 名健康人和 4 名心肌梗塞病人心电图的 3 项指标 x_1,x_2，x_3 所得的观测值如表 4-11（引自参考文献[4]），试建立 Bayes 判别的判别函数，并判别一个人心电图的 3 项指标为 $(400.72,49.46,2.25)$ 时，应属两类中的哪一类.

表 4-11　　　　　　　　已知类别的 7 组心电图指标的观测值

类	号	x_{i1}	x_{i2}	x_{i3}
1	1	436.70	49.59	2.32
1	2	290.67	30.02	2.46
1	3	352.53	36.23	2.36
2	1	510.47	67.64	1.73
2	2	510.41	62.71	1.58
2	3	470.30	54.40	1.68
2	4	364.12	46.26	2.09

解　(1) $K=2$，$n_1=3$，$n_2=4$，$n=7$，$p=3$，

$\overline{x}_1^{(1)}=359.9667$，$\overline{x}_2^{(1)}=38.6133$，$\overline{x}_3^{(1)}=2.38$，

$\overline{x}_1^{(2)}=463.825$，$\overline{x}_2^{(2)}=57.7525$，$\overline{x}_3^{(2)}=1.77$，

$\overline{x}_1=419.3143$，$\overline{x}_2=49.55$，$\overline{x}_3=2.0314$，

$$\overline{x}_{(1)}=\begin{pmatrix}359.9667\\38.6133\\2.38\end{pmatrix},\quad \overline{x}_{(2)}=\begin{pmatrix}463.825\\57.7525\\1.77\end{pmatrix},\quad \overline{x}=\begin{pmatrix}419.3143\\49.55\\2.0314\end{pmatrix}.$$

(2) $\boldsymbol{S} = \begin{pmatrix} 5\,014.853\,4 & 654.357\,9 & -10.640\,9 \\ 654.357\,9 & 93.133\,8 & -1.202\,3 \\ -10.640\,9 & -1.202\,3 & 0.031\,7 \end{pmatrix}$,

$$\boldsymbol{S}^{-1} = \begin{pmatrix} 0.008\,308 & -0.043\,847 & 1.124\,840 \\ -0.043\,847 & 0.252\,450 & -5.139\,906 \\ 1.124\,840 & -5.139\,906 & 214.040\,19 \end{pmatrix}.$$

(3) $\begin{pmatrix} C_1^{(1)} \\ C_2^{(1)} \\ C_3^{(1)} \end{pmatrix} = \boldsymbol{S}^{-1}\overline{\boldsymbol{x}}_{(1)} \approx \begin{pmatrix} 3.974 \\ -18.268 \\ 715.852 \end{pmatrix}$, $\begin{pmatrix} C_1^{(2)} \\ C_2^{(2)} \\ C_3^{(2)} \end{pmatrix} = \boldsymbol{S}^{-1}\overline{\boldsymbol{x}}_{(2)} \approx \begin{pmatrix} 3.312 \\ -14.855 \\ 603.738 \end{pmatrix}$,

$$C_0^{(1)} = -\frac{1}{2}\sum_{j=1}^{3} C_j^{(1)}\overline{x}_j^{(1)} \approx -1\,214.499,$$

$$C_0^{(2)} = -\frac{1}{2}\sum_{j=1}^{3} C_j^{(2)}\overline{x}_j^{(2)} \approx -873.418;$$

Bayes 判别函数为

$$y_1 = 3.974x_1 - 18.268x_2 + 715.852x_3 - 1\,214.499,$$

$$y_2 = 3.312x_1 - 14.855x_2 + 603.738x_3 - 873.418.$$

(4) 计算类内协方差矩阵 $\boldsymbol{W}$ 及总协方差矩阵 $\boldsymbol{T}$ 作多个变量全体判别效果的检验:

$$\boldsymbol{W} = \boldsymbol{S} = \begin{pmatrix} 5\,014.853\,4 & 654.357\,9 & -10.640\,9 \\ 654.357\,9 & 93.133\,8 & -1.202\,3 \\ -10.640\,9 & -1.202\,3 & 0.031\,7 \end{pmatrix},$$

$$\boldsymbol{T} = \begin{pmatrix} 8\,713.100\,4 & 1\,335.876\,3 & -32.362\,1 \\ 1\,335.876\,3 & 218.725\,0 & -5.205\,2 \\ -32.362\,1 & -5.205\,2 & 0.159\,3 \end{pmatrix},$$

$|\boldsymbol{W}| = 181.593\,2, \quad |\boldsymbol{T}| = 4\,222.547\,1, \quad \Lambda = 0.043\,005\,6,$

$$-\left[(n-1) - \frac{1}{2}(p+K)\right]\ln\Lambda = 11.012\,5,$$

$$p(K-1) = 3, \quad \chi^2_{0.05}(3) = 7.82,$$

故上述 Bayes 判别函数的判别效果比较好.

(5) 作各个变量判别能力的检验:

$$\Lambda_{1+} = \frac{w_{11}}{t_{11}} = 0.575\,553, \quad \Lambda_{2+} = \frac{w_{22}}{t_{22}} = 0.425\,803,$$

$$\Lambda_{3+} = \frac{w_{33}}{t_{33}} = 0.199\,125,$$

式中，Λ_{3+} 较小，x_3 的判别能力较大.

$$F_{1+} = \frac{(1 - 0.575\,553)/(2 - 1)}{0.575\,553/(7 - 2 - 0)} = 3.69,$$

$$F_{2+} = \frac{(1 - 0.425\,803)/(2 - 1)}{0.425\,803/(7 - 2 - 0)} = 6.74,$$

$$F_{3+} = \frac{(1 - 0.199\,125)/(2 - 1)}{0.199\,125/(7 - 2 - 0)} = 20.11,$$

而 $F_{0.05}(1,5) = 6.61$，$F_{0.01}(1,5) = 16.3$，故 x_1 的判别能力不显著，x_2 的判别能力显著，x_3 的判别能力极显著.

(6) 由 $(400.72, 49.46, 2.25)$ 得 $y_1 = 1\,085.094$，$y_2 = 1\,077.449$，此人应属健康人类.

4.4.8 用 SAS 作 Bayes 判别

SAS 程序为

```
data ex;input x1-x3 g @@;
cards;
436.70 49.59 2.32 1 290.67 30.02 2.46 1
352.53 36.23 2.36 1 510.47 67.64 1.73 2
510.41 62.71 1.58 2 470.30 54.40 1.68 2
364.12 46.26 2.09 2
;
data ex1;input x1-x3 @@;
cards;
400.72 49.46 2.25
;
proc discrim data=ex testdata=ex1
anova manova simple list testout=ex2;
class g;
proc print;run;
```

在输出的结果中有以下表示:

(1) 检验各个变量判别能力时引入了 R^2 统计量，$R^2 = 1 - \Lambda_+$，输出的结果如下:

Discriminant Analysis

Univariate Test Statistics

F Statistics, Num DF= 1 Den DF= 5

Variable	Total STD	Pooled STD	Between STD	R−Squared	RSQ/ (1−RSQ)	F	Pr>F
X1	85.2110	70.8156	72.6857	0.424447	0.7375	3.6873	0.1129
X2	13.5008	9.6506	13.3946	0.574197	1.3485	6.7425	0.0484
X3	0.3643	0.1781	0.4269	0.800875	4.0220	20.1099	0.0065

(2) 检验多个变量全体判别效果时所用的统计量

$$F \approx \frac{1-\Lambda}{\Lambda} \times \frac{\beta}{p(K-1)} \sim F(p(K-1),\beta),$$

式中,$\beta = al + 1 - \frac{p(K-1)}{2}$,$a = \sqrt{\frac{p^2(K-1)^2-4}{p^2+(K-1)^2-5}}$ (当分母为 0 时令 $a=1$),$l = (n-1) - \frac{1}{2}(p+K)$.

本例中 $\Lambda = 0.043\,005\,6$,$a = 1$,$l = 3.5$,$\beta = 3$,$p = 3$,$K = 2$,$F = 22.252\,8$.

(3) 用 Bayes 判别函数进行判别时,SAS 的输出是根据以下公式计算所得到的.

Generalized Squared Distance Function 的公式为

$$D_j^2(X) = (x - \overline{x}_j)' \mathbf{Cov}^{-1}(x - \overline{x}_j),$$

Posterior Probability of Membership in each G 的公式为

$$\Pr(j|X) = \frac{\exp(-0.5D_j^2(X))}{\underset{k}{\text{SUM}} \exp(-0.5D_k^2(X))}.$$

本例中,

$$x = \begin{bmatrix} 400.72 \\ 49.46 \\ 2.25 \end{bmatrix}, \quad \overline{x}_1 = \begin{bmatrix} 359.966\,7 \\ 38.613\,3 \\ 2.38 \end{bmatrix}, \quad \overline{x}_2 = \begin{bmatrix} 463.825 \\ 57.752\,5 \\ 1.77 \end{bmatrix},$$

式中,$\overline{x}_1$ 即本教材中的 $\overline{x}_{(1)}$,$\overline{x}_2$ 即本教材中的 $\overline{x}_{(2)}$.

$$S^{-1} = \begin{bmatrix} 0.008\,308 & -0.043\,847 & 1.124\,840 \\ -0.043\,847 & 0.252\,450 & -5.139\,906 \\ 1.124\,840 & -5.139\,906 & 214.040\,19 \end{bmatrix},$$

$$D_1^2(X) = 10.928\,16, \quad D_2^2(X) = 26.641\,178,$$

$$\Pr(1|X) = 0.999\,612\,9, \quad \Pr(2|X) = 0.000\,387\,1,$$

$\Pr(1|X) > \Pr(2|X)$,因此判别 X 属于第 1 类.

$$\text{\Large❦}\quad 4.5\quad 逐步判别\quad \text{\Large❦}$$

4.5.1 逐步判别的基本思想

逐步判别的基本思想与逐步回归相似，每一步选一个判别能力最显著的变量进入判别函数，并在每选入一个变量之前，对已经选入的变量逐个地检验其判别能力的显著性，将判别能力已不再显著的变量从判别函数中剔出，直到所有可供选择的变量中，既没有变量可以选入，又没有变量可以剔出为止. 这种逐步判别，可望得到一个较优的 Bayes 判别函数，既可以提高判别能力，又可以提高判别效果的稳定性.

4.5.2 逐步判别的步骤

逐步判别的步骤也与逐步回归相似.

(1) 计算各类中变量的均值 $\bar{x}_j^{(h)}$ 及均值向量 $\bar{\boldsymbol{x}}_{(h)}$($h=1,2,\cdots,K$)，各变量的总均值 $\bar{x}_j$($j=1,2,\cdots,p$) 及均值向量 $\bar{\boldsymbol{x}}$，类内协方差矩阵 $\boldsymbol{W}$ 及总协方差矩阵 $\boldsymbol{T}$；

(2) 计算各个变量的 Λ_+，从中选出数值最小的 Λ_+ 并进行 F 检验，当 F 检验显著时将这个 Λ_+ 所对应的变量 x_{j_1} 引入判别函数，否则逐步判别终止；

(3) 计算 x_{j_1} 以外其他变量的 Λ_+，从中选出数值最小的 Λ_+ 并进行 F 检验，当 F 检验显著时将这个 Λ_+ 所对应的变量 x_{j_2} 引入判别函数，否则逐步判别终止；

(4) 计算 x_{j_1} 与 x_{j_2} 的 Λ_-，从中选出数值最大的 Λ_- 并进行 F 检验，当 F 检验不显著时将这个 Λ_- 所对应的变量 x_{j_1} 或 x_{j_2} 剔出判别函数，否则转入下一步；

(5) 继续选入其他未选入判别函数的变量并剔出已经引入判别函数的变量，直到既没有变量可以选入又没有变量可以剔出为止.

但是，选入一个变量所做的工作与剔出一个变量所做的工作略有不同，在前面已经选入 l 个变量得到 Bayes 判别函数之后，如果需要选入第 $l+1$ 个变量，可以采用上一节中的统计量 Λ_+ 和 F_+ 来检验 $x_{r_{l+1}}$ 的判别能力及其显著性. 如果需要从 l 个变量中剔出某一个变量，则应采用下述统计量 Λ_- 及 F_- 来检验这个变量的判别能力及其显著性.

因为从 l 个已经选入的变量中剔出一个变量时，总可以认为它就是刚刚引入的变量 x_{r_l}，所以

$$\Lambda_- = \Lambda_{r_l|r_1 r_2 \cdots r_{l-1} r_l} = \Lambda_{r_l|r_1 r_2 \cdots r_{l-1}} = \frac{\Lambda_{r_1 r_2 \cdots r_{l-1} r_l}}{\Lambda_{r_1 r_2 \cdots r_{l-1}}},$$

或者说，在第 l 步后考察某变量是否需要剔出，实质上就是考察在第 $l-1$ 步后选入该变量时的判别能力. 因此，采用统计量

$$F_- = \frac{(1-\Lambda_-)/(K-1)}{\Lambda_-/(n-K-l+1)}.$$

可以证明，F_- 服从 $F(K-1,n-K-l+1)$ 分布.

记 $x_{r_1},x_{r_2},\cdots,x_{r_l}$ 的 W 矩阵为 $W(x_{r_1},x_{r_2},\cdots,x_{r_l})$，$T$ 矩阵为 $T(x_{r_1},x_{r_2},\cdots,x_{r_l})$，$x_{r_1},x_{r_2},\cdots,x_{r_{l-1}}$ 的 W 矩阵为 $W(x_{r_1},x_{r_2},\cdots,x_{r_{l-1}})$，$T$ 矩阵为 $T(x_{r_1},x_{r_2},\cdots,x_{r_{l-1}})$，则根据统计量 Λ 的计算公式，

$$\Lambda_{r_1 r_2 \cdots r_l} = \frac{|W(x_{r_1},x_{r_2},\cdots,x_{r_l})|}{|T(x_{r_1},x_{r_2},\cdots,x_{r_l})|},$$

$$\Lambda_{r_1 r_2 \cdots r_l} = \frac{|W(x_{r_1},x_{r_2},\cdots,x_{r_{l-1}})|}{|T(x_{r_1},x_{r_2},\cdots,x_{r_{l-1}})|}.$$

4.5.3　逐步判别的实例

【例 4.10】　观测 10 名健康人和 6 名心肌梗塞病人的心电图的 3 项指标 x_1，x_2，x_3 所得的观测值如表 4-12（引自参考文献[4]），试用逐步判别法建立 Bayes 判别函数.

表 4-12　　　　　　　已知类别的 16 组心电图指标的观测值

类	号	x_{i1}	x_{i2}	x_{i3}
1	1	436.70	49.59	2.32
1	2	290.67	30.02	2.46
1	3	352.53	36.23	2.36
1	4	340.91	38.28	2.44
1	5	332.83	41.92	2.28
1	6	319.97	31.42	2.49
1	7	361.31	37.99	2.02
1	8	366.50	39.87	2.42
1	9	292.56	26.07	2.16
1	10	276.84	16.60	2.91
2	1	510.47	67.64	1.73
2	2	510.41	62.71	1.58
2	3	470.30	54.40	1.68
2	4	364.12	46.26	2.09
2	5	416.07	45.37	1.90
2	6	515.70	84.59	1.75

解 (1) $K = 2$，$n_1 = 10$，$n_2 = 6$，$n = 16$，$p = 3$，

$\overline{x}_1^{(1)} = 337.082$，$\overline{x}_2^{(1)} = 34.799$，$\overline{x}_3^{(1)} = 2.386$，

$\overline{x}_1^{(2)} = 464.5117$，$\overline{x}_2^{(2)} = 60.1617$，$\overline{x}_3^{(2)} = 1.7883$，

$\overline{x}_1 = 384.8681$，$\overline{x}_2 = 44.31$，$\overline{x}_3 = 2.1619$，

$$\overline{\boldsymbol{x}}_{(1)} = \begin{pmatrix} 337.082 \\ 34.799 \\ 2.386 \end{pmatrix}, \quad \overline{\boldsymbol{x}}_{(2)} = \begin{pmatrix} 464.5117 \\ 60.1617 \\ 1.7883 \end{pmatrix}, \quad \overline{\boldsymbol{x}} = \begin{pmatrix} 384.8681 \\ 44.31 \\ 2.1619 \end{pmatrix},$$

$$\boldsymbol{W}(x_1, x_2, x_3) = \begin{pmatrix} 2785.9566 & 518.5421 & -6.5308 \\ 518.5421 & 133.2579 & -1.2835 \\ -6.5308 & -1.2835 & 0.0471 \end{pmatrix},$$

$$\boldsymbol{T}(x_1, x_2, x_3) = \begin{pmatrix} 7135.5066 & 1384.2446 & -26.9310 \\ 1384.2446 & 305.5609 & -5.3438 \\ -26.9310 & -5.3438 & 0.1428 \end{pmatrix},$$

(2) 选入第一个变量：计算各个变量的 Λ_+ 并作比较得

$$\Lambda_{1+} = \frac{w_{11}}{t_{11}} = 0.39044, \quad R_1^2 = 1 - \Lambda_{1+} = 0.60956,$$

$$\Lambda_{2+} = \frac{w_{22}}{t_{22}} = 0.43611, \quad R_2^2 = 1 - \Lambda_{2+} = 0.56389,$$

$$\Lambda_{3+} = \frac{w_{33}}{t_{33}} = 0.32999, \quad R_3^2 = 1 - \Lambda_{3+} = 0.67001,$$

故 x_3 的判别能力较大. 计算统计量 F_+ 并作检验得

$$F_{3+} = \frac{(1 - \Lambda_{3+})/(2 - 1)}{\Lambda_3/(16 - 2 - 0)} = 28.43,$$

若取选入及剔出变量的临界值 $F_\alpha = 1$，则 $F_{3+} > F_\alpha$，应该将 x_3 选入判别函数.

(3) 继续选入新的变量：计算除 x_3 以外其他变量的 Λ_+ 并作比较得

$$|\boldsymbol{W}(x_1, x_3)| = 88.631093, \quad |\boldsymbol{T}(x_1, x_3)| = 293.69586,$$

$$\Lambda_{x_1 x_3} = 0.3017785,$$

$$|\boldsymbol{W}(x_2, x_3)| = 4.6321281, \quad |\boldsymbol{T}(x_2, x_3)| = 15.078851,$$

$$\Lambda_{x_2 x_3} = 0.3071937,$$

$$|\boldsymbol{W}(x_3)| = w_{33} = 0.0471231, \quad |\boldsymbol{T}(x_3)| = t_{33} = 0.1428031,$$

$$\Lambda_{x_3} = 0.3299865,$$

$$\Lambda_{1+} = \frac{\Lambda_{x_1 x_3}}{\Lambda_{x_3}} = 0.9145176, \quad PR_1^2 = 1 - \Lambda_{1+} = 0.0854824,$$

$$\Lambda_{2+} = \frac{\Lambda_{x_2 x_3}}{\Lambda_{x_3}} = 0.930\,928, \quad PR_2^2 = 1 - \Lambda_{2+} = 0.069\,072,$$

故 x_1 的判别能力较大，计算统计量 F_+ 并作检验得

$$F_{1+} = \frac{(1 - \Lambda_{1+})/(2-1)}{\Lambda_{1+}/(16-2-1)} = 1.22,$$

$F_{1+} > F_\alpha$，应该将 x_1 选入判别函数.

（4）考虑已经选入判别函数的变量 x_1 与 x_3 应否剔出：计算 x_1 及 x_3 的 Λ_- 并作比较得

$$|\boldsymbol{W}(x_1, x_3)| = 88.631\,093, \quad |\boldsymbol{T}(x_1, x_3)| = 293.695\,86,$$

$$\Lambda_{x_1 x_3} = 0.301\,778\,5,$$

$$|\boldsymbol{W}(x_2, x_3)| = 4.632\,128\,1, \quad |\boldsymbol{T}(x_2, x_3)| = 15.078\,851,$$

$$\Lambda_{x_2 x_3} = 0.307\,193\,7,$$

$$\Lambda_{1-} = \frac{\Lambda_{x_1 x_3}}{\Lambda_{x_3}} = 0.914\,517\,6, \quad PR_1^2 = 1 - \Lambda_{1-} = 0.085\,482\,4,$$

$$\Lambda_{3-} = \frac{\Lambda_{x_1 x_3}}{\Lambda_{x_1}} = 0.772\,927\,5, \quad PR_3^2 = 1 - \Lambda_{3-} = 0.227\,072\,5,$$

故 x_1 的判别能力较小.

计算统计量 F_- 并作检验得

$$F_{1-} = \frac{(1 - \Lambda_{1-})/(2-1)}{\Lambda_{1-}/(16-2-2+1)} = 1.22,$$

$F_{1-} > F_\alpha$，x_3 及 x_1 都不应该剔出.

（5）考虑继续选入新的变量：计算 x_2 的 Λ_{2+} 得

$$|\boldsymbol{W}(x_1, x_2, x_3)| = 3\,243.720\,4, \quad |\boldsymbol{T}(x_1, x_2, x_3)| = 10\,772.716,$$

$$\Lambda_{x_1 x_2 x_3} = 0.301\,105\,2,$$

$$|\boldsymbol{W}(x_1, x_3)| = 88.631\,093, \quad |\boldsymbol{T}(x_1, x_3)| = 293.695\,86,$$

$$\Lambda_{x_1 x_3} = 0.301\,778\,5,$$

$$\Lambda_{2+} = \frac{\Lambda_{x_1 x_2 x_3}}{\Lambda_{x_1 x_3}} = 0.997\,768\,8, \quad PR_2^2 = 1 - \Lambda_{2+} = 0.002\,231\,2,$$

计算统计量 F_+ 并作检验得

$$F_{2+} = \frac{(1 - \Lambda_{2+})/(2-1)}{\Lambda_{2+}/(16-2-2)} = 0.03,$$

$F_{2+} < F_\alpha$，不应该将 x_2 选入判别函数，选入及剔出变量的工作结束.

（6）计算判别函数的估计式的系数及常数项得

$$S^{-1} = \begin{pmatrix} 0.000\ 531\ 7 & 0.073\ 685\ 6 \\ 0.073\ 685\ 6 & 31.433\ 175 \end{pmatrix},$$

$$\overline{x}_{(1)} = \begin{pmatrix} 337.082 \\ 2.386 \end{pmatrix}, \quad \overline{x}_{(2)} = \begin{pmatrix} 464.511\ 7 \\ 1.788\ 3 \end{pmatrix},$$

$$\begin{pmatrix} C_1^{(1)} \\ C_2^{(1)} \end{pmatrix} = S^{-1}\overline{x}_{(1)} = \begin{pmatrix} 0.355 \\ 99.838 \end{pmatrix}, \quad \begin{pmatrix} C_1^{(2)} \\ C_2^{(2)} \end{pmatrix} = S^{-1}\overline{x}_{(2)} = \begin{pmatrix} 0.379 \\ 90.440 \end{pmatrix},$$

$$C_0^{(1)} = -\frac{1}{2}\sum_j C_j^{(1)}\overline{x}_j^{(1)} = -178.944,$$

$$C_0^{(2)} = -\frac{1}{2}\sum_j C_j^{(2)}\overline{x}_j^{(2)} = -168.835,$$

写出 Bayes 判别函数得

$$y_1 = 0.355x_1 + 99.838x_3 - 178.944,$$

$$y_3 = 0.379x_1 + 90.440x_3 - 168.835.$$

作判别效果的检验得

$$|W| = 88.631\ 093, \quad |T| = 293.695\ 86, \quad \Lambda = 0.301\ 778\ 5,$$

$$-\left[(n-1) - \frac{1}{2}(p+K)\right]\ln\Lambda = 14.975\ 774\ 7,$$

$$p(K-1) = 2, \quad \chi^2_{0.05}(2) = 5.99,$$

故上述判别函数的估计式的判别效果比较好.

或者

$$F \approx \frac{1-\Lambda}{\Lambda} \cdot \frac{\beta}{p(K-1)} \sim F(p(K-1), \beta),$$

式中，$\beta = al + 1 - \frac{p(K-1)}{2}$，$a = \sqrt{\dfrac{p^2(K-1)^2 - 4}{p^2 + (K-1)^2 - 5}}$（当分母为 0 时令 $a = 1$），$l = (n-1) - \frac{1}{2}(p+K)$.

本例中 $\Lambda = 0.301\ 778\ 5$，$a = 1$，$l = 13$，$\beta = 13$，$p = 2$，$K = 2$，$F = 15.039\ 0$.

4.5.4　用 SAS 作逐步判别

例 4.10 作逐步判别的 SAS 程序为

```
data ex;input x1-x3 g @@;
cards;
436.70 49.59 2.32 1 290.67 30.02 2.46 1
```

352.53 36.23 2.36 1 340.91 38.28 2.44 1
332.83 41.92 2.28 1 319.97 31.42 2.49 1
361.31 37.99 2.02 1 366.50 39.87 2.42 1
292.56 26.07 2.16 1 276.84 16.60 2.91 1
510.47 67.64 1.73 2 510.41 62.71 1.58 2
470.30 54.40 1.68 2 364.12 46.26 2.09 2
416.07 45.37 1.90 2 515.70 84.59 1.75 2
;
proc stepdisc method=stepwise sle=0.3 sls=0.3;
class g;run;

输出的结果为

Stepwise Selection: Step 1
Statistics for Entry, DF= 1,14

Variable	R ** 2	F	Prob>F	Tolerance
X1	0.6096	21.857	0.0004	1.0000
X2	0.5639	18.102	0.0008	1.0000
X3	0.6700	28.426	0.0001	1.0000

Variable X3 will be entered
The following variable(s) have been entered:X3

Multivariate Statistics
Wilks' Lambda=0.32998644   F(1,14)=28.426   Prob>F=0.0001

Stepwise Selection: Step 2
Statistics for Removal, DF= 1,14

Variable	R ** 2	F	Prob>F
X3	0.6700	28.426	0.0001

No variables can be removed

Stepwise Selection: Step2
Statistics for Entry, DF= 1,13

Variable	Partial R ∗∗ 2	F	Prob>F	Tolerance
X1	0.0855	1.215	0.2903	0.2882
X2	0.0691	0.965	0.3440	0.3456

Variable X1 will be entered
The following variable(s) have been entered: X1，X3

Multivariate Statistics
Wilks' Lambda=0.30177828   F(2,13)=15.039   Prob>F=0.0004

Stepwise Selection: Step 3
Statistics for Removal，   DF= 1，13

Variable	Partial R ∗∗ 2	F	Prob>F
X1	0.0855	1.215	0.2903
X3	0.2271	3.819	0.0725

No variables can be removed

Stepwise Selection: Step 3
Statistics for Entry，   DF= 1，12

Variable	Partial R ∗∗ 2	F	Prob>F	Tolerance
X2	0.0022	0.027	0.8726	0.1001

No variables can be entered
No further steps are possible

Stepwise Selection: Summary

Step	Variable Entered	Removed	Number In	Partial R ∗∗ 2	F Statistic	Prob>F	Wilks' Lambda	Prob< Lambda
1	X3		1	0.6700	28.426	0.0001	0.32998644	0.0001
2	X1		2	0.0855	1.215	0.2903	0.30177828	0.0004

在 SAS 输出的以上结果中，没有 Bayes 判别函数. 在 SAS 程序后面增加
proc discrim data=ex；var x1 x3；class g；run；
即可得到以下关于判别函数的输出：

Discriminant Analysis　　Linear Discriminant Function

	G1	G2
CONSTANT	-178.94387	-168.83481
X1	0.35503	0.37874
X3	99.83766	90.44083

上机练习

1. 根据第一章上机练习的数据，

(1) 试用 SAS 中的最短距离法作系统聚类，逐步写出系统聚类的过程.

(2) 说明规范化最短距离的意义及算式.

(3) 说明 SAS 输出的结果中各个主要数字的意义及算式.

(4) 根据统计量 R^2 及半偏 R^2 的意义，说明合适的聚类数.

2. 根据第一章上机练习的数据，以第 7 个和第 8 个样品的观测值为初始聚类的凝聚点，试用 SAS 中的成批调整法作逐步聚类.

(1) 说明 SAS 输出的结果中各个主要数字的意义及算式.

(2) 改变初始聚类的凝聚点证实成批调整法的缺陷.

3. 根据第一章上机练习的数据，如果第 $1,2,4,8,11$ 样品属于第一类，$3,6,7,12,13$ 样品属于第二类，

(1) 试用 SAS 建立 Bayes 判别的判别函数，并判别第 $5,9,10$ 样品应属两类中的哪一类.

(2) 写出各变量判别能力检验的结果.

(3) 写出各变量全体判别效果检验的结果.

(4) 计算各个待判样品 X 的 $P(1|X)$ 与 $P(2|X)$.

论 文 选 读

篇　　名	作者	刊　名	年/期
1. 陕西银杏主要栽培品种的数量分类研究	刘毅	西北林学院学报	2006/06
2. 糯玉米自交系的遗传距离分析及类群鉴定	蔚荣海	玉米科学	2006/03

续表

篇 名	作者	刊 名	年/期
3. 香菇品种遗传多样性 RAPD 分子标记的研究	龚利娟	菌物研究	2005/01
4. 中国纽荷尔脐橙主要食味品质的系统聚类分析	鲍江峰	中国农业科学	2004/05
5. 不同产地白蜡虫(Ericerus Pela Cha-vannes)产卵期天敌的种类及其群落结构研究	焦懿	生态学报	2001/07
6. 棉铃虫发生程度的 Bayes 判别分析	董锐	华中农业大学学报	2000/02
7. DNA 指纹技术用于湖北白猪群体遗传结构的研究	梁永红	畜牧兽医学报	2000/02
8. 哲里木盟地区经济发展指标的系统聚类分析	刘艳	哲里木畜牧学院学报	1999/01
9. 双季茭白品种资源材料的系统聚类分析	柯卫东	华中农业大学学报	1997/06
10. 遗传距离测定在金针菇杂交育种中的应用	詹才新	食用菌学报	1995/02

第五章

多元试验数据的主成分分析

用主成分分析法可以得到多元试验数据的一组主成分. 它们是多元试验数据中原指标或样品的线性组合, 具有某种特殊的性质, 代替原指标或样品作为新的研究对象, 所作的研究可以将多元试验数据的统计分析引入更加广阔的境地. 这一章, 讲述主成分分析法的原理、主成分的计算及其应用. 熟悉这一章的内容之后, 各个专业的读者, 都能够在多元试验数据的统计分析工作中, 通过主成分分析而得到一些帮助.

❧ 5.1　主成分分析法 ❧

5.1.1　什么是主成分分析

在有多个指标的许多问题中, 指标的个数多, 又互有相关性, 分析工作比较繁难, 需要有一种进行简化的方法. 多指标的主成分分析可以在不损失或很少损失原有信息的前提下, 将原来个数较多且彼此相关的指标用线性组合的方法转换为新的个数较少且彼此独立或不相关的综合指标, 起一种"降维"的作用. 这些综合指标又都是原指标的线性函数, 便于计算与研究.

例如, 在医学中用 SGPT（转氨酶量）、肝大指数、ZnT（硫酸锌浊度）和 AFP（胎甲球）等 4 项指标代表人体肝功能的状态. 但是, 这 4 项指标彼此相关, 直接分析不易作出明确的诊断. 用多指标的主成分分析, 可以根据这 4 项肝功能指标构造一些彼此独立或不相关的综合肝功能指标, 在这些综合指标中蕴藏着各种肝病的信息, 并且综合指标的个数比 4 少, 4 维的问题可以用 3 个或 2 个综合指标来进行研究, 包括解释综合指标的实际意义、作综合指标与其他指标的相关及回归、根据综合指标进行聚类与判别等等. 因此, 主成分分析更多地是一种达到目的的方法, 而不是目的的本身.

除了多指标的主成分分析, 还有多样品的主成分分析. 多样品的主成分析，是将多个样品综合成个数较少而且彼此独立或不相关的综合样品，其原理和方法与多指标的主成分分析相近似. 以下讲述多指标的主成分分析.

5.1.2　主成分分析的任务

设要进行主成分分析的原指标有 m 个，记为 $x_1, x_2, \cdots, x_m$. 现有 n 个样品，相应的观测值为 x_{ik}，$i = 1, 2, \cdots, n$，而 $k = 1, 2, \cdots, m$.

作标准化变换后，将 x_k 变换为 x_k^*，即

$$x_k^* = \frac{x_k - \overline{x}_k}{s_k}, \quad k = 1, 2, \cdots, m,$$

式中，$\overline{x}_k$ 及 s_k 分别是 x_k 的平均数及标准差，x_k^* 的平均数为 0、标准差为 1.

主成分分析的任务是：

根据各样品原指标的观测值 x_{ik} 或标准化变换后的观测值 x_{ik}^* 求出系数 $b_{kj}(k = 1, 2, \cdots, m,\ j = 1, 2, \cdots, p,\ p < m)$，建立用标准化变换后的指标 x_k^* 表示综合指标 z_j 的方程 $z_j = \sum\limits_{k=1}^{m} b_{kj} x_k^*$，也可建立用原指标 x_k 表示综合指标 z_j 的方程 $z_j = \sum\limits_{k=1}^{m} \widetilde{b}_{kj} x_k + a_j$.

对各 b_{kj} 的要求是：

(1) 使各个综合指标 z_j 彼此独立或不相关；

(2) 使各个综合指标 z_j 所反映的各个样品的总信息等于原来 m 个指标 x_k^* 所反映的各个样品的总信息，即 m 个 z_j 的方差 λ_j 之和等于 m 个 x_k^* 的方差之和，也就是 $\sum\limits_{j=1}^{m} \lambda_j = m$，且 $\lambda_1 \geqslant \lambda_2 \geqslant \cdots \geqslant \lambda_m$.

称上述彼此独立或不相关又不损失或很少损失原有信息的各个综合指标 z_j 为原指标的**主成分**. 其中，第一个综合指标 z_1 的方差最大，吸收原来 m 个指标的总信息最多，称为**第一主成分**；第二个综合指标 z_2 的方差次之，吸收原来 m 个指标的总信息次之，称为**第二主成分**；同理，$z_3, z_4, \cdots, z_m$ 分别称为**第三主成分、第四主成分 …… 第 m 主成分**.

各个主成分 z_j 的方差 λ_j 又称为它的**方差贡献**，而 $\dfrac{\lambda_j}{m} \times 100\%$ 则称为 z_j 的**方差贡献率**，前 p 个主成分 $z_1, z_2, \cdots, z_p$ 的方差贡献率之和 $\dfrac{1}{m}(\lambda_1 + \lambda_2 + \cdots + \lambda_p) \times 100\%$ 称为**累计贡献率**. 如果前几个主成分的累计贡献率已经很大，例如超过

80% 或超过 90%，后面的主成分就可以略去.

5.1.3 主成分分析的原理

若记

$$z = \begin{pmatrix} z_1 \\ z_2 \\ \vdots \\ z_m \end{pmatrix}, \quad x = \begin{pmatrix} x_1^* \\ x_2^* \\ \vdots \\ x_m^* \end{pmatrix}, \quad B = \begin{pmatrix} b_{11} & b_{21} & \cdots & b_{m1} \\ b_{12} & b_{22} & \cdots & b_{m2} \\ \vdots & \vdots & & \vdots \\ b_{1m} & b_{2m} & \cdots & b_{mm} \end{pmatrix},$$

则 $z = Bx$. 根据主成分分析的要求，

$$D(z) = \begin{pmatrix} \lambda_1 & & & \\ & \lambda_2 & & \\ & & \ddots & \\ & & & \lambda_m \end{pmatrix} = \Lambda,$$

而

$$\begin{aligned} D(Bx) &= E(Bx - E(Bx))(Bx - E(Bx))' \\ &= E(B(x - E(x))(x - E(x))'B') \\ &= BD(x)B' = BRB', \end{aligned}$$

故 $BRB' = \Lambda$，这里的 R 为相关系数矩阵.

根据线性代数中的证明，实对称矩阵 R 的特征根都是实数，并且存在正交矩阵 B 使 $BRB' = \Lambda$ 或 $RB' = B'\Lambda$，即

$$\begin{pmatrix} r_{11} & r_{12} & \cdots & r_{1m} \\ r_{21} & r_{22} & \cdots & r_{2m} \\ \vdots & \vdots & & \vdots \\ r_{m1} & r_{m2} & \cdots & r_{mm} \end{pmatrix} \begin{pmatrix} b_{11} & b_{12} & \cdots & b_{1m} \\ b_{21} & b_{22} & \cdots & b_{2m} \\ \vdots & \vdots & & \vdots \\ b_{m1} & b_{m2} & \cdots & b_{mm} \end{pmatrix}$$

$$= \begin{pmatrix} \lambda_1 b_{11} & \lambda_2 b_{12} & \cdots & \lambda_m b_{1m} \\ \lambda_1 b_{21} & \lambda_2 b_{22} & \cdots & \lambda_m b_{2m} \\ \vdots & \vdots & & \vdots \\ \lambda_1 b_{m1} & \lambda_2 b_{m2} & \cdots & \lambda_m b_{mm} \end{pmatrix}$$

或 m 个方程组

$$\begin{cases} r_{11}b_{1j} + r_{12}b_{2j} + \cdots + r_{1m}b_{mj} = \lambda_j b_{1j}, \\ r_{21}b_{1j} + r_{22}b_{2j} + \cdots + r_{2m}b_{mj} = \lambda_j b_{2j}, \\ \cdots\cdots\cdots\cdots\cdots\cdots\cdots\cdots\cdots\cdots \\ r_{m1}b_{1j} + r_{m2}b_{2j} + \cdots + r_{mm}b_{mj} = \lambda_j b_{mj}, \end{cases}$$

其矩阵形式为

$$\boldsymbol{R}\boldsymbol{b}_j = \lambda_j \boldsymbol{b}_j,$$

式中，$j = 1, 2, \cdots, m$，$\boldsymbol{b}_j = (b_{1j}, b_{2j}, \cdots, b_{mj})'$.

由这 m 个方程组中可以解出各个未知数 λ_j 与 b_{kj} $(k = 1, 2, \cdots, m, j = 1, 2, \cdots, p)$. $\lambda_1, \lambda_2, \cdots, \lambda_m$ 为 $\boldsymbol{R}$ 矩阵的特征根，$\boldsymbol{b}_j = (b_{1j}, b_{2j}, \cdots, b_{mj})'$ 为 λ_j 对应的特征向量. 但是，这样得到的 b_{kj} 所构成的矩阵不一定是正交矩阵. 因此，要先将前面各个方程组中的 b_{kj} 换成 $x_k^{(j)}$ 得到方程组

$$\begin{cases} r_{11}x_1^{(j)} + r_{12}x_2^{(j)} + \cdots + r_{1m}x_m^{(j)} = \lambda_j x_1^{(j)}, \\ r_{21}x_1^{(j)} + r_{22}x_2^{(j)} + \cdots + r_{2m}x_m^{(j)} = \lambda_j x_2^{(j)}, \\ \cdots\cdots\cdots\cdots\cdots\cdots\cdots\cdots\cdots\cdots\cdots\cdots\cdots\cdots\cdots \\ r_{m1}x_1^{(j)} + r_{m2}x_2^{(j)} + \cdots + r_{mm}x_m^{(j)} = \lambda_j x_m^{(j)}, \end{cases}$$

其矩阵形式为

$$\boldsymbol{R}\boldsymbol{x}^{(j)} = \lambda_j \boldsymbol{x}^{(j)},$$

式中，$j = 1, 2, \cdots, m$，$\boldsymbol{x}^{(j)} = (x_1^{(j)}, x_2^{(j)}, \cdots, x_m^{(j)})'$,

称这些方程组为**基本方程组**.

解出各 $x_k^{(j)}$ 后，令 $b_{kj} = \dfrac{x_k^{(j)}}{\sqrt{\sum\limits_{k=1}^{m}(x_k^{(j)})^2}}$ 及 $\sum\limits_{k=1}^{m} x_k^{(j)} x_k^{(l)} = 0$，式中的 $j, l, k = 1, 2, \cdots, m$ 但 $j \neq l$，使 $\sum\limits_{k=1}^{m} b_{kj}^2 = 1$ 及 $\sum\limits_{k=1}^{m} b_{kj} b_{lj} = 0$，$\boldsymbol{B}'\boldsymbol{B} = \boldsymbol{I}$.

又根据 $\boldsymbol{B}\boldsymbol{R}\boldsymbol{B}' = \boldsymbol{\Lambda}$ 可求出

$$\mathrm{tr}(\boldsymbol{\Lambda}) = \mathrm{tr}(\boldsymbol{B}\boldsymbol{R}\boldsymbol{B}') = \mathrm{tr}(\boldsymbol{B}'\boldsymbol{B}\boldsymbol{R}) = \mathrm{tr}(\boldsymbol{R}) = m,$$

即 $\lambda_1 + \lambda_2 + \cdots + \lambda_m = m$，式中的 tr 是求迹运算的符号.

下面证明 z_j 与 x_k^* 的相关系数 $r(z_j, x_k^*) = \sqrt{\lambda_j} b_{kj}$.

证 因为

$$\mathrm{Cov}(\boldsymbol{z}, \boldsymbol{x}) = E(\boldsymbol{z} - E(\boldsymbol{z}))(\boldsymbol{x} - E(\boldsymbol{x}))' = E(\boldsymbol{z}\boldsymbol{x}')$$

$$= E(\boldsymbol{B}\boldsymbol{x}\boldsymbol{x}') = \boldsymbol{B}E(\boldsymbol{x}\boldsymbol{x}') = \boldsymbol{B}\boldsymbol{R} = \boldsymbol{\Lambda}\boldsymbol{B}$$

$$= \begin{bmatrix} \lambda_1 b_{11} & \lambda_1 b_{21} & \cdots & \lambda_1 b_{m1} \\ \lambda_2 b_{12} & \lambda_2 b_{22} & \cdots & \lambda_2 b_{m2} \\ \vdots & \vdots & & \vdots \\ \lambda_m b_{1m} & \lambda_m b_{2m} & \cdots & \lambda_m b_{mm} \end{bmatrix},$$

所以

$$r(z_j, x_k^*) = \frac{\mathrm{Cov}(z_j, x_k^*)}{\sqrt{D(z_j)D(x_k')}} = \frac{\lambda_j b_{kj}}{\sqrt{\lambda_j}} = \sqrt{\lambda_j} b_{kj}.$$

称 $r(z_j, x_k^*)$ 为 x_k^* 在 z_j 上的**因子载荷**. 根据相关系数的意义, 因子载荷的绝对值和它的符号可反映主成分 z_j 与原指标 x_k^* 之间相关关系密切的程度和性质.

进一步还可以证明, 各 x_k^* 在 z_j 上的因子载荷的平方和

$$\sum_{k=1}^{m} r^2(z_j, x_k^*) = \sum_{k=1}^{m} \lambda_j b_{kj}^2 = \lambda_j.$$

5.1.4　主成分分析的计算步骤

(1)　由观测数据计算 $\overline{x}_k, s_k$ 及 r_{kj}, $k, j = 1, 2, \cdots, m$.

(2)　由相关系数矩阵 $\boldsymbol{R}$ 得到特征值 λ_j, $j = 1, 2, \cdots, m$ 及各个主成分的方差贡献、贡献率和累计贡献率, 并根据累计贡献率确定主成分保留的个数 p.

(3)　写出 m 个基本方程组

$$\begin{cases} r_{11} x_1^{(j)} + r_{12} x_2^{(j)} + \cdots + r_{1m} x_m^{(j)} = \lambda_j x_1^{(j)}, \\ r_{21} x_1^{(j)} + r_{22} x_2^{(j)} + \cdots + r_{2m} x_m^{(j)} = \lambda_j x_2^{(j)}, \\ \cdots\cdots\cdots\cdots\cdots\cdots\cdots\cdots\cdots\cdots\cdots\cdots\cdots\cdots\cdots\cdots\cdots \\ r_{m1} x_1^{(j)} + r_{m2} x_2^{(j)} + \cdots + r_{mm} x_m^{(j)} = \lambda_j x_m^{(j)}, \end{cases}$$

式中, $j = 1, 2, \cdots, m$.

利用施密特正交化方法, 对每一个 λ_j 求它所对应的基本方程组的解 $x_1^{(j)}$, $x_2^{(j)}, \cdots, x_m^{(j)}$, $j = 1, 2, \cdots, m$, 然后令

$$b_{kj} = \frac{x_k^{(j)}}{\sqrt{\sum_{k=1}^{m} (x_k^{(j)})^2}},$$

从而得到用 $x_1^*, x_2^*, \cdots, x_m^*$ 所表示的主成分 $z_j = \sum_{k=1}^{m} b_{kj} x_k^*$, 或将 $x_k^* = \dfrac{x_k - \overline{x}_k}{s_k}$

代入后得到用 $x_1, x_2, \cdots, x_m$ 所表示的主成分 $z_j = \sum_{k=1}^{m} \widetilde{b}_{kj} x_k + a_j$.

(4)　将 $x_1, x_2, \cdots, x_m$ 的观测值代入主成分的表达式中计算各个主成分的值.

(5)　计算原指标与主成分的相关系数即因子载荷, 解释主成分的意义.

5.1.5　主成分分析的实例

【例5.1】　有20例肝病患者的4项肝功能指标 x_1(转氨酶量SGPT), x_2(肝大指数), x_3(硫酸锌浊度ZnT)及 x_4(胎甲球AFP)的观测数据如表5-1(引自参

考文献[4]），试作这 4 项指标的主成分分析.

表 5-1 　　　　　　　　**20 例肝病患者肝功能指标的观测数据**

i	x_{i1}	x_{i2}	x_{i3}	x_{i4}
1	40	2.0	5	20
2	10	1.5	5	30
3	120	3.0	13	50
4	250	4.5	18	0
5	120	3.5	9	50
6	10	1.5	12	50
7	40	1.0	19	40
8	270	4.0	13	60
9	280	3.5	11	60
10	170	3.0	9	60
11	180	3.5	14	40
12	130	2.0	30	50
13	220	1.5	17	20
14	160	1.5	35	60
15	220	2.5	14	30
16	140	2.0	20	20
17	220	2.0	14	10
18	40	1.0	10	0
19	20	1.0	12	60
20	120	2.0	20	0

解 （1） 由观测数据计算 $\bar{x}_k$ 及 $s_k(k=1,2,3,4)$ 得到

$$\bar{x}_1 = 138, \quad \bar{x}_2 = 2.325, \quad \bar{x}_3 = 15, \quad \bar{x}_4 = 35.5,$$

$s_1 = 88.887\,86, \quad s_2 = 1.054\,75, \quad s_3 = 7.419\,75, \quad s_4 = 21.878\,85,$

计算相关系数得到

$$R = \begin{pmatrix} 1 & 0.694\,98 & 0.219\,46 & 0.024\,90 \\ 0.694\,98 & 1 & -0.147\,96 & 0.135\,13 \\ 0.219\,46 & -0.147\,96 & 1 & 0.071\,33 \\ 0.024\,90 & 0.135\,13 & 0.071\,33 & 1 \end{pmatrix}.$$

（2） 由相关系数矩阵 R 得到特征值 $\lambda_j, j=1,2,\cdots,m$ 及各个主成分的方差贡献、贡献率和累计贡献率如下：

186

Eigenvalues of the Correlation Matrix

	Eigenvalue (方差贡献)	Difference (方差贡献的差)	Proportion （贡献率）	Cumulative （累计贡献率）
PRIN1	1.71825	0.624716	0.429563	0.42956
PRIN2	1.09354	0.112189	0.273384	0.70295
PRIN3	0.98135	0.774481	0.245337	0.94828
PRIN4	0.20687	.	0.051716	1.00000

方差贡献越大，它所对应的主成分包含原指标的信息就越多. 这里，第 1 个至第 4 个主成分的贡献率分别为 42.956 3%,27.338 4%,24.533 7% 和 5.171 6%，前 3 个主成分就包含了原来 4 个指标全部信息的 94.828%.

（3）写出下列基本方程组

$$\begin{cases} x_1^{(j)} + 0.694\,98\,x_2^{(j)} + 0.219\,46\,x_3^{(j)} + 0.024\,90\,x_4^{(j)} = \lambda_j x_1^{(j)}, \\ 0.694\,98\,x_1^{(j)} + x_2^{(j)} - 0.147\,96\,x_3^{(j)} + 0.135\,13\,x_4^{(j)} = \lambda_j x_2^{(j)}, \\ 0.219\,46\,x_1^{(j)} - 0.147\,96\,x_2^{(j)} + x_3^{(j)} + 0.071\,33\,x_4^{(j)} = \lambda_j x_3^{(j)}, \\ 0.024\,90\,x_1^{(j)} + 0.135\,13\,x_2^{(j)} + 0.071\,33\,x_3^{(j)} + x_4^{(j)} = \lambda_j x_4^{(j)}. \end{cases}$$

解基本方程组得到主成分的系数如下：

主成分	PRIN1(z_1)	PRIN2(z_2)	PRIN3(z_3)	PRIN4(z_4)
x_1^*	0.699964	0.095010	−.240049	−.665883
x_2^*	0.689798	−.283647	0.058463	0.663555
x_3^*	0.087939	0.904159	−.270314	0.318895
x_4^*	0.162777	0.304983	0.930532	−.120830

各主成分表达式为

$$\begin{cases} z_1 = 0.699\,964x_1^* + 0.689\,798x_2^* + 0.087\,939x_3^* + 0.162\,777x_4^*, \\ z_2 = 0.095\,010x_1^* - 0.283\,647x_2^* + 0.904\,159x_3^* + 0.304\,983x_4^*, \\ z_3 = -0.240\,049x_1^* + 0.058\,463x_2^* - 0.270\,314x_3^* + 0.930\,532x_4^*, \\ z_4 = -0.665\,883x_1^* + 0.663\,555x_2^* + 0.318\,895x_3^* - 0.120\,830x_4^*. \end{cases}$$

（4）计算主成分的值得

OBS	X1	X2	X3	X4	PRIN1	PRIN2	PRIN3	PRIN4
1	40	2.0	5	20	−1.21810	−1.45200	−0.04827	0.18549
2	10	1.5	5	30	−1.70694	−1.21021	0.43034	0.04045
3	120	3.0	13	50	0.38387	−0.24235	0.77559	0.39345
4	250	4.5	18	0	2.07584	−0.59447	−1.80106	0.85429

5	120	3.5	9	50	0.66346	-0.86425	0.94903	0.53609
6	10	1.5	12	50	-1.47518	-0.07841	1.02594	0.23085
7	40	1.0	19	40	-1.55737	0.80173	0.23688	0.04764
8	270	4.0	13	60	2.29347	-0.21155	0.85124	-0.15635
9	280	3.5	11	60	2.02151	-0.31012	0.86938	-0.63178
10	170	3.0	9	60	0.80460	-0.53695	1.21160	-0.20825
11	180	3.5	14	40	1.12080	-0.33022	0.17953	0.35674
12	130	2.0	30	50	0.01011	2.10885	0.07382	0.42008
13	220	1.5	17	20	0.01457	0.33716	-0.99927	-0.96174
14	160	1.5	35	60	0.05302	3.02407	0.20824	0.04046
15	220	2.5	14	30	0.70740	-0.15794	-0.40924	-0.51679
16	140	2.0	20	20	-0.25286	0.48277	-0.86481	0.08105
17	220	2.0	14	10	0.23161	-0.30227	-1.28757	-0.72090
18	40	1.0	10	0	-1.96163	-0.85258	-1.13648	-0.11827
19	20	1.0	12	60	-1.64903	0.20614	1.39653	-0.21385
20	120	2.0	20	0	-0.55915	0.18260	-1.66142	0.34133

为计算主成分的值方便起见，可根据标准化变换的公式

$$x_1^* = \frac{x_1 - 138}{88.887\,86}, \quad x_2^* = \frac{x_2 - 2.325}{1.054\,75},$$

$$x_3^* = \frac{x_3 - 15}{7.419\,75}, \quad x_4^* = \frac{x_4 - 35.5}{21.878\,85},$$

得到用原指标 x_1, x_2, x_3, x_4 表示的各个主成分.

（5）计算原指标与主成分的相关系数即因子载荷得

Pearson Correlation Coefficients
/Prob>│R│ under Ho:Rho= 0/N= 20

	PRIN1	PRIN2	PRIN3	PRIN4
X1	0.91753	0.09935	-0.23780	-0.30286
	0.0001	0.6769	0.3127	0.1943
X2	0.90420	-0.29662	0.05792	0.30180
	0.0001	0.2041	0.8084	0.1959
X3	0.11527	0.94550	-0.26778	0.14504
	0.6284	0.0001	0.2537	0.5418
X4	0.21337	0.31893	0.92181	-0.05496
	0.3664	0.1705	0.0001	0.8180

根据因子载荷的大小及其显著性分析，决定 z_1 或 PRIN1 大小的主要是 x_1^* 和 x_2^*，决定 z_2 或 PRIN2 大小的主要是 x_3^*，决定 z_3 或 PRIN3 大小的主要是

x_4^*，决定 z_4 或 PRIN4 大小的主要是 x_1^* 和 $-x_2^*$．医学专家指出，第一主成分 z_1 指向急性炎症，第二主成分 z_2 指向慢性炎病，第三主成分 z_3 指向原发性肝癌，第四主成分 z_4 的方差贡献很小，仅作参考，它可以指向其他肝病，如指向急性肝萎缩等．对任意一个样品都可以由原指标的观测值计算得到主成分的值，为肝病的诊断提供参考．

如果原指标服从正态分布，那么在以上的结果中每一个因子载荷下面的数字就是它的显著性．

5.1.6　用 SAS 作主成分分析

例 5.1 中 4 项指标作主成分分析的 SAS 程序为

```
data ex;input x1－x4 @@;
cards;
40 2 5 20 10 1.5 5 30
120 3 13 50 250 4.5 18 0
120 3.5 9 50 10 1.5 12 50
40 1 19 40 270 4 13 60
280 3.5 11 60 170 3 9 60
180 3.5 14 40 130 2 30 50
220 1.5 17 20 160 1.5 35 60
220 2.5 14 30 140 2 20 20
220 2 14 10 40 1 10 0
20 1 12 60 120 2 20 0
;
proc princomp data=ex out=ex1;
proc print data=ex1;
proc corr;var prin1－prin4;with x1－x4;run;
```

❧ 5.2　主成分的应用 ❧

多指标的主成分分析在不损失或很少损失原有信息的前提下，将原来个数较多且彼此相关的指标转换为新的个数较少且彼此独立或不相关的综合指标．各学科各专业的课题，既可以用综合指标代替原指标，换一个视角展开新的研究，也可以根据综合指标的值，进一步作回归分析、聚类分析与其他的分析，得到简明扼要的认识．以下是一些值得借鉴的应用实例：

5.2.1 构成综合指标

【例5.2】 4个品种的肉鸭 A,B,C,D 按完全双列杂交,观测其后代16个组合(包括亲本自繁组 4 个、正交组 6 个、反交组 6 个)共 303 只鸭的 10 个主要性状,对观测值作主成分分析得到前 3 个主成分的系数及累计贡献如表5-2(引自龚炎长硕士学位论文).

表 5-2 前 3 个主成分的系数、方差贡献、贡献率及累计贡献率

主成分\性状	z_1	z_2	z_3
平均日增重	0.411 4	0.014 0	0.129 8
初生重	0.292 6	−0.098 3	0.415 5
体斜长	0.265 2	0.035 0	−0.671 3
龙骨长	0.339 9	−0.279 4	−0.359 1
胸深	0.397 1	−0.142 9	−0.048 5
胸宽	0.363 8	0.005 4	0.014 2
半净膛率	0.372 3	0.304 7	0.080 0
全净膛率	0.295 5	0.452 8	0.054 1
胸肌率	0.207 2	−0.465 9	0.433 6
腿肌率	0.020 8	0.612 8	0.176 8
方差贡献	5.360 5	1.753 1	1.053 8
贡献率	53.605%	17.531%	10.538%
累计贡献率	53.605%	71.136%	81.674%

根据表 5-2 中的数据分析,第一主成分主要反映的性状是平均日增重、胸深、半净膛率和胸宽,指向生长发育情况;第二主成分主要反映的性状是腿肌率、胸肌率和全净膛率,指向可食部分;第三主成分主要反映的性状是体斜长、胸肌率、龙骨长和初生重,指向胸部的发育情况. 因此,肉鸭的主要性状可综合成生长发育情况、可食部分和胸部的发育情况等 3 项指标,用来评价肉鸭品质的优劣.

5.2.2 主成分聚类

【例5.3】 观测前作杉木林地的 12 个土样的 6 种土壤化学性质,对观测值作主成分分析得到前 2 个主成分的系数及累计贡献率如表 5-3(引自陈竣硕士学位论文).

表 5-3　　　　前 2 个主成分的系数、方差贡献、贡献率及累计贡献率

主成分　性状	z_1	z_2
有机质含量	0.459 9	0.150 9
全氮含量	0.372 3	$-0.398\ 3$
全磷含量	0.431 6	$-0.140\ 4$
碱解氮含量	0.466 5	0.048 6
有机磷含量	0.465 3	$-0.077\ 3$
速效钾含量	0.171 8	0.889 1
方差贡献	4.291 8	1.030 5
贡献率	71.53%	17.18%
累计贡献率	71.53%	88.71%

根据表 5-3 中的数据分析，第一主成分主要反映土壤中有机质、全氮、全磷、碱解氮、有机磷的含量，第二主成分主要反映土壤中速效钾的含量.

再进一步，可计算出 12 个土样的第一主成分及第二主成分值如表 5-4. 以第一主成分值为横坐标，第二主成分值为纵坐标，在平面直角坐标系中作出 12 个土样的散点图后，明显地看出：土样 1,3 和 6 位于第三象限应聚为一类；土样 2,4,5,7,8,9,11 和 12 位于第一象限或第二象限应聚为一类，土样 10 虽然也在第一象限，但与其他土样相距较远，应作为孤立的一类.

表 5-4　　　　　　　　12 个土样的主成分值

i	1	2	3	4	5	6	7	8	9	10	11	12
z_1	-1.66	-0.96	-1.79	-1.67	-1.00	-0.285	-0.02	-0.08	0.84	5.79	1.82	0.12
z_2	-0.910	1.09	-0.28	0.39	0.92	-0.40	1.18	0.64	0.10	1.74	0.66	0.60

若用最短距离法作系统聚类，也得到相同的聚类结果.

5.2.3　主成分回归

【例5.4】　对团头鲂鱼种的 5 项生长指标(全长 L、体长 I、体高 H、体围长 S、体重 W)的观测值作主成分分析得到第一主成分的系数及贡献率如表 5-5(引自熊金林硕士学位论文).

表 5-5   团头鲂生长指标的第一主成分的系数及贡献率

生长指标	L	I	H	S	W	贡献率
z_1 的系数	0.448 9	0.448 5	0.449 5	0.449 2	0.439 9	98.87 %

根据表 5-5 中的数据分析,第一主成分 z_1 是将鱼种的 5 项生长指标通过线性组合后得到的综合指标. 它反映了 5 项生长指标所包含的 98.87% 的信息,可作为鱼种生长的综合信息. 若以时间 t(天)为自变量,以 z_1 为因变量,可建立非线性回归方程

$$\hat{z}_1 = -85.159\ 8 + 51.132\ 2 \ln t.$$

【例 5.5】 建立棉花红铃虫发生趋势的预报模型时,先选出 6 个发生期 y 相关关系密切的组合因子 $x_1 \sim x_6$,然后求出这 6 个组合因子的前 3 个主成分 $z_1 \sim z_3$,作主成分回归得到以 3 个主成分为自变量的三元线性回归方程

$$\hat{y} = 165.357\ 2 + 1.321\ 8\ z_1 - 1.348\ 0\ z_2 + 0.133\ 9\ z_3.$$

有趣的是,由于主成分 $z_1 \sim z_3$ 是标准化的变量并具有正交性,自上述回归方程中剔出不显著的自变量 z_3 后,二元线性回归方程

$$\hat{y} = 165.357\ 2 + 1.321\ 8\ z_1 - 1.348\ 0\ z_2$$

中的常数项及回归系数都不改变.

建立主成分回归方程后,将 $z_j = \sum_k b_{kj} x_k^*$ 或 $z_j = \sum_k \tilde{b}_{kj} x_k + a_j$ 代入回归方程,即可得到以 6 个组合因子为自变量的六元线性回归方程

$$\hat{y} = 218.153\ 0 - 9.475\ 9\ x_1 - 1.910\ 1\ x_2 - 0.023\ 5\ x_3$$
$$+ 1.582\ 3\ x_4 - 0.928\ 2\ x_5 - 7.639\ 6\ x_6.$$

此回归方程的 $\hat{\sigma} = 3.24$,用 1965 年至 1980 年的观测数据建立回归方程后,对 1981 年至 1985 年的 y 作预报的结果如表 5-6(引自余家林、邝幸泉科研记载).

表 5-6   1981 年至 1985 年 y 的实测值与预报值

年份	实测值	预测值	误差
1981	167	167.30	−0.30
1982	162	163.56	−1.56
1983	162	165.00	−3.00
1984	167	165.78	1.22
1985	161	162.99	−1.99

上机练习

1. 根据第一章上机练习的数据，试用 SAS 作主成分分析，

（1）写出前两个主成分的表达式、方差贡献、方差贡献率及累计方差贡献率.

（2）计算前两个主成分的因子载荷.

（3）概述你的评论.

（4）写出进一步分析的结果.

论 文 选 读

篇　　名	作者	刊　　名	年/期
1. 我国蔬菜总产的主成分回归模型的构建及预测	汪晓银	农业系统科学与综合研究	2006/02
2. 玉米优良杂交种豫玉22产量性状的遗传分析	汤华	作物学报	2004/09
3. 板栗沙藏腐烂机理研究	谭正林	农业工程学报	2004/02
4. 腊梅品种的数量分类和主成分分析	赵凯歌	北京林业大学学报	2004/S1
5. 小麦不同品种耐湿性生理指标综合评价及其预测	周广生	中国农业科学	2003/11
6. 不同小麦品种（系）耐湿性的综合评价	周广生	生物数学学报	2003/01
7. 晚粳稻米品质性状的综合分析	杨泽敏	吉林农业大学学报	2002/04
8. 影响小麦粒重的农艺性状,生理指标的主成分分析	周竹青	生物数学学报	2002/01
9. 板栗内源激素与花性别分化	雷新涛	果树学报	2002/01
10. 中华鲟繁殖力的主成分分析研究	杨严鸥	信阳农业高等专科学校学报	2000/01

第六章

多元试验数据的因子分析

用因子分析法可以得到多元试验数据的一组公因子. 这些公因子是多元试验数据的原指标或样品观测值中潜在的、不能直接观测的随机变量, 具有一些特殊的性质, 代替原指标或样品作为新的研究对象, 所作的研究也可以将多元试验数据的统计分析引入更加广阔的境地. 这一章, 主要讲述因子分析的基本定理、公因子的计算及其应用. 作为最后一章, 学起来会有一定的难度. 不过, 有前面的五章作为基础, 读者都有能力掌握这一章的全部内容.

❧ 6.1 因子分析法 ❧

6.1.1 什么是因子分析

因子分析由心理学家首先提出, 用来研究学生的智力、计算能力、表达能力及灵活性等因子对各科学习成绩的影响. 如果这些因子能够直接观测, 那么各个因子对各科学习成绩的影响, 便可以用前面几章介绍的方法进行研究. 但是, 这些因子都是潜在的、不能直接观测的随机变量, 对它们进行表达和度量, 就产生了因子分析法.

一般而言, 在有多个指标的许多问题中, 用因子分析法可以寻找出支配多个指标的少数几个公因子或共性因子. 这些公因子是彼此独立或不相关的, 在所研究的问题中, 以公因子(新变量)代替原指标(原变量)作为研究的对象, 可以不损失或很少损失原指标所包含的信息. 与这些公因子同时得到的, 还有各个指标的特殊因子.

除了多指标的因子分析, 还有多样品的因子分析. 多样品的因子分析用来研究样品与样品之间的关系, 寻找出支配多个样品之间相互关系的少数几个彼此独立或不相关、又往往是不能够直接观测的公因子, 其原理和方法与多指标的因子分析相似. 多指标的因子分析简称为 R 型因子分析, 多样品的因子分简称为 Q 型因子分析,以下讲述多指标的因子分析.

6.1.2　因子分析的任务

设要进行因子分析的原指标有 m 个,记为 $x_1, x_2, \cdots, x_m$. 现有 n 个样品,相应的观测值为 x_{ik}, $i = 1, 2, \cdots, n$, 而 $k = 1, 2, \cdots, m$.

作标准化变换后,将 x_k 变换为 x_k^*, 即

$$x_k^* = \frac{x_k - \overline{x}_k}{s_k}, \quad k = 1, 2, \cdots, m,$$

式中,$\overline{x}_k$ 及 s_k 分别是 x_k 的平均数及标准差,x_k^* 的平均数为 0、标准差为 1.

因子分析的任务是:

根据各个样品的原指标的观测 x_{ik} 或标准化变换后的观测值 x_{ik}^*,求出系数 a_{kj}, $k = 1, 2, \cdots, m$, $j = 1, 2, \cdots, p$, $p < m$, 建立用公因子 $f_1, f_2, \cdots, f_p$ 和特殊因子 $g_1, g_2, \cdots, g_m$ 表示原指标 x_k^* 的方程 $x_k^* = \sum_{j=1}^{p} a_{kj} f_j + g_k$, 且

$$E(f_j) = 0, \quad D(f_j) = 1, \quad E(g_k) = 0, \quad D(g_k) = \sigma_k^2.$$

对各 a_{kj} 的要求是:

(1) 使各个公因子 f_j 之间,各个特殊因子 g_k 之间,以及每一个公因子 f_j 与每一个特殊因子 g_k 之间彼此独立或不相关;

(2) 使各个公因子 f_j 所反映的各个样品的总信息接近原来 m 个指标 x_k^* 所反映的各个样品的总信息,即各个 f_j 对 m 个指标的方差贡献 $V_j = \sum_{k=1}^{m} a_{kj}^2$ 之和接近 m 个指标 x_k^* 的方差之和,也就是 $\sum_{j=1}^{p} V_j = \sum_{j=1}^{p} \sum_{k=1}^{m} a_{kj}^2 \approx m$, 且

$$V_1 \geqslant V_2 \geqslant \cdots \geqslant V_p, \quad p < m.$$

将方差贡献最大的公因子 f_1 称为**第一公因子**,将方差贡献次之的公因子 f_2 称为**第二公因子**,同理,将 $f_3, f_4, \cdots, f_p$ 分别称为**第三公因子、第四公因子** …… **第 p 公因子**. 将 $\dfrac{V_j}{m} \times 100\%$ 称为因子 f_j 对所有指标的**方差贡献率**.

将 $\dfrac{1}{m}(V_1 + V_2 + \cdots + V_p) \times 100\%$ 称为前 p 个公因子的**累计贡献率**. 如果前几个公因子的累计贡献率已经很大,例如超过 80% 或超过 90%,后面的公因子就可以略去.

若记

$$\boldsymbol{x} = \begin{pmatrix} x_1^* \\ x_2^* \\ \vdots \\ x_m^* \end{pmatrix}, \quad \boldsymbol{A} = \begin{pmatrix} a_{11} & a_{12} & \cdots & a_{1p} \\ a_{21} & a_{22} & \cdots & a_{2p} \\ \vdots & \vdots & & \vdots \\ a_{m1} & a_{m2} & \cdots & a_{mp} \end{pmatrix}, \quad \boldsymbol{f} = \begin{pmatrix} f_1 \\ f_2 \\ \vdots \\ f_p \end{pmatrix}, \quad \boldsymbol{g} = \begin{pmatrix} g_1 \\ g_2 \\ \vdots \\ g_m \end{pmatrix},$$

则 $\boldsymbol{x} = \boldsymbol{Af} + \boldsymbol{g}$，称 $\boldsymbol{A}$ 为**因子载荷矩阵**，a_{kj} 为 x_k^* 在公因子 f_j 上的因子载荷，等式 $\boldsymbol{x} = \boldsymbol{Af} + \boldsymbol{g}$ 为因子模型.

又记 $h_k^2 = \sum_{j=1}^{p} a_{kj}^2$，为说明 a_{kj}，V_j 与 h_k^2 的实际意义，以下先证明三个等式：

(1) $r(x_k^*, f_j) = a_{kj}$；　(2) $r(x_k^*, g_k) = \sigma_k^2$；　(3) $\sum_{j=1}^{p} a_{kj}^2 + \sigma_k^2 = 1$.

证　根据因子分析的要求，当 $j_1 \neq j_2$，$k_1 \neq k_2$ 时，
$$\mathrm{Cov}(f_{j_1}, f_{j_2}) = 0, \quad E(f_{j_1} f_{j_2}) = 0,$$
$$\mathrm{Cov}(g_{k_1}, g_{k_2}) = 0, \quad E(g_{k_1} g_{k_2}) = 0,$$
对任何 j 与 k，$\mathrm{Cov}(f_j, g_k) = 0$，$E(f_j g_k) = 0$，而
$$E(f_j^2) = D(f_j) = 1, \quad E(g_k^2) = D(g_k) = \sigma_k^2.$$
因此有
$$x_k^* f_j = a_{k1} f_1 f_j + a_{k2} f_2 f_j + \cdots + a_{kj} f_j^2 + \cdots + a_{kp} f_p f_j + g_k f_j,$$
$$E(x_k^* f_j) = a_{kj},$$
$$r(x_k^*, f_j) = \frac{\mathrm{Cov}(x_k^*, f_j)}{\sqrt{D(x_k^*) D(f_j)}} = E(x_k^* f_j) = a_{kj}.$$
$$x_k^* g_k = a_{k1} f_1 g_k + a_{k2} f_2 g_k + \cdots + a_{kj} f_j g_k + \cdots + a_{kp} f_p g_k + g_k^2,$$
$$E(x_k^* g_k) = \sigma_k^2,$$
$$r(x_k^*, g_k) = \frac{\mathrm{Cov}(x_k^*, g_k)}{\sqrt{D(x_k^*) D(g_k)}} = E(x_k^* g_k) = \sigma_k.$$
$$D(x_k^*) = \sum_{j=1}^{p} a_{kj}^2 D(f_j) + D(g_k) = \sum_{j=1}^{p} a_{kj}^2 + \sigma_k^2 = 1.$$

等式(1)说明 a_{kj} 是 x_k^* 与 f_j 的相关系数.

等式(2)说明 σ_k 是 x_k^* 与 g_k 的相关系数.

等式(3)说明 x_k^* 的方差可以分解为两个部分：一部分是 $h_k^2 = \sum_{j=1}^{p} a_{kj}^2$，另一部分是 σ_k^2，因此称 h_k^2 为 x_k^* 的**公因子方差**或**共性方差**，称 σ_k^2 为 x_k^* 的**特殊因子方差**.

196

进一步，若将 $h_k^2 = \sum_{j=1}^{p} a_{kj}^2 = a_{k1}^2 + a_{k2}^2 + \cdots + a_{kp}^2$ 也看做是方差的分解，则各个 a_{kj}^2 分别是公因子 f_j 对某个 x_k^* 的方差贡献，$V_j = \sum_{k=1}^{m} a_{kj}^2$ 是公因子 f_j 对全部 x_k^* 的方差贡献. V_j 与 h_k^2 的区分可示意如下：

$$
\begin{array}{ccccccc}
 & f_1 & & f_2 & & \cdots & f_p \\
x_1^* & a_{11}^2 & + & a_{12}^2 & + \cdots + & a_{1p}^2 & = h_1^2 \\
 & + & & + & & + & \\
x_2^* & a_{21}^2 & + & a_{22}^2 & + \cdots + & a_{2p}^2 & = h_2^2 \\
 & + & & + & & + & \\
 & \vdots & & \vdots & \vdots & \vdots & \vdots \\
 & + & & + & & + & \\
x_m^* & a_{m1}^2 & + & a_{m2}^2 & + \cdots + & a_{mp}^2 & = h_p^2 \\
 & \| & & \| & & \| & \\
 & V_1 & & V_2 & & \cdots & V_p
\end{array}
$$

6.1.3　因子分析的基本定理

因子分析已经用在许多领域的研究课题之中，得到了一些很好的成果. 但是，因子分析在理论上还有不够完善的地方. 这里，仅仅根据实际工作的要求，讲述因子分析的基本定理，并不对因子分析的其他理论问题进行介绍.

先证明 $k_1 \neq k_2$，$x_{k_1}^* = \sum_{j=1}^{p} a_{k_1 j} f_j + g_{k_1}$，$x_{k_2}^* = \sum_{j=1}^{p} a_{k_2 j} f_j + g_{k_2}$ 时，

$$
r(x_{k_1}^*, x_{k_2}^*) = \sum_{j=1}^{p} a_{k_1 j} a_{k_2 j}.
$$

证　因为

$$
x_{k_1}^* x_{k_2}^* = \Big(\sum_{j=1}^{p} a_{k_1 j} f_j + g_{k_1} \Big) \Big(\sum_{j=1}^{p} a_{k_2 j} f_j + g_{k_2} \Big),
$$

$j_1 \neq j_2$ 时 $E(f_{j_1} f_{j_2}) = 0$，$k_1 \neq k_2$ 时 $E(g_{k_1} g_{k_2}) = 0$，对任何 j 与 k，$E(f_j g_k) = 0$，$E(f_j^2) = 1$，所以

$$
E(x_{k_1}^* x_{k_2}^*) = \sum_{j=1}^{p} a_{k_1 j} a_{k_2 j},
$$

$$
r(x_{k_1}^*, x_{k_2}^*) = \frac{\mathrm{Cov}(x_{k_1}^*, x_{k_2}^*)}{\sqrt{D(x_{k_1}^*) D(x_{k_2}^*)}} = E(x_{k_1}^* x_{k_2}^*) = \sum_{j=1}^{p} a_{k_1 j} a_{k_2 j}.
$$

以下讲述因子分析的基本定理:

令

$$A = \begin{bmatrix} a_{11} & a_{12} & \cdots & a_{1p} \\ a_{21} & a_{22} & \cdots & a_{2p} \\ \vdots & \vdots & & \vdots \\ a_{m1} & a_{m2} & \cdots & a_{mp} \end{bmatrix}, \quad C = \begin{bmatrix} \sigma_1 & & & \\ & \sigma_2 & & \\ & & \ddots & \\ & & & \sigma_m \end{bmatrix},$$

$$r_{k_1 k_2} = r(x_{k_1}^*, x_{k_2}^*), \quad r_{kk} = r(x_k^*, x_k^*) = 1,$$

$$R = \begin{bmatrix} r_{11} & r_{12} & \cdots & r_{1m} \\ r_{21} & r_{22} & \cdots & r_{2m} \\ \vdots & \vdots & & \vdots \\ r_{m1} & r_{m2} & \cdots & r_{mm} \end{bmatrix},$$

则 $AA' = R - CC'$.

证 因为

$$AA' + CC' = \begin{bmatrix} h_1^2 & r_{12} & \cdots & r_{1m} \\ r_{21} & h_2^2 & \cdots & r_{2m} \\ \vdots & \vdots & & \vdots \\ r_{m1} & r_{m2} & \cdots & h_m^2 \end{bmatrix} + \begin{bmatrix} \sigma_1^2 & & & \\ & \sigma_2^2 & & \\ & & \ddots & \\ & & & \sigma_m^2 \end{bmatrix}$$

$$= \begin{bmatrix} h_1^2 + \sigma_1^2 & r_{12} & \cdots & r_{1m} \\ r_{21} & h_2^2 + \sigma_2^2 & \cdots & r_{2m} \\ \vdots & \vdots & & \vdots \\ r_{m1} & r_{m2} & \cdots & h_m^2 + \sigma_m^2 \end{bmatrix} = R,$$

所以 $AA' = R - CC'$.

通常,记 $R^* = AA' = R - CC'$, 称 R^* 为**约相关系数矩阵**.

根据上述基本定理,因子分析就是要在已知约相关系数矩阵 R^* 的条件下,求出因子载荷矩阵 A, 使 $AA' = R^*$. 但是,估计各 h_k^2 很困难,通常取 $h_k^2 = 1$, 用相关系数矩阵 R 代替约相关系数矩阵 R^*, 由相关系数矩阵 R 求因子载荷矩阵 A.

也可以取 $h_k^2 = r_k.$, 这里的 $r_k.$ 为 x_k 与其他指标的复相关系数.

或者取 $h_k^2 = \max_{j \neq k} r_{kj}$, 这里的 r_{kj} 为 x_k 与其他指标的简单相关系数.

由 $AA' = R$ 求 A 的思路是:先由 $P\Lambda P' = R$ 求 R 的特征向量与特征根,再由特征向量构成正交矩阵 P, 由特征根构成对角矩阵 Λ, 最后由 $P\Lambda P' = $

$(P\Lambda^{\frac{1}{2}})(P\Lambda^{\frac{1}{2}})'$ 确定 $A = P\Lambda^{\frac{1}{2}}$. 因此，由 $AA' = R$ 求 A 的方法被称为**主成分或主分量法**. 它是 SAS 中作因子分析时默认的方法. 用此方法所得到的特征根，就是各个公因子的方差贡献，即 $\lambda_j = V_j$, $j = 1, 2, \cdots, p$.

6.1.4　因子分析的计算步骤

（1）由观测数据计算 $\overline{x}_k, s_k$ 及 r_{kj}, $k, j = 1, 2, \cdots, m$.

·（2）由相关系数矩阵 R 得到特征值 λ_j, $j = 1, 2, \cdots, m$ 及各个公因子的方差贡献、贡献率和累计贡献率，并根据累计贡献率确定公因子保留的个数 p.

（3）写出 m 个基本方程组

$$\begin{cases} r_{11}x_1^{(j)} + r_{12}x_2^{(j)} + \cdots + r_{1m}x_m^{(j)} = \lambda_j x_1^{(j)}, \\ r_{21}x_1^{(j)} + r_{22}x_2^{(j)} + \cdots + r_{2m}x_m^{(j)} = \lambda_j x_2^{(j)}, \\ \cdots\cdots\cdots\cdots\cdots\cdots\cdots\cdots\cdots\cdots\cdots\cdots\cdots\cdots\cdots \\ r_{m1}x_1^{(j)} + r_{m2}x_2^{(j)} + \cdots + r_{mm}x_m^{(j)} = \lambda_j x_m^{(j)}, \end{cases}$$

式中，$j = 1, 2, \cdots, m$.

利用施密特正交化方法，对每一个 λ_j 求它所对应的基本方程组的解 $x_1^{(j)}$, $x_2^{(j)}, \cdots, x_m^{(j)}$, $j = 1, 2, \cdots, m$, 然后令

$$a_{kj} = \frac{x_k^{(j)}\sqrt{\lambda_j}}{\sqrt{\sum_{k=1}^{m}(x_k^{(j)})^2}},$$

从而得到用公因子 $f_1, f_2, \cdots, f_p$ 及特殊因子 $g_1, g_2, \cdots, g_m$ 所表示的 x_1^*, $x_2^*, \cdots, x_m^*$.

（4）计算 $x_1^*, x_2^*, \cdots, x_m^*$ 公因子方差与特殊因子方差.

6.1.5　公因子得分

求出系数 a_{kj}, $k = 1, 2, \cdots, m$, $j = 1, 2, \cdots, p$, $p < m$, 建立用公因子 f_1, $f_2, \cdots, f_p$ 和特殊因子 $g_1, g_2, \cdots, g_m$ 表示原指标 x_k^* 的方程 $x_k^* = \sum_{j=1}^{p} a_{kj}f_j + g_k$ 以后，还可以反过来将公因子表示为各个原指标 x_k^* 的线性组合，进一步根据原指标 x_k^* 的观测值求各个公因子的估计值，这样的估计值称为**因子得分**. 根据因子得分，对样品的特征或许会有比较深入的认识.

为此，必须建立回归方程

$$\hat{f}_j = c_{j1}x_1^* + c_{j2}x_2^* + \cdots + c_{jm}x_m^*, \quad j = 1,2,\cdots,p.$$

根据最小二乘法, 该回归方程的正规方程组为

$$\begin{cases} r_{11}c_{j1} + r_{12}c_{j2} + \cdots + r_{1m}c_{jm} = a_{1j}, \\ r_{21}c_{j1} + r_{22}c_{j2} + \cdots + r_{2m}c_{jm} = a_{2j}, \\ \cdots\cdots\cdots\cdots\cdots\cdots\cdots\cdots\cdots\cdots\cdots\cdots\cdots\cdots \\ r_{m1}c_{j1} + r_{m2}c_{j2} + \cdots + r_{mm}c_{jm} = a_{mj}, \end{cases}$$

若记

$$\boldsymbol{c}_j = \begin{pmatrix} c_{j1} \\ c_{j2} \\ \vdots \\ c_{jm} \end{pmatrix}, \quad \boldsymbol{a}_j = \begin{pmatrix} a_{1j} \\ a_{2j} \\ \vdots \\ a_{mj} \end{pmatrix}, \quad \hat{\boldsymbol{f}} = \begin{pmatrix} \hat{f}_1 \\ \hat{f}_2 \\ \vdots \\ \hat{f}_p \end{pmatrix},$$

则正规方程组的解为 $\boldsymbol{c}_j = \boldsymbol{R}^{-1}\boldsymbol{a}_j$, 公因子 $\hat{f}_j = \boldsymbol{c}_j'\boldsymbol{x} = \boldsymbol{a}_j'\boldsymbol{R}^{-1}\boldsymbol{x}$, $\hat{\boldsymbol{f}} = \boldsymbol{A}'\boldsymbol{R}^{-1}\boldsymbol{x}$.

与主成分分析相类似, 在不损失或很少损失原指标所包含的信息的前提下, 公因子彼此独立或不相关. 各学科各专业的课题, 既可以用公因子代替原指标展开新的研究, 也可以根据公因子得分, 进一步作回归分析、聚类分析与其他的分析.

6.1.6　因子分析的实例

【例 6.1】　有 20 例肝病患者的 4 项肝功能指标 x_1(转氨酶量 SGPT), x_2(肝大指数), x_3(硫酸锌浊度 ZnT) 及 x_4(胎甲球 AFP) 的观测数据如表 5-1(引自参考文献[4]), 试作这 4 项指标的因子分析.

解　(1) 由观测数据计算 $\bar{x}_k$ 及 $s_k(k = 1,2,\cdots,4)$ 得到

$$\bar{x}_1 = 138, \quad \bar{x}_2 = 2.325, \quad \bar{x}_3 = 15, \quad \bar{x}_4 = 35.5,$$

$$s_1 = 88.88786, \quad s_2 = 1.05475, \quad s_3 = 7.41975, \quad s_4 = 21.87885,$$

计算相关系数得到

$$\boldsymbol{R} = \begin{pmatrix} 1 & 0.69498 & 0.21946 & 0.02490 \\ 0.69498 & 1 & -0.14796 & 0.13513 \\ 0.21946 & -0.14796 & 1 & 0.07133 \\ 0.02490 & 0.13513 & 0.07133 & 1 \end{pmatrix}.$$

(2) 由相关系数矩阵 $\boldsymbol{R}$ 得到特征值 λ_j, $j = 1,2,\cdots,m$ 及各个公因子的方差贡献、贡献率和累计贡献率如下:

Eigenvalues of the Correlation Matrix

	Eigenvalue (方差贡献)	Difference (方差贡献的差)	Proportion （贡献率）	Cumulative （累计贡献率）
1	1.71825	0.624716	0.429563	0.42956
2	1.09354	0.112189	0.273384	0.70295
3	0.98135	0.774481	0.245337	0.94828
4	0.20687	.	0.051716	1.00000

方差贡献越大，它所对应的公因子包含原指标的信息就越多. 这里，第 1 个至第 4 个公因子的贡献率分别为 42.956 3%,27.338 4%,24.533 7% 和 5.171 6%,前 3 个公因子就包含了原来 4 个指标全部信息的 94.828%.

(3) 写出下列基本方程组

$$\begin{cases} x_1^{(j)} + 0.694\,98\,x_2^{(j)} + 0.219\,46\,x_3^{(j)} + 0.024\,90\,x_4^{(j)} = \lambda_j x_1^{(j)}, \\ 0.694\,98\,x_1^{(j)} + x_2^{(j)} - 0.147\,96\,x_3^{(j)} + 0.135\,13\,x_4^{(j)} = \lambda_j x_2^{(j)}, \\ 0.219\,46\,x_1^{(j)} - 0.147\,96\,x_2^{(j)} + x_3^{(j)} + 0.071\,33\,x_4^{(j)} = \lambda_j x_3^{(j)}, \\ 0.024\,90\,x_1^{(j)} + 0.135\,13\,x_2^{(j)} + 0.071\,33\,x_3^{(j)} + x_4^{(j)} = \lambda_j x_4^{(j)}. \end{cases}$$

解基本方程组得到各个初始公因子的载荷如下：

	FACTOR1	FACTOR2	FACTOR3	FACTOR4
X1	0.91753	0.09935	−0.23780	−0.30286
X2	0.90420	−0.29662	0.05792	0.30180
X3	0.11527	0.94550	−0.26778	0.14504
X4	0.21337	0.31893	0.92181	−0.05496

原指标可用全部 4 个初始公因子表达为

$$\begin{cases} x_1^* = 0.917\,53\,f_1 + 0.099\,35\,f_2 - 0.237\,80\,f_3 - 0.302\,86\,f_4, \\ x_2^* = 0.904\,20\,f_1 - 0.296\,62\,f_2 + 0.057\,92\,f_3 + 0.301\,80\,f_4, \\ x_3^* = 0.115\,27\,f_1 + 0.945\,50\,f_2 - 0.267\,78\,f_3 + 0.145\,04\,f_4, \\ x_4^* = 0.213\,37\,f_1 + 0.318\,93\,f_2 + 0.921\,81\,f_3 - 0.054\,96\,f_4, \end{cases}$$

也可用第 1 至第 3 个初始公因子表达为

$$\begin{cases} x_1^* = 0.917\,53\,f_1 + 0.099\,35\,f_2 - 0.237\,80\,f_3 + g_1, \\ x_2^* = 0.904\,20\,f_1 - 0.296\,62\,f_2 + 0.057\,92\,f_3 + g_2, \\ x_3^* = 0.115\,27\,f_1 + 0.945\,50\,f_2 - 0.267\,78\,f_3 + g_3, \\ x_4^* = 0.213\,37\,f_1 + 0.318\,93\,f_2 + 0.921\,81\,f_3 + g_4. \end{cases}$$

(4) 计算 $x_1^*, x_2^*, \cdots, x_m^*$ 公因子方差与特殊因子方差得到：

在前一个表达式中，x_1^* 的公因子方差为

$$(0.917\,53)^2 + (0.099\,35)^2 + (0.237\,80)^2 + (0.302\,86)^2 \approx 1,$$

x_2^* 的公因子方差为

$$(0.904\,20)^2 + (0.296\,62)^2 + (0.057\,92)^2 + (0.301\,80)^2 \approx 1,$$

x_3^* 的公因子方差为

$$(0.115\,27)^2 + (0.945\,50)^2 + (0.267\,78)^2 + (0.145\,04)^2 \approx 1,$$

x_4^* 的公因子方差为

$$(0.213\,37)^2 + (0.318\,93)^2 + (0.921\,81)^2 + (0.054\,96)^2 \approx 1.$$

在后一个表达式中，x_1^* 的公因子方差为

$$(0.917\,53)^2 + (0.099\,35)^2 + (0.237\,80)^2 = 0.908\,276,$$

特殊因子方差为 $1 - 0.908\,276 = 0.091\,724$，$x_2^*$ 的公因子方差为

$$(0.904\,20)^2 + (0.296\,62)^2 + (0.057\,92)^2 = 0.908\,916,$$

特殊因子方差为 $1 - 0.908\,916 = 0.091\,084$，$x_3^*$ 的公因子方差为

$$(0.115\,27)^2 + (0.945\,50)^2 + (0.267\,78)^2 = 0.978\,963,$$

特殊因子方差为 $1 - 0.978\,963 = 0.021\,037$，$x_4^*$ 的公因子方差为

$$(0.213\,37)^2 + (0.318\,93)^2 + (0.921\,81)^2 = 0.996\,980,$$

特殊因子方差为 $1 - 0.996\,980 = 0.003\,020.$

由于第 1 至第 3 个初始因子的累计贡献率约等于 95%，决定保留三个初始公因子，并将本例初始公因子的结果列于表 6-1.

表 6-1　　　三个初始公因子的系数、公因子方差及公因子的方差贡献

	x_1^*	x_2^*	x_3^*	x_4^*	λ_j
f_1	0.917 53	0.904 20	0.115 27	0.213 37	1.718 252
f_2	0.099 35	− 0.296 62	0.945 50	0.318 93	1.093 536
f_3	− 0.237 80	0.057 92	− 0.267 78	0.921 81	0.981 347
h_k^2	0.908 276	0.908 916	0.978 963	0.996 980	3.793 135

由表 6-1 中可见，每个标准化指标的公因子方差占每个标准化指标总方差的百分数都超过 90%，2 个超过 95%，1 个超过 99%，因此本例因子分析的结果是比较好的.

（5）计算因子得分系数得到

Standardized Scoring Coefficients

	FACTOR1	FACTOR2	FACTOR3
X1	0.53399	0.09086	−0.24232
X2	0.52623	−0.27124	0.05902
X3	0.06709	0.86463	−0.27287
X4	0.12418	0.29165	0.93933

因子得分与原变量的关系式及因子得分分别为

$$\begin{cases} \hat{f}_1 = 0.533\,99\,x_1^* + 0.526\,23\,x_2^* + 0.067\,09\,x_3^* + 0.124\,18\,x_4^*, \\ \hat{f}_2 = 0.090\,86\,x_1^* - 0.271\,24\,x_2^* + 0.864\,63\,x_3^* + 0.291\,65\,x_4^*, \\ \hat{f}_3 = -0.242\,32\,x_1^* + 0.059\,02\,x_2^* - 0.272\,87\,x_3^* + 0.939\,33\,x_4^*, \end{cases}$$

OBS	X1	X2	X3	X4	FACTOR1	FACTOR2	FACTOR3
1	40	2.0	5	20	−0.92927	−1.38851	−0.04873
2	10	1.5	5	30	−1.30219	−1.15729	0.43441
3	120	3.0	13	50	0.29285	−0.23176	0.78293
4	250	4.5	18	0	1.58361	−0.56848	−1.81809
5	120	3.5	9	50	0.50614	−0.82646	0.95801
6	10	1.5	12	50	−1.12539	−0.07498	1.03565
7	40	1.0	19	40	−1.18809	0.76668	0.23912
8	270	4.0	13	60	1.74964	−0.20230	0.85929
9	280	3.5	11	60	1.54217	−0.29656	0.87761
10	170	3.0	9	60	0.61381	−0.51347	1.22306
11	180	3.5	14	40	0.85504	−0.31578	0.18122
12	130	2.0	30	50	0.00772	2.01664	0.07451
13	220	1.5	17	20	0.01111	0.32242	−1.00872
14	160	1.5	35	60	0.04045	2.89184	0.21021
15	220	2.5	14	30	0.53966	−0.15103	−0.41311
16	140	2.0	20	20	−0.19290	0.46166	−0.87299
17	220	2.0	14	10	0.17669	−0.28905	−1.29975
18	40	1.0	10	0	−1.49649	−0.81530	−1.14723
19	20	1.0	12	60	−1.25801	0.19713	1.40974
20	120	2.0	20	0	−0.42656	0.17461	−1.67713

6.1.7　用 SAS 作因子分析

例 5.1 中 4 项指标作因子分析的 SAS 程序为

```
data ex;input x1−x4 @@;
cards;
```

```
40 2 5 20 10 1.5 5 30
120 3 13 50 250 4.5 18 0
120 3.5 9 50 10 1.5 12 50
40 1 19 40 270 4 13 60
280 3.5 11 60 170 3 9 60
180 3.5 14 40 130 2 30 50
220 1.5 17 20 160 1.5 35 60
220 2.5 14 30 140 2 20 20
220 2 14 10 40 1 10 0
20 1 12 60 120 2 20 0
;
proc corr out=ex1;
proc factor data=ex1 outstat=ex2
method=prin priors=one nfactor=3 score;
proc score data=ex;
proc print;run;
```

在 SAS 的输出结果中，需要补充介绍的有

① Variance explained by each factor

FACTOR1	FACTOR2	FACTOR3
1.718252	1.093536	0.981347

② Final Communality Estimates: Total = 3.793134

X1	X2	X3	X4
0.908276	0.908916	0.978963	0.996980

① 中的结果为每一个公因子的方差贡献，② 中的结果为每一个变量的公因子方差，中间的 Total＝各个公因子的方差贡献之和＝各个变量的公因子方差之和.

✎ 6.2 方差极大正交旋转 ✎

6.2.1 方差极大正交旋转的概念

有时，某一个 f_j 在各个 x_k^* 的表达式中，因子载荷的差异不大，根据因子载荷对公因子的意义不易作出明确的解释，希望增大因子载荷的差异. 这时，可以将各因子 $f_1, f_2, \cdots, f_p$ 看做是 p 维空间的坐标轴并称为**因子轴**，将各指标

（变量）看做因子空间中的一个点，其坐标就是这一指标在各个因子上的因子载荷. 然后，对因子轴作正交旋转，使因子载荷的差异增大，直到能作出明确的解释为止.

所谓正交旋转，是在保持各因子轴相互垂直的关系不变的前提下，对因子轴所作的一种旋转变换. 在代数学中，就是作正交变换.

假设各因子轴经过正交旋转后，各 f_j 变换为 $F_j (j = 1, 2, \cdots, p)$，各指标的因子坐标由 a_{kj} 变为 d_{kj}. 因为正交旋转后各指标的公因子方差不变，

$$\sum_{j=1}^{p} d_{kj}^2 = \sum_{j=1}^{p} a_{kj}^2 = h_k^2,$$

各指标的特殊因子方差也不变，只是用公因子和特殊因子表示的原标准化指标的式子由 $x_k^* = \sum_{j=1}^{p} a_{kj} f_j + g_k$ 变为

$$x_k^* = \sum_{j=1}^{p} d_{kj} F_j + g_k, \quad k = 1, 2, \cdots, m.$$

但是，每个公因子对所有指标的方差贡献则由 $\sum_{k=1}^{m} a_{kj}^2$ 变为 $\sum_{k=1}^{m} d_{kj}^2$，两者并不相等.

如果记各个 x_k^* 在 F_j 上的因子载荷 d_{kj} 的平方 d_{kj}^2 的方差为 S_j^2，则

$$S_j^2 = \frac{1}{m} \sum_{k=1}^{m} (d_{kj}^2 - \overline{d_j^2})^2 = \frac{1}{m} \sum_{k=1}^{m} d_{kj}^4 - \frac{1}{m^2} \Big(\sum_{k=1}^{m} d_{kj}^2 \Big)^2,$$

$$\overline{d_j^2} = \frac{1}{m} \sum_{k=1}^{m} d_{kj}^2.$$

记各个 x_k^* 在各个 F_j 上的因子载荷 d_{kj} 的平方 d_{kj}^2 的方差之和为 S^2，则

$$S^2 = \sum_{j=1}^{p} S_j^2 = \frac{1}{m} \sum_{j=1}^{p} \sum_{k=1}^{m} d_{kj}^4 - \frac{1}{m^2} \sum_{j=1}^{p} \Big(\sum_{k=1}^{m} d_{kj}^2 \Big)^2.$$

正交旋转的目的是使 S^2 达到极大，也就是使不同指标对同一因子的载荷向 0 和 1 两极分化，造成尽可能大的差别. 但是，各指标的公因子方差 h_k^2 之间有一定的差异，确定旋转角度时，可将 S^2 中的 d_{kj}^2 用 $\dfrac{d_{kj}^2}{h_k^2}$ 代替. 因此，使 S^2 达到极大可以改为使

$$V = m \sum_{j=1}^{p} \sum_{k=1}^{m} \frac{d_{kj}^4}{h_k^4} - \sum_{j=1}^{p} \Big(\sum_{k=1}^{m} \frac{d_{kj}^2}{h_k^2} \Big)^2$$

达到极大，并称之为**正规方差极大准则**.

6.2.2　正交旋转角度的计算

正交旋转时，每一步只旋转两个因子轴，设 f_s 和 f_t 经旋转后变为 F_s 和 F_t，则对各指标 x_k^* 的因子载荷有关系式

$$\begin{cases} d_{ks} = a_{ks}\cos\varphi + a_{kt}\sin\varphi, \\ d_{kt} = -a_{ks}\sin\varphi + a_{kt}\cos\varphi, \end{cases}$$

此关系式保证 $d_{ks}^2 + d_{kt}^2 = a_{ks}^2 + a_{ks}^2$.

根据正规方差极大准则，可由 $\dfrac{\mathrm{d}V}{\mathrm{d}\varphi} = 0$ 确定旋转角度 φ 应满足的等式

$$\tan 4\varphi = \frac{D - \dfrac{2AB}{m}}{C - \dfrac{A^2 - B^2}{m}},$$

式中，$A = \sum\limits_{k=1}^{m} u_k$，$B = \sum\limits_{k=1}^{m} v_k$，$C = \sum\limits_{k=1}^{m}(u_k^2 - v_k^2)$，$D = 2\sum\limits_{k=1}^{m} u_k v_k$，而

$$u_k = \frac{a_{ks}^2 - a_{kt}^2}{h_k^2}, \quad v_k = \frac{2a_{ks}a_{kt}}{h_k^2},$$

并且，φ 在 $(-45°, 45°)$ 内取值，$\tan 4\varphi$ 的分子及分母符号的关系，见表 6-2.

表 6-2　　　　　　　　　由分子分母的符号确定 4φ 值

分子	分母	φ 值	4φ 值
$+$	$+$	$0° \sim 22.5°$	$0° \sim 90°$
$+$	$-$	$22.5° \sim 45°$	$90° \sim 180°$
$-$	$+$	$-22.5° \sim 0°$	$-90° \sim 0°$
$-$	$-$	$-45° \sim 22.5°$	$-180° \sim -90°$

正交旋转可循环进行，每一循环包括 C_p^2 步，即依次旋转 f_1 和 f_2，f_1（第一次旋转后的 f_1，下同）和 f_3，$\cdots$，f_s 和 f_t，$\cdots$，f_{p-1} 和 f_p. 每经过一次循环，正规方差 V 都将增加，反复进行，直到使 V 值增加的量小于预先确定的精度为止.

6.2.3　方差极大正交旋转的实例

【例 6.2】　对上一节例 6.1 中三个因子轴作方差极大正交旋转.

解　在 SAS 程序的 procfactor 过程中增加作方差极大正交旋转的要求 "rotate = varimax" 后得到正交旋转变换的矩阵：

Rotation Method: Varimax
Orthogonal Transformation Matrix

	1	2	3
1	0.98166	0.09327	0.16626
2	−0.13905	0.94694	0.28978
3	−0.13041	−0.30758	0.94254

以及各个公因子的系数、公因子方差及公因子的方差贡献如表 6-3 所示.

与初始因子的计算结果相比较，正交旋转后不同指标对同一因子的载荷差别大，各指标的公因子方差不变或很少改变，而各因子的方差贡献有所改变，所有因子的总方差贡献不变或很少改变.

表 6-3　正交旋转后公因子的系数、公因子方差及公因子的方差贡献

	x_1^*	x_2^*	x_3^*	x_4^*	λ_j
F_1	0.917 90	0.921 31	0.016 60	0.044 90	1.693 640
F_2	0.252 81	−0.214 35	0.988 45	0.038 37	1.088 357
F_3	−0.042 80	0.118 97	0.040 76	0.996 74	1.011 137
h_k^2	0.908 276	0.908 916	0.978 963	0.996 980	3.793 135

表 6-3 中的因子载荷按 4 项不同指标和 3 个不同公因子进行比较，可以看出第一公因子基本上支配了 x_1^*（转氨酶量 SGPT）与 x_2^*（肝大指数），第二公因子基本上支配了 x_3^*（硫酸锌浊度 ZnT），第三公因子基本上支配了 x_4^*（胎甲球 AFP）. 同主成分分析相一致，上述结果提示，第一公因子 f_1 指向急性炎症，第二公因子 f_2 指向慢性炎病，第三公因子 f_3 指向原发性肝癌.

还可以看出，作因子分析后，原来的 4 项指标已简化成 3 个独立的公因子，根据公因子能够对 20 例肝病患者进行聚类或作其他分析.

为说明方差极大正交旋转的计算过程，以下取例 6.1 中的前两个公因子并对这两个公因子作方差极大正交旋转. 两个初始公因子的系数、公因子方差及公因子的方差贡献如表 6-4 所示.

表 6-4　两个初始公因子的系数、公因子方差及公因子的方差贡献

	x_1^*	x_2^*	x_3^*	x_4^*	λ_j
f_1	0.917 53	0.904 20	0.115 27	0.213 37	1.718 252
f_2	0.099 35	−0.296 62	0.945 50	0.318 93	1.093 536
h_k^2	0.851 727	0.905 562	0.907 256	0.147 242	2.811 787

正交旋转后得到正交旋转变换的矩阵:

Rotation Method: Varimax

Orthogonal Transformation Matrix

	1	2
1	0.97481	0.22303
2	−0.22303	0.97481

以及各个公因子的系数、公因子方差及公因子的方差贡献如表 6-5 所示.

表 6-5   正交旋转后公因子的系数、公因子方差及公因子的方差贡献

	x_1^*	x_2^*	x_3^*	x_4^*	λ_j
F_1	0.872 26	0.947 58	− 0.098 51	0.136 87	1.687 177
F_2	0.301 49	− 0.087 48	0.947 39	0.358 48	1.124 611
h_k^2	0.851 727	0.905 562	0.907 256	0.147 242	2.811 787

与初始因子的计算结果相比较,正交旋转后不同指标对同一因子的载荷差别大,各指标的公因子方差不变或很少改变,而各因子的方差贡献有所改变,所有因子的总方差贡献不变或很少改变.

以下按步骤计算(如表 6-6)并写出因子轴的旋转公式.

表 6-6 f_1 和 f_2 的旋转角的计算

k	a_{k1}	a_{k2}	h_k^2	u_k	v_k	$u_k^2 - v_k^2$	$2u_k v_k$
1	0.917 53	0.099 35	0.851 727	0.976 828	0.214 051	0.908 375	0.418 182
2	0.904 20	−0.296 62	0.905 562	0.805 681	−0.592 348	0.298 246	−0.954 487
3	0.115 27	0.945 50	0.907 256	−0.970 711	0.240 258	0.884 556	−0.466 442
4	0.213 37	0.318 93	0.147 242	−0.381 614	0.924 330	−0.708 757	−0.705 475
Σ				0.430 185 (A)	0.786 291 (B)	1.382 420 (C)	−1.708 222 (D)

因此

$$D - \frac{2AB}{m} = -1.877\ 347, \quad C - \frac{A^2 - B^2}{m} = 1.490\ 719,$$

$$\tan 4\varphi = -1.259\ 357\ 263, \quad 4\varphi = -51.548\ 5°, \quad \varphi = -12.887\ 1°,$$

$$\sin \varphi = -0.223\ 03, \quad \cos \varphi = 0.974\ 81,$$

$$\begin{cases} d_{k1} = 0.974\,81\,a_{k1} - 0.223\,03\,a_{k2}, \\ d_{k2} = 0.223\,03\,a_{k1} + 0.974\,81\,a_{k2}, \end{cases}$$

式中，$k = 1,2,3,4$.

6.2.4 正交旋转后公因子的应用

【例6.3】 选取与小麦产量有显著相关关系的10项指标，包括单位面积穗数 x_1，每穗结实小穗数 x_2，抽穗期旗叶面积 x_3，灌浆期叶面积指数(LAI) x_4，灌浆期穗部可溶糖 x_5，灌浆期至成熟期根系吸收 ^{32}P 占植株总 ^{32}P 量的百分率 x_6，盛花期单株旗叶同化速率(FLAR) x_7，灌浆初期旗叶硝酸还原酶活性 (NRA) x_8，成熟期穗干重 x_9，经济系数 x_{10} 等进行因子分析，按最小特征值大于1的原则保留公因子，得到初始公因子及方差极大正交旋转后公因子的系数、公因子方差及公因子的方差贡献如表6-7所示(引自周竹青学术论文).

表 6-7 **因子的系数、公因子方差及公因子的方差贡献**

原指标	初始公因子		正交旋转后的公因子		公因子方差
	f_1	f_2	F_1	F_2	
1	0.604 6	−0.718 3	0.907 7	−0.240 1	0.881 5
2	0.117 9	0.940 1	−0.444 1	0.836 9	0.897 6
3	0.918 1	−0.376 8	0.967 8	0.219 6	0.984 8
4	0.798 2	−0.522 7	0.953 6	0.031 3	0.910 3
5	0.708 1	0.519 0	0.280 9	0.831 7	0.770 7
6	0.855 4	0.235 3	0.564 6	0.684 3	0.787 1
7	0.941 5	−0.076 4	0.822 4	0.484 6	0.911 1
8	0.757 7	0.385 3	0.398 4	0.750 9	0.722 5
9	0.890 8	−0.124 6	0.800 5	0.410 3	0.809 1
10	0.540 3	0.757 9	0.006 3	0.930 8	0.866 3
方差贡献	5.657 5	2.883 7	4.740 5	3.800 7	
方差贡献率	56.575	28.837	47.405	38.007	

经过方差极大正交旋转后，初始公因子的载荷向 0 和 1 两极分化，使公因子的意义更加清楚. 从表6-7可知，旋转后的第1公因子 F_1 中，x_3 的载荷值最大，x_4, x_1, x_7, x_9 次之. 前三者代表了植株光合同化器官和光合强度的大小，后两者代表了小麦固定和储藏光合产物的能力，其他指标的因子载荷值较小，

可将 F_1 称为"光合同化因子". 第 2 公因子 F_2 中, x_2, x_5, x_8, x_{10} 的载荷值较大, 它们分别是影响小麦产量的主要指标, 反映小麦经济产量实现的程度以及植株同化有机碳和氮的能力, 可将 F_2 称为"产量构成及植株碳氮营养因子".

如果用小麦品种产量 y 作为因变量, 公因子 F_1 与 F_2 为自变量建立二元线性回归方程, 则

$$\hat{y} = 3456.6647 + 491.0648F_1 + 637.4243F_2,$$

该回归方程及回归系数都达到极显著水平. 用回归分析可计算不同品种产量的预测值及误差百分率如表 6-8 所示.

表 6-8   不同品种的公因子得分、实际产量、预测产量及误差百分率

品种	F_1	F_2	实际产量	预测产量	误差百分率
6280	−1.04	0.69	3 154.65	3 386.00	−7.33
95A—10	−0.98	1.37	3 908.85	3 849.60	1.52
D041	−0.23	−1.70	2 358.15	2 258.30	4.24
宁作 13	1.25	0.21	4 198.35	4 204.70	−0.37
鄂麦 12	−0.12	1.51	4 399.35	4 361.90	0.85
华麦 9	2.00	0.67	4 976.25	4 869.00	2.16
3778	0.79	−0.63	3 310.35	3 444.10	−4.04
华麦 8	−0.95	−0.02	3 148.20	2 978.40	5.39
8912	0.30	−0.48	3 263.10	3 297.40	−1.05
9214	−0.23	−0.75	2 661.15	2 869.30	−7.82
鄂恩 1	−0.80	−0.88	2 653.95	2 504.70	5.63

如果根据公因子 F_1 与 F_2 的得分用离差平方和法作系统聚类, 则可将 11 个品种聚为 3 类: 第 1 类包括宁作 13 号和华麦 9 号, 特点是 F_1 大于 1, F_2 大于 0, 单位面积有适宜的穗数, 抽穗后能保持较大的光合同化面积, 光合能力强, 同化有机碳和氮的能力较强, 经济系数高, 产量高. 第 2 类包括鄂麦 12 号, 95A—10 和 6280, 特点是 F_1 小于 0, F_2 大于 0, 虽然生育后期光合同化能力相对较弱, 但同化碳水化合物和利用氮素营养的能力较强, 经济系数高, 产量水平也高. 第 3 类包括 3778, 8912, 鄂恩 1 号, 华麦 8 号, 9214, D041 等, 特点是 F_1 与 F_2 均小于 0, 不但后期光合面积和光合能力下降快, 而且 C/N 比例失调, 产量低.

该系统聚类的过程如图 6-1.

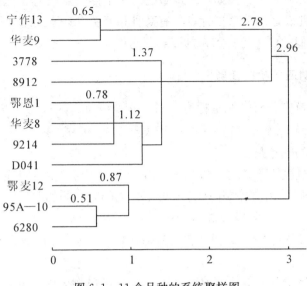

图 6-1　11 个品种的系统聚样图

❧ **6.3 对应分析法** ❧

6.3.1 什么是对应分析

前两节所讲述的因子分析包括多指标的 R 型因子分析与多样品的 Q 型因子分析，目的是用少数几个公因子提取研究对象的绝大部分信息，再作其他的分析，以便掌握研究对象内在的规律. 但是，因子分析有三点不足之处：

① 对指标或对样品的因子分析是分开进行的，两者均未涉及指标与样品之间可能的联系，以致失去不少有用的信息；

② 由于样品的个数通常远大于指标的个数，对样品作 Q 型分析的计算量比较庞大，一般只好采用 R 型分析而舍弃 Q 型分析；

③ 考虑到观测数据在数量级上的不同，对指标可以进行标准化，而对样品则不适合进行标准化，处理数据的方法对指标和样品有一定的差异.

1970 年，Beozecri 提出了对应分析方法. 对应分析是将 R 型因子分析与 Q 型因子分析相结合的一种统计分析方法，其特点是先作 R 型因子分析，再由 R 型因子分析得到 Q 型因子分析的结果，并用共同的因子轴同时表示样品与指标的载荷，将指标与样品都反映在相同的因子轴所决定的因子平面上，可以研究指标和样品的内在联系. 例如，彼此靠近的多个样品点具有相似的性质，可以聚为一类；彼此靠近的多个指标点具有某种相互关系；彼此靠近的多个样品点可以用靠近它们的多个指标点来加以解释与说明.

6.3.2 对应分析的任务

设要进行对应分析的原指标有 m 个，记为 $x_1, x_2, \cdots, x_m$. 现有 n 个样品，相应的观测值为 x_{ik}，$i = 1, 2, \cdots, n$，而 $k = 1, 2, \cdots, m$.

对应分析的任务是：

寻找一个过渡矩阵 $\boldsymbol{Z}$，使 $\boldsymbol{Z}'\boldsymbol{Z}$ 是进行 R 型因子分析的协方差矩阵，$\boldsymbol{Z}\boldsymbol{Z}'$ 是进行 Q 型因子分析的协方差矩阵，$\boldsymbol{Z}'\boldsymbol{Z}$ 与 $\boldsymbol{Z}\boldsymbol{Z}'$ 之间有相同的非零特征值

$$\lambda_1 \geqslant \lambda_2 \geqslant \cdots \geqslant \lambda_p, \quad p < m,$$

如果 $\boldsymbol{Z}'\boldsymbol{Z}$ 的特征值 λ_j 对应的特征向量为 $\boldsymbol{u}_j$，则 $\boldsymbol{Z}\boldsymbol{Z}'$ 的特征值 λ_j 对应的特征向量 $\boldsymbol{v}_j = \boldsymbol{Z}\boldsymbol{u}_j$.

再根据特征值相同，特征值所对应的 R 型与 Q 型公因子的方差相同，将指标点与样品点同时反映在具有相同坐标轴的因子平面上，将指标点与样品点合在一起考虑进行分类，或由观测数据的实际意义，作出各种专门的分析.

6.3.3 对应分析的原理

设有 m 个指标 n 个样品的观测数据矩阵

$$\boldsymbol{X} = \begin{pmatrix} x_{11} & x_{12} & \cdots & x_{1m} \\ x_{21} & x_{22} & \cdots & x_{2m} \\ \vdots & \vdots & & \vdots \\ x_{n1} & x_{n2} & \cdots & x_{nm} \end{pmatrix},$$

式中，各 $x_{ik} \geqslant 0$ 为第 i 个样品的第 k 个指标的观测值，$i = 1, 2, \cdots, n$，$k = 1, 2, \cdots, m$.

在因子分析中，当指标的量纲不同或者数量级相差悬殊时，可以先作标准化变换，但是对于样品不便于作标准化变换. 在对应分析中，采用作列联表分析时对观测值进行变换的方法，先计算

$$x_{i\cdot} = \sum_{k=1}^{m} x_{ik}, \quad x_{\cdot k} = \sum_{i=1}^{n} x_{ik},$$

$$x_{\cdot\cdot} = \sum_{i=1}^{n} \sum_{k=1}^{m} x_{ik},$$

即

$$x_{11} + x_{12} + \cdots + x_{1m} = \sum_{k=1}^{m} x_{1k} = x_{1\cdot}$$
$$+ \qquad + \qquad\qquad + \qquad\qquad +$$
$$x_{21} + x_{22} + \cdots + x_{2m} = \sum_{k=1}^{m} x_{2k} = x_{2\cdot}$$
$$+ \qquad + \qquad\qquad + \qquad\qquad +$$
$$\vdots \qquad \vdots \qquad\qquad \vdots \qquad\qquad \vdots$$
$$+ \qquad + \qquad\qquad + \qquad\qquad +$$
$$x_{n1} + x_{n2} + \cdots + x_{nm} = \sum_{k=1}^{m} x_{nk} = x_{n\cdot}$$
$$\| \qquad\quad \| \qquad\qquad \| \qquad\qquad \|$$
$$\sum_{i=1}^{n} x_{i1} + \sum_{i=1}^{n} x_{i2} + \cdots + \sum_{i=1}^{n} x_{im} = \sum_{i=1}^{n}\sum_{k=1}^{m} x_{ik}$$
$$\| \qquad\quad \| \qquad\qquad \| \qquad\qquad \|$$
$$x_{\cdot 1} \qquad x_{\cdot 2} \qquad\quad x_{\cdot m} \qquad\quad x_{\cdot\cdot}$$

以及 $p_{ik} = \dfrac{x_{ik}}{x_{\cdot\cdot}}$, $p_{i\cdot} = \dfrac{x_{i\cdot}}{x_{\cdot\cdot}}$, $p_{\cdot k} = \dfrac{x_{\cdot k}}{x_{\cdot\cdot}}$.

再对观测值 p_{ik} 作规格化变换：

$$z_{ik} = \frac{p_{ik} - p_{i\cdot}\, p_{\cdot k}}{\sqrt{p_{i\cdot}\, p_{\cdot k}}} = \frac{x_{ik} - \dfrac{x_{i\cdot}\, x_{\cdot k}}{x_{\cdot\cdot}}}{\sqrt{x_{i\cdot}\, x_{\cdot k}}}, \quad i = 1, 2, \cdots, n, \ k = 1, 2, \cdots, m,$$

得到矩阵 $\boldsymbol{Z} = (z_{ik})$，则指标与指标的协方差矩阵可以表示为 $\boldsymbol{Z}'\boldsymbol{Z}$，样品与样品的协方差矩阵可以表示为 $\boldsymbol{Z}\boldsymbol{Z}'$. 只要从 $\boldsymbol{Z}'\boldsymbol{Z}$ 出发，通过与 R 型因子分析相类似的途径即可得到对应分析的 R 型载荷矩阵 $\boldsymbol{F}$. 若 $\boldsymbol{u}$ 为由 $\boldsymbol{Z}\boldsymbol{Z}'$ 的特征向量构成的矩阵，$\boldsymbol{\Lambda}_m$ 是由 m 个特征值构成的对角矩阵，则

$$\boldsymbol{Z}'\boldsymbol{Z} = \boldsymbol{u}\boldsymbol{\Lambda}_m\boldsymbol{u}', \quad \boldsymbol{F}\boldsymbol{F}' = \boldsymbol{u}\boldsymbol{\Lambda}_m\boldsymbol{u}', \quad \boldsymbol{F} = \boldsymbol{u}\boldsymbol{\Lambda}_m^{\frac{1}{2}}.$$

可以证明，$\boldsymbol{Z}\boldsymbol{Z}'$ 与 $\boldsymbol{Z}'\boldsymbol{Z}$ 有相同的非 0 特征值.

因为若令 λ_j 为 $\boldsymbol{Z}\boldsymbol{Z}'$ 的第 j 个非 0 特征值，$\boldsymbol{u}_j$ 为相应的特征向量，便有

$$\boldsymbol{Z}'\boldsymbol{Z}\boldsymbol{u}_j = \lambda_j\boldsymbol{u}_j.$$

当 $\boldsymbol{Z}'\boldsymbol{Z}$ 的秩为 r 时，$\boldsymbol{Z}'\boldsymbol{Z}$ 最多有 r 个非 0 特征值. 在 $\boldsymbol{Z}'\boldsymbol{Z}\boldsymbol{u}_j = \lambda_j\boldsymbol{u}_j$ 的两边左乘以 $\boldsymbol{Z}$，则根据 $\boldsymbol{Z}\boldsymbol{Z}'(\boldsymbol{Z}\boldsymbol{u}_j) = \lambda_j(\boldsymbol{Z}\boldsymbol{u}_j)$，对每个 $j \leqslant r$，$\boldsymbol{Z}\boldsymbol{u}_j$ 是 $\boldsymbol{Z}\boldsymbol{Z}'$ 的一个特征向量，λ_j 是其特征值. 若记 $\boldsymbol{v}_j = \boldsymbol{Z}\boldsymbol{u}_j$，则上式可写成 $\boldsymbol{Z}\boldsymbol{Z}'\boldsymbol{v}_j = \lambda_j\boldsymbol{v}_j$. 这就证明 $\boldsymbol{Z}'\boldsymbol{Z}$ 与 $\boldsymbol{Z}\boldsymbol{Z}'$ 有相同的非 0 特征值.

另外，由 $\boldsymbol{Z}\boldsymbol{Z}'\boldsymbol{v}_j = \lambda_j\boldsymbol{v}_j$ 还可以推出 $\boldsymbol{Z}\boldsymbol{Z}' = \boldsymbol{v}\boldsymbol{\Lambda}_n\boldsymbol{v}'$, $\boldsymbol{G}\boldsymbol{G}' = \boldsymbol{v}\boldsymbol{\Lambda}_n\boldsymbol{v}'$, 并进一步

213

得到对应分析的 Q 型载荷矩阵

$$G = v\Lambda_n^{\frac{1}{2}} = Zu\Lambda_n^{\frac{1}{2}}.$$

因此，若 u 为 ZZ' 的特征向量，则 Zu 是 $Z'Z$ 的特征向量. 这就建立了因子分析中 R 型与 Q 型的内在联系，从 R 型因子分析出发，可直接得到 Q 型因子分析的结果，并用相同的因子轴去同时表示指标与样品，将指标与样品同时反映在一个因子平面上，将 R 型和 Q 型分析合在一起.

以下说明对观测值 x_{ik} 作规格化变换

$$z_{ik} = \frac{p_{ik} - p_{i\cdot}\cdot p_{\cdot k}}{\sqrt{p_{i\cdot}\cdot p_{\cdot k}}} = \frac{x_{ik} - \frac{x_{i\cdot}\cdot x_{\cdot k}}{x_{\cdot\cdot}}}{\sqrt{x_{i\cdot}\cdot x_{\cdot k}}}, \quad i = 1, 2, \cdots, n, \ k = 1, 2, \cdots, m,$$

得到过渡矩阵 $Z = (z_{ik})$ 的过程：

(1) 消除各样品出现概率大小的影响，将第 i 个样品所对应的 p_{ik} 变换为

$$\frac{p_{ik}}{p_{i\cdot}} = \frac{x_{ik}}{x_{i\cdot}} \quad (i = 1, 2, \cdots, n, \ k = 1, 2, \cdots, m),$$

并称 $\left(\dfrac{p_{i1}}{p_{i\cdot}}, \dfrac{p_{i2}}{p_{i\cdot}}, \cdots, \dfrac{p_{im}}{p_{i\cdot}}\right)$ 为第 i 个样品的剖面，SAS 中称为**行剖面**. 类似地称 $\left(\dfrac{p_{1k}}{p_{\cdot k}}, \dfrac{p_{2k}}{p_{\cdot k}}, \cdots, \dfrac{p_{nk}}{p_{\cdot k}}\right)'$ 为第 k 个指标的剖面，SAS 中称为**列剖面**.

(2) 消除各变量量纲对两个样品的欧氏距离的影响，将欧氏距离改为加权平方距离（SAS 中称为**卡平方距离**）

$$D^2(i_1, i_2) = \sum_{k=1}^{m} \left(\frac{p_{i_1 k}}{p_{i_1\cdot}} - \frac{p_{i_2 k}}{p_{i_2\cdot}}\right)^2 \frac{1}{p_{\cdot k}} = \sum_{k=1}^{m} \left[\frac{p_{i_1 k}}{p_{i_1\cdot}\cdot\sqrt{p_{\cdot k}}} - \frac{p_{i_2 k}}{p_{i_2\cdot}\cdot\sqrt{p_{\cdot k}}}\right]^2,$$

并将 $\dfrac{p_{ik}}{p_{i\cdot}\cdot\sqrt{p_{\cdot k}}}$ 作为第 i 个样品的坐标，$i = 1, 2, \cdots, n$.

(3) 以第 i 个样品的概率 $p_{i\cdot}$ 作为权重，计算第 k 个变量的加权平均值，得到

$$\sum_{i=1}^{n} \frac{p_{ik}}{p_{i\cdot}\cdot\sqrt{p_{\cdot k}}} \cdot p_{i\cdot} = \sqrt{p_{\cdot k}}, \quad k = 1, 2, \cdots, m.$$

(4) 用加权方法计算第 k_1 个变量与第 k_2 个变量的协方差，得到

$$\sum_{i=1}^{n} \left[\frac{p_{ik_1}}{p_{i\cdot}\cdot\sqrt{p_{\cdot k_1}}} - \sqrt{p_{\cdot k_1}}\right]\left[\frac{p_{ik_2}}{p_{i\cdot}\cdot\sqrt{p_{\cdot k_2}}} - \sqrt{p_{\cdot k_2}}\right] \cdot p_{i\cdot}$$

$$= \sum_{i=1}^{n} \left[\frac{p_{ik_1}}{\sqrt{p_{i\cdot}\cdot p_{\cdot k_1}}} - \sqrt{p_{i\cdot}\cdot p_{\cdot k_1}}\right]\left[\frac{p_{ik_2}}{\sqrt{p_{i\cdot}\cdot p_{\cdot k_2}}} - \sqrt{p_{i\cdot}\cdot p_{\cdot k_2}}\right]$$

$$= \sum_{i=1}^{n} \left[\frac{p_{ik_1} - p_i. \cdot p_{\cdot k_1}}{\sqrt{p_i. \cdot p_{\cdot k_1}}} \right] \left[\frac{p_{ik_2} - p_i. \cdot p_{\cdot k_2}}{\sqrt{p_i. \cdot p_{\cdot k_2}}} \right].$$

并由此引入 z_{ik} 的定义为

$$z_{ik} = \frac{p_{ik} - p_i. \cdot p_{\cdot k}}{\sqrt{p_i. \cdot p_{\cdot k}}} = \frac{x_{ik} - \dfrac{x_i. \cdot x_{\cdot k}}{x..}}{\sqrt{x_i. \cdot x_{\cdot k}}}, \quad i = 1, 2, \cdots, n, \ k = 1, 2, \cdots, m.$$

得到过渡矩阵 $\mathbf{Z}$ 以后，也可以对 $\mathbf{Z'Z}$ 作 R 型主成分分析，对 $\mathbf{ZZ'}$ 作 Q 型主成分分析，所得到的结果也称为**对应分析**.

另外，若 $\chi_{ik}^2 = \dfrac{(x_{ik} - m_{ik})^2}{m_{ik}}$，式中的 $m_{ik} = \dfrac{x_i. \cdot x_{\cdot k}}{x..}$，则

$$\chi_{ik}^2 = \frac{(x_{ik} - m_{ik})^2}{m_{ik}} = \frac{\left(x_{ik} - \dfrac{x_i. \cdot x_{\cdot k}}{x..} \right)^2}{\dfrac{x_i. \cdot x_{\cdot k}}{x..}} = x.. z_{ik}^2.$$

检验列联表中行与列两个属性是否不相关的统计量

$$\chi^2 = \sum_{i=1}^{n} \sum_{k=1}^{m} \frac{(x_{ik} - m_{ik})^2}{m_{ik}} = \sum_{i=1}^{n} \sum_{k=1}^{m} \chi_{ik}^2 = x.. \sum_{i=1}^{n} \sum_{k=1}^{m} z_{ik}^2.$$

因此，χ_{ik}^2 是检验列联表中第 i 行第 k 列两个属性是否不相关时对总 χ^2 统计量的贡献.

SAS 中称 n 个样品到样品重心 c 的加权平方距离的总和 $\sum\limits_{i=1}^{n} D^2(i,c) \cdot p_i.$ 为**惯量**.

可以证明：$\sum\limits_{i=1}^{n} D^2(i,c) \cdot p_i. = \sum\limits_{i=1}^{n} \sum\limits_{k=1}^{m} z_{ik}^2.$

证 因为 $D^2(i,c) = \sum\limits_{k=1}^{m} \left(\dfrac{p_{ik}}{p_i.} - p_{\cdot k} \right)^2 \dfrac{1}{p_{\cdot k}}$，所以

$$\sum_{i=1}^{n} D^2(i,c) \cdot p_i. = \sum_{i=1}^{n} \left(\sum_{k=1}^{m} \left(\frac{p_{ik}}{p_i.} - p_{\cdot k} \right)^2 \frac{1}{p_{\cdot k}} \right) \cdot p_i.$$

$$= \sum_{i=1}^{n} \sum_{k=1}^{m} \left(\frac{p_{ik} - p_i. \cdot p_{\cdot k}}{p_i.} \right)^2 \cdot \frac{p_i.}{p_{\cdot k}}$$

$$= \sum_{i=1}^{n} \sum_{k=1}^{m} \left(\frac{p_{ik} - p_i. \cdot p_{\cdot k}}{\sqrt{p_i. \cdot p_{\cdot k}}} \right)^2$$

$$= \sum_{i=1}^{n} \sum_{k=1}^{m} z_{ik}^2.$$

综上所述，用来作对应分析的数据，可以是多个指标多个样品的观测数据，或者双向列联表. 对于多个指标多个样品的观测数据，用主成分分析法能构成综合指标或综合样品，用因子分析法能得到各个指标或各个样品的公因子，用对应分析法能得到指标与样品之间的内在联系，具体用哪一种方法，要根据研究的目的而确定.

6.3.4　对应分析的计算步骤

（1）　将 m 个指标 n 个样品的观测数据矩阵 $\boldsymbol{X}$ 规格化，先计算

$$x_{i.} = \sum_{k=1}^{m} x_{ik}, \quad x_{.k} = \sum_{i=1}^{n} x_{ik}, \quad x_{..} = \sum_{i=1}^{n} \sum_{k=1}^{m} x_{ik},$$

$$p_{ik} = \frac{x_{ik}}{x_{..}}, \quad p_{i.} = \frac{x_{i.}}{x_{..}}, \quad p_{.k} = \frac{x_{.k}}{x_{..}},$$

再计算

$$z_{ik} = \frac{p_{ik} - p_{i.} \cdot p_{.k}}{\sqrt{p_{i.} \cdot p_{.k}}} = \frac{x_{ik} - \dfrac{x_{i.} \cdot x_{.k}}{x_{..}}}{\sqrt{x_{i.} \cdot x_{.k}}}, \quad i = 1, 2, \cdots, n, \ k = 1, 2, \cdots, m,$$

构成规格化矩阵 $\boldsymbol{Z} = (z_{ik})$.

（2）　进行 R 型因子分析得到矩阵 $\boldsymbol{Z}'\boldsymbol{Z}$ 的特征值 $\lambda_1 \geqslant \lambda_1 \geqslant \cdots \geqslant \lambda_p$，$p < m$，并求相应的特征向量 $\boldsymbol{u}_1, \boldsymbol{u}_2, \cdots, \boldsymbol{u}_p$，使之单位化. 按累计百分数的大小，确定因子的个数 p，得到经过加权的"因子载荷矩阵"

$$\boldsymbol{F} = \begin{pmatrix} \dfrac{u_{11}\sqrt{\lambda_1}}{\sqrt{p_{.1}}} & \dfrac{u_{12}\sqrt{\lambda_2}}{\sqrt{p_{.1}}} & \cdots & \dfrac{u_{1p}\sqrt{\lambda_p}}{\sqrt{p_{.1}}} \\[2mm] \dfrac{u_{21}\sqrt{\lambda_1}}{\sqrt{p_{.2}}} & \dfrac{u_{22}\sqrt{\lambda_2}}{\sqrt{p_{.2}}} & \cdots & \dfrac{u_{2p}\sqrt{\lambda_p}}{\sqrt{p_{.2}}} \\[2mm] \vdots & \vdots & & \vdots \\[2mm] \dfrac{u_{m1}\sqrt{\lambda_1}}{\sqrt{p_{.m}}} & \dfrac{u_{m2}\sqrt{\lambda_2}}{\sqrt{p_{.m}}} & \cdots & \dfrac{u_{mp}\sqrt{\lambda_p}}{\sqrt{p_{.m}}} \end{pmatrix},$$

然后在两两因子轴 F_s 与 $F_t (s, t = 1, 2, \cdots, p)$ 所确定的因子平面上作指标点图.

（3）　进行 Q 型因子分析，对于在步骤（2）中所得到的 p 个特征值，计算 $\boldsymbol{Z}\boldsymbol{Z}'$ 的单位特征向量

$$\boldsymbol{v}_1 = \boldsymbol{Z}\boldsymbol{u}_1, \ \boldsymbol{v}_2 = \boldsymbol{Z}\boldsymbol{u}_2, \ \cdots, \ \boldsymbol{v}_p = \boldsymbol{Z}\boldsymbol{u}_p,$$

得到经过加权的"因子载荷矩阵"

$$G = \begin{bmatrix} \dfrac{v_{11}\sqrt{\lambda_1}}{\sqrt{p_1.}} & \dfrac{v_{12}\sqrt{\lambda_2}}{\sqrt{p_1.}} & \cdots & \dfrac{v_{1p}\sqrt{\lambda_p}}{\sqrt{p_1.}} \\[2ex] \dfrac{v_{21}\sqrt{\lambda_1}}{\sqrt{p_2.}} & \dfrac{v_{22}\sqrt{\lambda_2}}{\sqrt{p_2.}} & \cdots & \dfrac{v_{2p}\sqrt{\lambda_p}}{\sqrt{p_2.}} \\[2ex] \vdots & \vdots & & \vdots \\[2ex] \dfrac{v_{n1}\sqrt{\lambda_1}}{\sqrt{p_n.}} & \dfrac{v_{n2}\sqrt{\lambda_2}}{\sqrt{p_n.}} & \cdots & \dfrac{v_{np}\sqrt{\lambda_p}}{\sqrt{p_n.}} \end{bmatrix},$$

然后在与 R 型相应的因子平面上作样品点图.

具体计算时, 可将步骤(2)与(3)合并, 对矩阵 Z 作奇异值分解, 也就是求矩阵 U, V 及 Λ_p, 使

$$Z = U\Lambda_p V', \quad p = \operatorname{rank}(Z) \leqslant \min\{n, m\},$$

式中

$$\Lambda_p = \operatorname{diag}(d_1, d_2, \cdots, d_p), \quad d_j = \sqrt{\lambda_j} \ (j = 1,, 2, \cdots, p),$$

各 d_j 为 $Z'Z$ 的奇异值, λ_j 为 $Z'Z$ 的特征值, v_j 为 $Z'Z$ 的标准化的特征向量. 与因子分析相一致, 如果累计贡献率 $\dfrac{\lambda_1 + \lambda_2 + \cdots + \lambda_l}{\lambda_1 + \lambda_2 + \cdots + \lambda_l + \cdots + \lambda_p} \geqslant 0.8$ (或其他的某个数字), 则确定保留前面 l 个公因子 $(l \leqslant p)$.

又记 $D_r = \operatorname{diag}(p_1., p_2., \cdots, p_n.)$, $D_c = \operatorname{diag}(p_{.1}, p_{.2}, \cdots, p_{.m})$, 则 R 型因子分析的"因子载荷矩阵"

$$F = D_c^{-\frac{1}{2}} v \Lambda_p;$$

Q 型因子分析的"因子载荷矩阵"

$$G = D_r^{-\frac{1}{2}} u \Lambda_p.$$

以上两矩阵中的数字, 在 SAS 输出的结果中分别称为**列坐标**与**行坐标**.

6.3.5 对应分析的实例

【例 6.4】 测定不同密度下某品种玉米每株穗数的分布, 得到结果如表 6-9 (引自参考文献[2]), 试作密度与穗数的对应分析.

解 (1) 将观测数据矩阵 X 规格化.

先计算

$$x_i. = \sum_{k=1}^{m} x_{ik}, \ x_{.k} = \sum_{i=1}^{n} x_{ik}, \ x.. = \sum_{i=1}^{n}\sum_{k=1}^{m} x_{ik},$$

得到表 6-10.

表 6-9   不同密度下某品种玉米每株穗数的分布

密度/(株/亩)	空秆株	一穗株	多穗株
2 000	12	224	76
4 000	60	548	39
6 000	246	659	28
8 000	416	765	47

表 6-10

密度/(株/亩)	空秆株	一穗株	多穗株	行求和
2 000	12	224	76	312
4 000	60	548	39	647
6 000	246	659	28	933
8 000	416	765	47	1 228
列求和	734	2 196	190	3 120

$$x_{1.} = 312, \quad x_{2.} = 647, \quad x_{3.} = 933, \quad x_{4.} = 1\,228,$$
$$x_{.1} = 734, \quad x_{.2} = 2\,196, \quad x_{.3} = 190, \quad x_{..} = 3\,120.$$

计算 $p_{ik} = \dfrac{x_{ik}}{x_{..}}$，$p_{i.} = \dfrac{x_{i.}}{x_{..}}$，$p_{.k} = \dfrac{x_{.k}}{x_{..}}$，得到表 6-11.

表 6-11

密度/(株/亩)	空秆株	一穗株	多穗株	行求和
2 000	0.004	0.072	0.024	0.100
4 000	0.019	0.176	0.013	0.208
6 000	0.079	0.211	0.009	0.299
8 000	0.133	0.245	0.015	0.393
列求和	0.235	0.704	0.061	1

$$p_{1.} = 0.100, \quad p_{2.} = 0.208, \quad p_{3.} = 0.299, \quad p_{4.} = 0.393,$$
$$p_{.1} = 0.235, \quad p_{.2} = 0.704, \quad p_{.3} = 0.061.$$

再计算

$$z_{ik} = \frac{p_{ik} - p_{i\cdot}\,p_{\cdot k}}{\sqrt{p_{i\cdot}\,p_{\cdot k}}} = \frac{x_{ik} - \dfrac{x_{i\cdot}\,x_{\cdot k}}{x_{\cdot\cdot}}}{\sqrt{x_{i\cdot}\,x_{\cdot k}}}, \quad i = 1,2,3,4, \ k = 1,2,3,$$

得到

$$\boldsymbol{Z} = \begin{pmatrix} -0.128\,305 & 0.005\,315\,7 & 0.234\,110\,4 \\ -0.133\,808 & 0.077\,695\,7 & -0.001\,143 \\ 0.032\,029\,6 & 0.001\,614\,9 & -0.068\,444 \\ 0.133\,88 & -0.060\,483 & -0.057\,516 \end{pmatrix}.$$

(2) 对矩阵 $\boldsymbol{Z}$ 作奇异值分解.

使 $\boldsymbol{Z} = \boldsymbol{U}\boldsymbol{\Lambda}_p\boldsymbol{V}'$ 的矩阵

$$\boldsymbol{U} = \begin{pmatrix} 0.804\,292\,5 & 0.489\,910\,4 & 0.269\,244\,5 \\ 0.323\,156\,7 & -0.734\,273 & 0.548\,004\,2 \\ -0.221\,805 & -0.173\,071 & 0.293\,756\,8 \\ -0.446\,638 & 0.436\,894\,7 & 0.735\,462\,9 \end{pmatrix},$$

$$\boldsymbol{V} = \begin{pmatrix} -0.671\,281 & 0.560\,468\,3 & -0.485\,032 \\ 0.176\,332\,5 & -0.514\,84 & -0.838\,955 \\ 0.719\,922\,2 & 0.648\,702\,2 & -0.246\,774 \end{pmatrix},$$

$$\boldsymbol{\Lambda}_p = \mathrm{diag}(0.317\,803\,9,\ 0.157\,621\,5,\ 9.315 \times 10^{-17}), \quad p = 3,$$

$$\lambda_1 = 0.101\,000\,0, \quad \lambda_2 = 0.024\,844\,5, \quad \lambda_3 \approx 0, \quad \frac{\lambda_1 + \lambda_2}{\lambda_1 + \lambda_2 + \lambda_3} \approx 1,$$

确定保留前面 2 公因子.

$$\boldsymbol{F} = \begin{pmatrix} -0.439\,838 & 0.182\,136 & -9.32 \times 10^{-17} \\ 0.066\,796\,4 & -0.096\,727 & -9.32 \times 10^{-17} \\ 0.927\,139\,9 & 0.414\,344\,3 & -9.32 \times 10^{-17} \end{pmatrix},$$

$$\boldsymbol{G} = \begin{pmatrix} 0.808\,301\,2 & 0.244\,192\,4 & 7.931 \times 10^{-17} \\ 0.225\,526\,5 & -0.254\,155 & 1.121 \times 10^{-16} \\ -0.128\,904 & -0.049\,886 & 5.004 \times 10^{-17} \\ -0.226\,252 & 0.109\,766\,6 & 1.092 \times 10^{-16} \end{pmatrix}.$$

用 SAS 作对应分析，在前两个因子轴所确定的因子平面上描点得到图 6-2.

【例 6.5】 有 20 例肝病患者的 4 项肝功能指标 x_1（转氨酶量 SGPT），x_2（肝大指数），x_3（硫酸锌浊度 ZnT）及 x_4（胎甲球 AFP）的观测数据如表 5-1（引自参

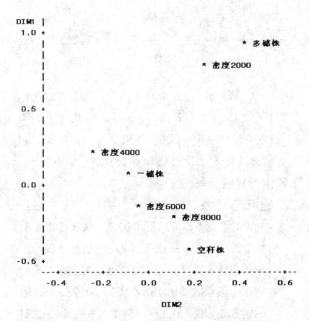

图 6-2　例 6.4 中玉米密度与穗数的对应分析图

考文献[4]). 用 SAS 作指标与样品的对应分析，在前两个因子轴所确定的因子平面上描点得到图 6-3.

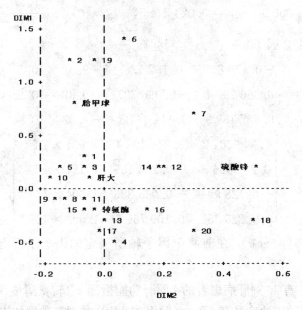

图 6-3　例 6.5 中肝病指标与样品的对应分析图

【例 6.6】 2004 年武汉市 13 个城区的人均国内生产总值 x_1（元），人均财政收入 x_2(元)，社会消费品零售总额 x_3（万元），职工平均工资 x_4（元），人均工业总产值 x_5(元)，固定资产投资 x_6（万元），人均农业总产值 x_7(元)，人均乡镇企业营业收入 x_8(元)，人均利税总额 x_9（元），人均产品销售收入 x_{10}（元）的统计数据如表 6-12（引自朱倩军、肖枝洪学术论文）. 用 SAS 作指标与城区的对应分析，在前两个因子轴所确定的因子平面上描点得到图 6-4.

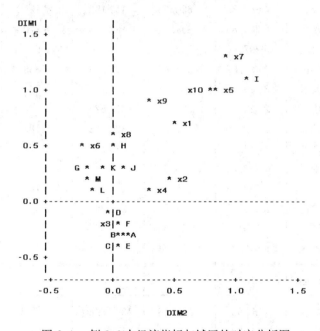

图 6-4　例 6.6 中经济指标与城区的对应分析图

6.3.6　用 SAS 作对应分析

用 SAS 作例 6.4 中密度与穗数的对应分析，程序为

```
data ex;input y$  x1-x3 @@;
lable x1='x1' x2='x2' x3='x3';
cards;
a 12 224 76      b 60 548 39
c 246 659 28
d 416 765 47
;
proc corresp all out=results;
```

221

var x1-x3;id y;

proc plot data=results;

plot dim1 * dim2=' * ' $y;run;

表 6-12　　**2004 年武汉市 13 个城区经济发展 10 个指标的统计数据**

代码	城区名	x_1	x_2	x_3	x_4	x_5
A	江岸区	4 648.88	620.09	419 152	7 121	1 552.37
B	江汉区	5 769.83	884.44	468 107	6 870	3 333.78
C	硚口区	5 397.96	712.00	480 000	6 957	2 485.45
D	汉阳区	4 454.99	517.43	227 319	6 833	1 299.12
E	武昌区	3 119.39	450.98	664 121	6 984	790.18
F	青山区	2 822.48	628.14	217 624	9 384	1 437.78
G	洪山区	7 130.30	392.33	320 133	8 182	4 544.35
H	东西湖	16 144.43	1 456.82	226 297	6 279	14 856.61
I	汉南区	11 858.26	453.09	36 649	5 310	7 575.29
J	蔡甸区	14 168.38	358.73	194 258	5 768	4 263.58
K	江夏区	13 961.91	343.80	249 899	5 917	3 954.06
L	黄陂区	9 025.49	159.83	279 993	5 544	1 611.62
M	新洲区	9 616.20	256.71	255 241	5 142	1 552.92

代码	城区名	x_6	x_7	x_8	x_9	x_{10}
A	江岸区	35 855	255.43	13 718.60	101.26	1 351.36
B	江汉区	52 933	2.91	5 083.07	242.31	3 092.90
C	硚口区	54 448	49.36	5 128.82	139.17	2 025.97
D	汉阳区	51 257	372.99	882.72	94.36	1 106.04
E	武昌区	55 947	0	1 585.35	68.17	753.84
F	青山区	21 561	0	3 083.21	178.35	1 387.91
G	洪山区	168 054	1 804.25	29 738.04	299.49	3 813.60
H	东西湖	161 031	4 959.82	1 575.22	1 627.97	14 025.90
I	汉南区	15 658	5 189.14	8 507.96	240.24	5 994.41
J	蔡甸区	63 184	2 888.00	24 245.82	233.22	2 303.02
K	江夏区	111 064	4 165.47	25 532.64	550.28	3 527.48
L	黄陂区	115 675	2 923.05	13 006.84	88.05	1 303.70
M	新洲区	117 439	2 783.62	15 101.55	83.05	1 013.90

上机练习

1. 根据第一章上机练习的数据，试用 SAS 作因子分析，

（1）写出旋转前后两个公因子的模型.

（2）写出公因子的方差贡献，方差贡献率及累计方差贡献率.

（3）写出旋转前后各变量的公因子方差.

（4）概述你的评论.

（5）写出进一步分析的结果.

2. 根据第一章上机练习的数据，试用 SAS 作指标与样品的对应分析，

（1）说明 SAS 输出的结果中各个主要数字的意义及算式.

（2）写出对应分析图中各个行点及各个列点的坐标.

（3）概述你的评论.

（4）写出进一步分析的结果.

论 文 选 读

篇　　名	作者	刊　　名	年/期
1. 胸窗萤的生殖习性	王余勇	昆虫知识	2007/03
2. 基于因子分析法的农业上市公司财务状况评价研究	潘泽江	科技创业月刊	2006/07
3. 城区经济发展的对应分析	朱倩军 肖枝洪	湖北工业大学学报	2006/06
4. 我国城市蔬菜产业综合竞争力的测评	乔雯	安徽农业科学	2005/06
5. 不同生态条件下水稻产量及其构成因子分析	杨从党	西南农业学报	2004/S1
6. 影响小麦产量的农艺性状及生理指标的因子分析	周竹青	华中农业大学学报	1999/03
7. 农业可持续发展能力综合评价方法的探讨	黎东升	湖北民族学院学报	1999/02
8. 因子分析和聚类分析在玉米品种资源分类上的应用	吴高岭	生物数学学报	1998/03
9. 湖北省玉米地方品种的因子分析	吴高岭	遗传	1997/03

参考文献

[1] 华东师范大学数学系. 回归分析及其试验设计[M]. 上海：上海教育出版社，1978.

[2] 莫惠栋. 农业试验统计[M]. 上海：上海科学技术出版社，1984.

[3] 屠其璞，王俊德，丁裕国等. 气象应用概率统计学[M]. 北京：气象出版社，1984.

[4] 黄正南. 医用多因素分析及计算机程序[M]. 长沙：湖南科学技术出版社，1986.

[5] 张尧庭，方开泰. 多元统计分析引论[M]. 北京：科学出版社，1982.

[6] 陈希孺，王松桂. 近代回归分析[M]. 合肥：安徽教育出版社，1987.

[7] 高惠璇. 应用多元统计分析[M]. 北京：北京大学出版社，2005.

[8] 余家林，肖枝洪. 概率统计及 SAS 应用[M]. 武汉：武汉大学出版社，2007.